經濟統計學叢書 2

類別與受限依變項的

迴歸統計模式

Regression Models for Categorical and Limited Dependent Variables

J. Scott Long 著
鄭旭智・張育哲・
潘倩玉・林克明譯

弘智文化事業有限公司

J. Scott Long

Regression Models for Categorical and Limited Dependent Variables

ISBN 957-0453-60-5

Printed in Taiwan, Republic of China

・序・

致台灣讀者的一封信

親愛的台灣讀者

我很高興我有這個機會寫這封信，向《類別與受限依變項的迴歸統計模式》中文版的讀者們致意。

我寫這本書的目的，主要是為了協助在社會科學領域的廣大研究者們，能夠使用迴歸方法來有效解決名義依賴變項的問題。這些方法可以讓讀者們對於許多社會結果的演變過程有更清楚的認識。我希望本書所提供的解釋，能夠幫助讀者們完全掌握這些方法所有的可能性。

這本書並沒有提供關於預測和解釋這些模型所需要的程式軟體。我所持的理由，主要是這些軟體在操作功能方面經常變動，而且任何一本討論某種有關這領域的專門軟體的書都注定會很快地被淘汰。然而，迴歸模型的正確解釋，需要某些特殊的方法來達成，而這些方法往往可以利用適當的軟體來輕易地執行。因此為了滿足讀者在這一方面的需求，我將在我的網頁上（www.indiana.edu/~jsl650/）提供讀者有關於軟體方面的資訊。我希望這些資訊能夠對讀者有所幫助。這些資訊包括了以統計套裝軟體 Stata 和 Excel 試算表（與鄭旭智共同製作）所執行的所有關於本書的例子，讀者可以試著操作演練，以熟悉如何使用軟體來分析本書企圖解決的問題。另外，網頁上也提供書中所列的所有原始數據，讀者也可以嘗試使用其他統計軟體來加以分析比較。

我希望在此對弘智出版社的李茂興先生及 Sage Publication 的 C. Deborah Laughton 致上我最誠摯的謝意，他們使這本書的中文版得以問世。最後，我也希望感謝我的同事鄭旭智，沒有他的大力協助，這個中文版的計畫將無法順利完成。

Scott Long
Bloomington, IN
June 23, 2002

目　錄

附圖索引

附表索引

第一章　緒論

在社會科學中，線性迴歸模式是最常使用的一種統計方法。線性迴歸模式假定依賴變項是連續的，而且可以被測量出來。可是，對社會科學家來說，並不是所有的案例都是如此。本書的目的，主要是在說明當依賴變項是設限（censored）、截尾（truncated）、二元（binary）、次序（ordinal）、名義（nominal）或次數（count）等不連續變項時，迴歸模式依然成立。在這裡，我將這些變項稱為類別及受限依賴變項（categorical and limited dependent variables，簡稱 CLDVs）。

在許多社會科學文獻探討中，CLDVs 是非常普遍的，反倒是連續變項可能就較為少見。以下是幾個 CLDVs 的例子：

1. **二元變項**：它只有兩種選項，通常被用來指出一個事件「是」「否」發生或者「是」「否」呈現某種特色。例如：一個成人是勞工界的一員嗎？一個市民會在最後的選舉中投票嗎？一個高中學生決定上大學嗎？一個消費者比較喜歡買同樣品牌的產品或者喜歡嘗試新品牌？
2. **次序變項**：它是有等級的。最常見的例子便是在問卷調查中，經常詢問受訪者對事情的同意程度為何，他們可以選擇，「非常同意」、「同意」、「不同意」以及「非常不同意」四個等級。而當被問及事情發生的次數時，他們可以選擇，「經常」、「偶爾」、「很少」、和「從不」。除此以外，政治取向則可被分為「急進」、「溫和」以及「保守」三個等級。教育程度則可分為「高中以下」、「高中」、「大學」、「研究所」。

3. **名義變項**：它可以有很多種類別，但卻不能像次序變項一樣，可以按照順序排列。例如：職業可以被分為手工業、商業、藍領階級、白領階級和專業。又如，政黨的區分也是如此。

4. **設限變項**：當變項的數值超過一定範圍時即不可知，此一變項稱為設限變項。例如：薪資的計算是從最低基本薪資往上增加，然而凡是超過一定數值以上的，則統統歸為同一類別（如超過 14000 元，則統統歸為 14000 元的等級）。又如：當計算百分比時，最低則從 0%開始，最高則到 100%為止。

5. **次數變項**：指某事件發生的次數，例如一個人去年看病的次數？一個人有幾份工作？一個科學家發表了多少篇文章？一個家庭有幾個小孩？正式教育需要幾年完成？在一段時期內發行了多少報紙？

有時候，區分一個變項分類的層級並不是非常清楚，事實上，你可能會不同意上述所舉的某些例子。Carter（1971，p.12）曾發表聲明說：「一個變項分類層級的敘述，不可能孤立於這個變項所應用的理論或實際情境。如果變項的分類只是根據假設而來，那麼將很容易產生誤導。」教育就是一個最好的例子。教育可以被歸類為二元變項，那就是分為高中以上或未滿高中的教育程度。它也可以是次序變項（初中、高中、學院或大學畢業）。或者它也可以是次數變項（完成教育的年數）。上述對於教育的分類，每一種變項都可以是合理的，完全看實際研究目的而定。

一旦確定了依賴變項的層級後，層級的分類必須配合統計方法的使用，如果所選擇的統計方法與變項分類的層級不能互相配合，那麼研究結果的估計可能會有所偏差、無效或者只是簡單的不合適，視情況而定。很幸運地，有很多統計方法是專門為 CLDV 特別發展出來的。例如，二元分對數（logit）模式[1]和機率單位（probit）模式[2]，適用於二元的依賴變項；次序分對數和次序機率單位模式，適用於有次序特質的依賴變項；多元名義分對數模式則適用於名義變項。另外像 Poisson 和二元名義負迴歸，則適用於次數變項。這些相關模式的介紹將是本書的主要內容。

使用這些模式最大的障礙就是缺乏穩定且容易使用的軟體。但這個障礙在近年來已大為改善，因此目前最大的障礙應該是模式的複雜性和結果解釋的困難，主要的原因是因為這些統計方法

---

1 分對數 (logit) 模式 中的「分對數」(logit) 原意為「差異比的對數」(log of odds)，和機率分配中的「對數分配」(logistic distribution)是不同的觀念。

2 機率單位(probit)模式中的「機率單位」(probit)乃是取自該統計模式以計算事件發生的機率為主之意。由於這個統計模式假設依賴變項的殘差值呈常態分配，因此這種統計法在發展初期時曾被稱為 normit 模式。

所估計的結果是非線性的。

第一節　線性和非線性模式

一般傳統複迴歸主要的特質在於它的線性關係，這和我們在本書中所要介紹的非線性迴歸是大相逕庭的。分析這兩者之間的差異，有助於瞭解後面幾章我所要介紹的觀念。因此，從下一章開始，我將由這種所謂非線性觀念開始解釋。就像相對論的非線性關係把傳統牛頓定律的物理學變得更複雜一樣，在統計上，非線性的觀念也使我們在解釋資料分析結果的時候，必須要花更多的時間，同時也更有挑戰性。

圖 1.1:連續獨立變項和二元獨立變項在線性與非線性模式中的影響

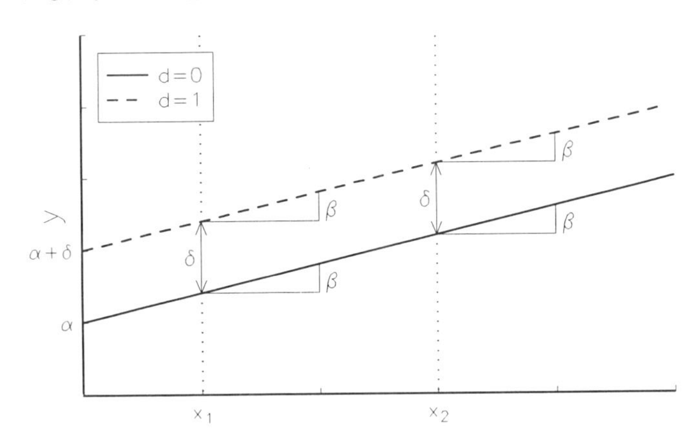

Panel B: Nonlinear Model

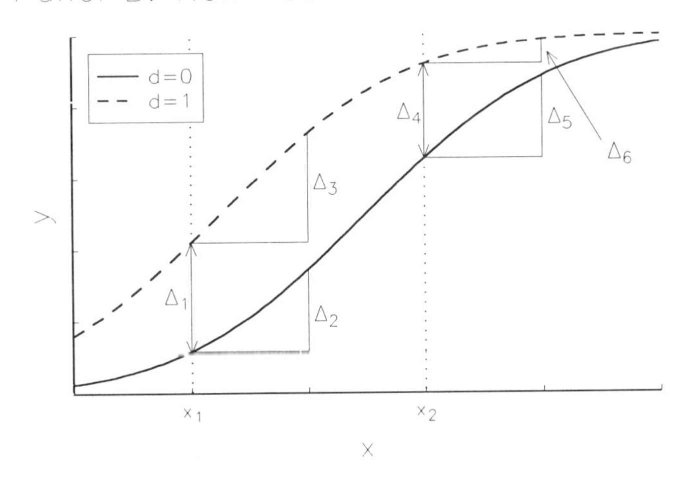

圖 1.1A 與圖 1.1B，便是這種線性與非線性關係的簡單說明。在圖 1.1A 與 B 之中所代表的兩個獨立變項都是一樣的：一個是連續變項（x），另一個則二元變項（d）。但不同的是，A 圖中的依賴變項（y）是連續性的，而 B 圖中的依賴變項（y）

是非連續性的。為了方便說明，我假設在 A 圖與 B 圖這組對照中完全沒有隨機誤差。A 圖的統計式如下：

$$y = \alpha\beta x + \delta d \qquad [1.1]$$

圖中實線所代表的是在 $d=0$（亦即 $y=\alpha+\beta x$）的時候 x 和 y 之間的關係；而圖中虛線所代表的是在 $d=1$ [亦即 $y=\alpha+\beta x+1\delta=\alpha+\delta$）$+\beta x$]的時候 x 和 y 之間的關係。值得注意的是，當 d 從 0 變為 1 的時候，截距由 α變成$\alpha+\delta$，而斜率保持不變。我們可以用微分很容易地計算出 x 對 y 的影響：

$$\frac{\partial y}{\partial x}=\frac{\partial(\alpha+\beta x+\delta d)}{\partial x}=\beta$$

由此數學式所計算出的值，稱為邊際效應（marginal effect）。它指的是在某一個特定的點上，x 對 y 的影響。在線性模式中，任何一個 x 值對 y 的影響都是一樣的，如圖 A 中的四個底邊長都等於 1、高都等於β的三角形一樣。也就是說，當 x 增加一個單位，y 就隨著增加β個單位，即使在當 d 從 0 變為 1 的時候，x 對 y 的影響也並不因此而改變。然而 d 對 y 的影響卻並不能由微分來計算，這是因為 d 不是連續性變項，而是二元變項，它只有兩個數值：0 和 1，因此，邊際效應的方法無法應用在二元變項中。但是，正因為二元變項只有兩個數值，我們可以分別計算出它在 0 和 1 時對 y 的影響，並求出兩者之間的差距。這種方法我們稱為間距改變（discrete change）。如圖 A 所示，不管 x 的值是多少，實線（$d=0$）與虛線（$d=1$）的距離都是一樣的（都等於 δ ）。也就是說，當 d 從 0 變為 1 的時候，y 就隨著增加 δ 個單位，而完全不受 x 值的影響。間距改變的計算公式如下：

$$\frac{\Delta y}{\Delta d} = (\alpha + \beta x + \delta 1) - (\alpha + \beta x + \delta 0) = \delta$$

接下來，我們要說明在非線性模式中， x 和 d 對 y 的影響（以圖 1.1B 為例）。圖 1.1B 所代表的模式如下：

$$y = g(\alpha^* + \beta^* x + \delta^* d) \qquad [1.2]$$

其中， g 是一個非線性的函數。舉例來說，如果是分對數模式的話，公式 1.2 就變成：

$$y = \frac{\exp(\alpha^* + \beta^* x + \delta^* d)}{1 + \exp(\alpha^* + \beta^* x + \delta^* d)} \qquad [1.3]$$

在非線性模式中，要解釋 x 和 d 對 y 的影響就變得複雜多了。從圖 1.1 B 中可以看出，實線（d＝0）和虛線（d＝1）不再平行了，當 x 值是 x_1 時，實線（d＝0）和虛線（d＝1）的距離相差 Δ_1 ；當 x 值是 x_2 時，實線（d＝0）和虛線（d＝1）相距 Δ_4， 然而 Δ_1 和 Δ_4 此兩者之間並不相等。這告訴我們，d 對 y 的影響也同時受到 x 值的影響。同樣地，在 d＝0 與 d＝1 的情況下，x 對 y 的影響並不相同（$\Delta_2 \neq \Delta_3 \neq \Delta_5 \neq \Delta_6$）。一般說來，在非線性模式中，獨立變項的改變對 y 的影響，是必須同時考慮模式中所有獨立變項的值，而不再只是簡單的解釋模式中的迴歸係數而已。

雖然公式 1.2 是非線性的模式，但是我們可以將非線性模式轉換成線性的函數（h）：

$$h(y) = \alpha^* + \beta^* x + \delta^* d$$

舉例來說，我們可以將公式 1.3 重新改寫成，

$$\ln\left(\frac{y}{1-y}\right) = \alpha^* + \beta^* x + \delta^* d$$

(試試看你能不能證明這個等式。) 根據上面的數學式，依賴變項現在等於 ln y /(1-y)，也就是所謂的分對數(logit)。x 每增加一個單位，分對數就隨著增加 β^* 個單位。這和公式 1.1 的解釋是一樣的，但問題就在於，這樣的轉換究竟代表什麼意思？對大多數人來說，「ln y /(1-y)增加 β^* 個單位」是沒有意義的。

因為在非線性模式中解釋獨立變項 x 對 y 的影響十分困難，所以一般的研究者通常只說明相關係數是否達到顯著水準，而未能對統計結果做更進一步的解釋。本書的主要目的就是在於提供一個有效的解釋方法。

整本書中我都用「影響」(effect)這個名詞，來解釋當在其他變項保持不變的情況下，獨立變項改變時對依賴變項所造成的改變。舉例來說，在機率單位迴歸模式(probit model)中，教育對受訪者參與就業市場的影響可以描述成：「在其他獨立變項都設定在它們各自平均值的情況下，個人受教育的年數每增加一年，他(她)參與就業市場的機率就增加 .05(5%)」。又如，在次數迴歸中，家庭收入多寡對生育計劃的影響則可解釋成：「在其他變項保持不變的情況下，家庭收入每增加 1000 元，就會少生 .05 個小孩，」。其實，在非線性模式中，解釋獨立變項對依賴變項的關係的方式，常因研究問題的特性以及研究者的假設而有所不同。如果想要進一步了解其中的細節，請參考 Sobel(1995)以及其書中所列的參考書目。

第二節　本書的組織架構

本書第二章主要在複習線性迴歸模式的一些重要觀念，其中最大概似估計（Maximum Likelihood Estimation）觀念的介紹，將有助於第二章之後各種模式的應用。本書第三章介紹適用於二元結果的統計方法。首先，我將介紹二元變項的線性迴歸模式，接著則說明這個迴歸法所違反的統計假設，進而導出二元機率單位模式和二元分對數模式。為了區別二元機率單位模式和二元分對數模式，接著我將介紹統計數定位（identification）[3] 的觀念。由於本書所介紹的各種模式可以用很多不同的方法來估計　，所以這些方法在本書中均有詳細的討論。最後，我也會介紹一些解釋非線性模式結果的基本方法。本書第四章複習標準統計檢定和最大概似估計之間的相關，並探討評估模式的方法是否適合等問題。本書第五章則將二元機率單位模式和二元分對數模式延伸應用到次序變項結果的模式上。由於次序變項結果的類別比二元變項結果稍多，因此也使得解釋起來稍微困難了些。本書第六章介紹適用於名義變項的多元名義變項模式以及條件分對數模式（conditional logit model）。這些模式在使用上最大的困難就是需要大量的參數（parameters）以及其相關問題的解釋。本書第七章則討論適用設限（censored）和截尾　（truncated）依賴變項的模式，而其中討論的重點則主要在於多畢（Tobit）

---

[3] 統計數定位（identification）：當模式中有太多無法獨立估計的變項時，統計數定位可以用來解決這個迴歸模式分析上的困難。（詳見Vogt, Paul. W.（1993）：*Dictionary of Statistics and Methodlogy*, p.109, Sage Publisher）。

模式。多畢模式發展出來的主要目的，就在於它能將隱藏的潛在變項變成可觀察的、設限的結果。本章最後也將討論一些其他相關的模式，包括適用於偏差樣本的模式。本書第八章討論適用於次數變項的模式，首先介紹 Poisson 迴歸模式。接著介紹負二元名義迴歸模式（negative binomial regression model）以及零修正模式（zero modified model）。這兩種模式可以相互替代，適用於有異質性（heteroscedasticity）或過度離散（overdispersion）的資料。本書第九章將討論與本書中不同的模式，並比較其間的相關與差異，如對數線性模式（log-linear models）和事件歷史模式（event history models）。

本書章節的安排將有助於學習者按部就班地學習，不過，讀者也可以跳過某些章節或安排自己喜歡的順序來閱讀。第二章的主旨，在於學習基本術語和記號所表示的意義；第三章是非常重要的一章，因為它介紹主要的概念（如：潛在變項）以及解釋的方法（如：間距改變）；第四章主要討論沃爾德檢定（Wald test）和概似比率檢定（likelihood ratio test），由於它是獨立的一章，與本書其他章節並沒有前後連貫的考量，什麼時候讀它，並不影響其他章節的學習；第六章主要介紹名義結果模式，讀者可以安排在第五章次序結果模式之前學習；第七章討論截尾結果的分配，這是第八章的基礎。然而，第八章也可以是獨立的，所以並不需要在熟悉第七章之後再研讀。

雖然每個模式都有它的特色，但是，模式與模式之間還是有些類似的地方值得加以探討。首先，每個模式都有相同的系統構成要素（systematic component）（McCullagh and Nelder，1989， p.26-27）。換句話說，每個模式在加入獨立變項的時候，就像線性迴歸模式的組合一樣：$\beta_0 + \beta_1 x_1 + \cdots\cdots + \beta_k x_k$。因此，讀者可以依此模式的形式直接加入所需要的變項：如果是名義變項，可以將它轉換為一系列的虛擬變項；非線性的解釋方法，則可以藉由轉換獨立變項來解釋；一個獨立變項的影響，可以因為它在不同的組別或因為加入與它有交互作用的變項而產生不同的影響……等等。第二，每一個模式都是由最大概似（maximum likelihood）估計得來。因此，一旦了解最大概似法以及其相關的統計檢定，這些觀念都可以應用在所有的模式中。第三，在解釋每一個模式時，大致上都有一些相同的概念，也就是「期望值」、「邊際效應」、和「間距改變」的數值都會以圖表的方式呈現出來。第四，在一個模式中所使用的數學觀念，也可能會在另一個模式中出現。

所有的這些模式都可以用不同的方法導出。例如：二元分對數統計法可以由潛在變項模式或分對數模式導出來，也可以用「最大效益」及「間距選擇模式」（discrete choice model）的概念為基礎來導出。進一步說，當我們假設獨立變項和事件發生的機率間存在一個 S 形的關係時，那麼我們也可以用「機率模式」（probability model）的概念來導出相同的統計模式。由於單一的統計法經常有類似這樣不同的發展來源，所以我在書中也嘗試用不同的演繹方法來介紹這些統計模式，希望藉由這樣的方式，能夠將這些統計方法所具有的特色凸顯出來。

其他不同的領域也發展出適用於 CLDV 的模式，如生物統計學（biometrics）、工程學、統計學、和計量經濟學（econometrics）。但是，因為領域與領域之間少有接觸，所以並沒有一致認可的符號或術語，舉例來說，第五章所介紹的次序分對數模式（ordered logit model；ordinal logit model），和比例差異模式（proportional odds model）、平行迴歸模式（parallel regression model）以及分組連續模式（grouped continuous model）其實是一樣的。為求一致，在本書的各章節中，我都試著使用在社會科學領域中一般常用的標準術語及符號。

第三節　本書的特色

在本章結束之前，我想循序簡單地介紹一下有關這本書的特色。本書是有關資料分析而非統計理論的書籍，因此，關於模式中的一些數學觀念，都只是簡單的介紹而已。但是，只要是本書中所提到的數學觀念，都是十分重要的，它們都有助於讀者了解模式的正確應用。如果你能了解並自己導出這些方程式，將更有助於熟悉這些基本觀念。

了解如何應用這些模式在實際研究中，對於了解模式的本身也是十分重要的。因此，書中的每一章都有一個實際的例子。當你閱讀本書時，也可以將這些模式應用在你的資料分析上。另外，對於用來估計 CLDV 模式的四種套裝軟體，我則提出一些意見。這四種套裝軟體是：LIMEDP 第七版（Greene，1995）、Markov 第二版（Long， 1993）、SAS 第六版（SAS Institute， 1990a）、以及 Stata（Stata Corporation，

1997）。本書的目的不是教你如何使用這些軟體，而是告訴你任何套裝軟體所可能面臨的困難。雖然本書中絕大多數的分析是使用我所設計的 Markov 軟體（用 GAUSS 程式寫成），但是大多數的模式都可以用任何一種上述的套裝軟體來分析。為了幫助讀者使用這些分析方法，在我自己的網頁（http://www.indiana.edu/~jsl650）或 Sage 的網頁上（http://www.sagepub.com/sagepage/ authors），我附上了書中範例所使用的資料庫、程式、以及結果。

雖然這本書包含了我認為在 CLDV 的分析中最基本而且有用的方法，但是限於篇幅，許多重要的內容並沒有列在本書中，這些內容包括：非母數統計法、統計數檢定（Davidson & MacKinnon，1993，p.522-528；Greene，1993，p.648-650）、多重取樣、聯立程式系統（請參考 Browne & Arminger，1995）以及分層統計法（Longford，1995，pp.551-556）。雖然這些方法都十分重要，但是由於它們已經超出了本書的範圍，因此，我寧願選擇少數幾個模式作詳細探討，而不願告訴讀者太多的方法，卻只有給予粗略的介紹。我希望這種方式能夠提供讀者一個比較紮實的基礎，對於日後閱讀有關 CLDV 的文獻時能有所幫助。

第四節 參考書目

每章的最後都有參考書目的註解，這些註解簡單說明了在那一章中所介紹的統計法的歷史，並提供讀者基本的參考資料。

除了這些參考資料之外，還有許多重要的研究也對於書中提到的模式有重要的貢獻：Maddala（1983）考量了許多模型以適用於 CLDV 的分析；Amemiya（1985）則擴展了多畢模式，如樣本選擇模式（sample selection model）；McCullagh 和 Nelder（1989）從一般線性模式（generalized linear model）的角度來討論一些本書在後面章節將討論的模式；King（1989a）將這些統計法應用到政治學的領域中；Liao（1994）在他討論一般線性模式的文章中提出了機率模式的解釋；Arminger（1995）則對於許多相關內容提出全面性的整理回顧；最後，Stokes 等人（1995）在 SAS 系統中討論類別變項的模式。

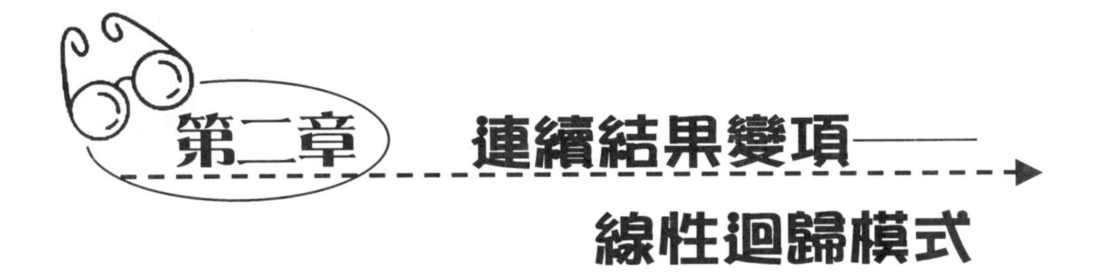

第二章　連續結果變項——線性迴歸模式

一般來說，線性迴歸模式是由最小平方法（ordinary least squares）來計算，而非線性迴歸模式則是由最大概似估計（maximum likelihood estimation）推算而來 。但是，由於線性迴歸模式由最大概似法和由最小平方法所求出的值完全相等，而且它的基本概念對於了解本書所討論的統計法觀念十分重要。因此，本章將簡短地複習線性迴歸模式，而將討論的重點放在最大概似估計法上。希望進一步詳細探討線性迴歸模式的讀者，可以參考第八節的參考書目。

第一節　線性迴歸

線性迴歸的方程式可以寫成如下：

$$y_i = \beta_0 + \beta_1 x_{i1} + \ldots + \beta_k x_{ik} + \ldots + \beta_K x_{iK} + \varepsilon_i \qquad [2.1]$$

其中，y 是依賴變項；x 是獨立變項；ε則是隨機誤差（stochastic error）；i 指的是隨機樣本中的第幾個觀察數；β_1

到 β_k 是參數，指出所代表之獨立變項（x）對依賴變項（y）的影響；β_0 是截距。像這樣的模式，我們可以用矩陣的形式來表示：

$$\mathbf{y} = \mathbf{X}\boldsymbol{\beta} + \boldsymbol{\varepsilon}$$

其中，

$$\mathbf{y} = \begin{pmatrix} y_1 \\ \vdots \\ y_N \end{pmatrix} \quad \mathbf{x} = \begin{pmatrix} 1 & x_{11} & \cdots & x_{1K} \\ \vdots & \vdots & \ddots & \vdots \\ 1 & x_{N1} & \cdots & x_{NK} \end{pmatrix} \quad \beta = \begin{pmatrix} \beta_0 \\ \beta_1 \\ \vdots \\ \beta_K \end{pmatrix} \quad \varepsilon = \begin{pmatrix} \varepsilon_1 \\ \vdots \\ \varepsilon_N \end{pmatrix}$$

如果我們將 $\mathbf{x}_i$ 定義為 $\mathbf{X}$ 的第 i 行，那麼，公式 2.1 就可以寫成如下：

$$y_i = \mathbf{x}_i\boldsymbol{\beta} + \varepsilon_i$$

㈠線性迴歸模式的假設（The Assumptions of the LRM）

線性迴歸模式共有五個假設：

1. **線性假設（Linearity）**：根據公式 2.1，y 和所有獨立變項（x）有直線相關，然而，若是 x 經過轉換之後，x 和 y 之間是有可能存在非線性相關。例如：x 經過轉換之後變成 x 的平方，或者 x 的平方根。這個假設將在第四節中詳細討論。
2. **共線性假設（Collinearity）**：這個假設指所有的獨立變項之間是各自獨立，完全不相關的。

第二組假設所考慮的是誤差值的分配。誤差值對 y 的影響可以說是隨機的、觀察不到的；或者它也可以是一組在模式之外的變項，對 y 只有些微影響的變項。

圖 2.1：線性迴歸模式

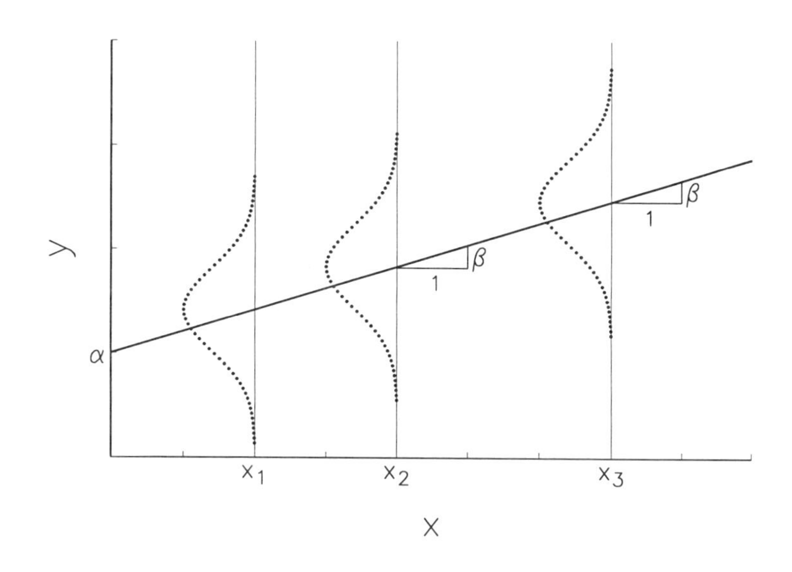

3. 殘差的條件期望值為零（Zero Conditional Mean of ε）：殘差的最佳期望值等於零，

$$E(\varepsilon_i | \mathbf{x}_i) = 0$$

也就是說，對所有的 x 來說，誤差的期望值都等於零。這個假設隱含的意義是 y 的條件期望值等於 x 的預測值：

$$E(y_i | \mathbf{x}_i) = E(\mathbf{x}_i\beta + \varepsilon_i | \mathbf{x}_i) = \mathbf{x}_i\beta + E(\varepsilon_i | \mathbf{x}_i) = \mathbf{x}_i\beta$$

圖 2.1 是線性迴歸模式中，不同的 x 所相對的 y 的分配情形。值得一提的是，我使用 α 和 β 來代表簡單線性迴歸模式中的參數，而不用複雜的 y＝

$\beta_0+\beta_1x_1+\varepsilon$。圖 2.1 中，相對於每一個 x 對 y 的期望值，以起始點為 α 開始的直線表示。而直線上升的速度則是它的斜率 β 。

4. **等變異性和不相關的誤差值**（Homoscedastic and Uncorrelated Errors）：誤差值假設是等變異性的，也就是說，x 的誤差值有一個相等的變異數。正式地說來，

$$\text{Var}(\varepsilon_i|\mathbf{x}_i)=\sigma^2 \qquad \text{for all } i$$

如果每個 x_i 的變異數都不一樣的話，那麼誤差值將會是「不等變異」，也就是所謂「殘差的異質性」（heteroscedastic），則變異數會因不同的 x_i 而不同。另外，誤差值在不同的 x_i 中也被假設為是不相關的。因此，x_i 和 x_j 的共變數（covariance）的差別應該等於 0。

圖 2.1 中，誤差值的分配情形如虛線所示，曲線愈高，出現誤差值的機會就愈大。因為每個獨立變項誤差值分配的變異數都是一樣的，所以誤差值的變異是相等的。當誤差值是常態分配時，誤差值的等變異性就不再是必要的假設了。

5. **常態性**（Normality）：當誤差值被當作是結合許多小因素對依賴變項的影響時，那麼就可以假設它們是常態分配。因為這個假設，圖 2.1 便可以視為常態分配。有關這個假設的詳細討論，讀者可以參考第八節的參考書目。

第二節　迴歸係數的解釋

在第一章中，「偏微分」（partial derivatives）和「間距改變」（discrete change）是用來描述一個獨立變項影響依賴變項的兩種方法。雖然這兩種方法在線性迴歸中都有相同的答案，但是在以後的各章中，我還是會同時討論這兩種解釋方法。為了使記號的表示更清楚明白，在以下的方程式中，原本下標的 i 將被省略。相對於 x_k 對 y 的偏微分是：

$$\frac{\partial E(y|\mathbf{x})}{\partial x_k}=\frac{\partial \mathbf{x}\boldsymbol{\beta}}{\partial x_k}=\beta_k$$

在線性迴歸中，偏微分是在其他變項保持不變的情況下，x 和 y 相關直線的斜率。因為是線性的，所以偏微分的值始終保持不變（都等於 β_k），並不會受到模式中其他變項的影響。

第二種解釋的方法是計算在其他變項保持不變的情況下，x_k 改變時對 y 期望值的間距改變。$E(y|\mathbf{x}, x_k)$ 指的是相對於在 $x=x_k$ 時 y 的期望值。同樣的道理，$E(y|\mathbf{x}, x_k+1)$ 指的是相對於 $x=x_k+1$ 時 y 的期望值。因此，當 x_k 改變一個單位，y 的間距改變等於：

$$\begin{aligned}\frac{\Delta E(y|\mathbf{x})}{\Delta x_k}&=E(y\mid \mathbf{x}, x_k+1)-E(y\mid \mathbf{x}, x_k)\\&=[\beta_0+\beta_1x_1+\cdots+\beta_k(x_k+1)+\cdots+\beta_Kx_K+\varepsilon]\\&\quad-[\beta_0+\beta_1x_1+\cdots+\beta_kx_k+\cdots+\beta_Kx_K+\varepsilon]\\&=\beta_k\end{aligned}$$

這也表示說，在其他變項保持不變的情況下，當 x_k 每增加一個單位，y 的期望值就會隨著增加 β_k 個單位。

在線性迴歸中，

$$\frac{\partial E(y|\mathbf{x})}{\partial x_k} = \frac{\Delta E(y|\mathbf{x})}{\Delta x_k} = \beta_k$$

這使得 β 的解釋較為簡單：

- 在其他變項保持不變的情況下，x_k 每增加一個單位，y 的期望值就會隨著增加 β_k 個單位。

因為虛擬變項在觀察值具有某項特質時標示為 1，反之為 0，所以虛擬變項的係數可以用同樣的解釋方法：

- 在其他變項保持不變的情況下，y 的期望值因為具有 x_k 特質而改變 β_k 個單位。

圖 2.1 中的兩個三角形所代表的就是斜率係數，每個三角形的底邊相當於一個單位的長，而三角形的高就是β。因此，不管 x 值是 x_2、x_3、或其他的值，x 每增加一個單位，y 期望值就會隨著增加 β個單位。

一、標準化（standardized）和半標準化（semi－standardized）係數

β係數定義為變項的原始度量單位（original metric），因此，有時候，它也叫做度量單位係數（metric coefficients）或未標準化係數（unstandardized coefficients）。這些未標準化係數經過標準化之後，其變異數為 1，這在解釋方面非常有用。

特別是當變項的單位沒有意義的時候（如無法以大小、等級等等來表示時），這些經過標準化的係數，可以使得原本沒有意義的統計結果變得有意義。以下我們將討論 y 的標準化係數（y-standardized coefficients）、x 的標準化係數（x-standardized coefficients）、以及 y 和 x 的完全標準化係數（fully standardized coefficients）[1]。

(一) y 的標準化係數

我們可以將 2.1 的方程式除以 σ_y，使 y 的變異數等於 1：

$$\frac{y}{\sigma_y}=\frac{\beta_0}{\sigma_y}+\frac{\beta_1}{\sigma_y}x_1+\cdots+\frac{\beta_k}{\sigma_y}x_k+\cdots\frac{\beta_k}{\sigma_y}x_K+\frac{\varepsilon}{\sigma_y}$$

新的統計程式為，

$$y^S=\beta_0^{Sy}+\beta_1^{Sy}x_1+\cdots+\beta_k^{Sy}x_k+\cdots+\beta_K^{Sy}x_K+\varepsilon^{Sy}$$

其中，y^s 是經過標準化之後的 y，單位變異數等於 1。$\beta_k{}^{Sy}$ 是半標準化係數或簡稱為 y 的標準化係數。$\beta_k{}^{Sy}$ 也等於：

$$\frac{\partial E(y^s|\mathbf{x})}{\partial x_k}=\frac{\Delta E(y^s|\mathbf{x})}{\Delta x_k}=\beta_k{}^{Sy}$$

對於一個連續變項來說，$\beta_k{}^{Sy}$ 也可以解釋成：

- **其他變項保持不變的情況下，x_k 每增加一個單位，y 的期望值就會隨著增加 $\beta_k{}^{Sy}$ 個標準差。**

如果是虛擬變項，$\beta_k{}^{Sy}$ 也可以解釋成：

---

[1] y的標準化係數指的是「x_k每增加一個單位時，y所改變的單位標準差的量」。x的標準化係數是「當x_k每增加一個單位標準差時，y所改變的量」，這兩者都是「半標準化係數」。完全標準化係數則是「當x_k每增加一個單位標準差時，y所改變的單位標準差的量」。

●在其他變項保持不變的情況下，y 的期望值因為具有 x_k 特質而改變 β_k^{Sy} 個單位。

㈡ x 的標準化係數

利用 2.1 的方程式，將每個獨立變項 x_k 除以 σ_k，再將每個係數 β_k 乘以 σ_k：

$$y = \beta_0 + (\sigma_1\beta_1)\frac{x_1}{\sigma_1} + \cdots + (\sigma_k\beta_k)\frac{x_k}{\sigma_k} + \cdots + (\sigma_K\beta_K)\frac{x_K}{\sigma_K} + \varepsilon$$

新的方程式為，

$$y = \beta_0 + \beta_1^{Sx}x_1^S + \cdots + \beta_k^{Sx}x_k^S + \cdots + \beta_k^{Sx}x_K^S + \varepsilon$$

其中，x_k^s 是經過標準化之後的 x_k，單位變異數為 1，而 $\beta_k^{Sx} = \sigma_k\beta_k$ 是半標準化係數，或簡稱為 x 的標準化係數。對於一個連續變項來說，β_k^{Sx} 也可以解釋成：

●在其他變項保持不變的情況下，x_k 每增加一個標準差，y 的期望值就會隨著增加 β_k^{Sx} 個單位。

㈢完全標準化係數

完全標準化係數就是將 y 和所有的 x 全部標準化：

$$\frac{y}{\sigma_y} = \frac{\beta_0}{\sigma_y} + \left(\frac{\sigma_1\beta_1}{\sigma_y}\right)\frac{x_1}{\sigma_1} + \cdots + \left(\frac{\sigma_k\beta_k}{\sigma}\right)\frac{x_k}{\sigma_k} + \cdots + \left(\frac{\sigma_K\beta_K}{\sigma}\right)\frac{x_K}{\sigma_K} + \frac{\varepsilon}{\sigma_y}$$

新的方程式為，

$$y^S = \beta_0^S + \beta_1^S x_1^S + \cdots + \beta_k^S x_k^S + \cdots + \beta_K^S x_K^S + \varepsilon^{Sy}$$

其中，$\beta_k^S = (\sigma_k\beta_k) / \sigma_y$ 是完全標準化係數，或稱為路徑係數

（path coefficient）。因為 $\beta_k{}^S$ 等於，

$$\frac{\partial E(y^s|x^s)}{\partial x_k^S}=\frac{\Delta E(y^s|\mathbf{x}^s)}{\Delta x_k^S}=\beta_k{}^S$$

所以，完全標準化係數可以解釋成：

● 在其他變項保持不變的情況下，當 x_k 每增加一個標準差，y 的期望值就會隨著增加 $\beta_k{}^S$ 個標準差。

㈣虛擬變項的標準化係數

對於一個虛擬變項來說，改變一個標準差並不具有清楚的意義。我們以虛擬變項 MALE（男性）為例，（1 ＝ 男性，0 ＝ 女性）。假定 MALE 的迴歸係數是 .5，那麼，MALE 的影響便可以解釋成：在其他變項保持不變的情況下，身為男性使得依賴變項增加了 .5。現在讓我們來考慮虛擬變項的 x 的標準化係數和完全標準化係數。假定 MALE 的標準差是 .25，那麼，x 的標準化係數等於 .125（＝ .5 × .25）。如此便可以解釋成：在其他變項保持不變的情況下，性別每增加一個標準差，依賴變項就隨著增加 .125。但是，這樣的解釋有意義嗎？同樣的道理也適用於完全標準化係數上。雖然，虛擬變項的 x 的標準化係數和完全標準化係數，有時也會用來比較獨立變項對依賴變項影響的大小，但是我並不認為這樣的比較是有用的，因此，在本書中，凡是面對虛擬變項的解釋，我一律不使用 x 的標準化係數和完全標準化係數。

㈤非線性模式的比較

在線性與非線性模式中迴歸係數的解釋並不相同。第一，在非線性模式中，$\partial E(\cdot)/\partial x_k$ 取決於 x_k 的值以及模式中其他獨立變項的值。第二，在非線性模式中，$\partial E(\cdot)/\partial x_k$ 並不一定要等於 $\Delta E(\cdot)/\Delta x_k$。因此，我們必須避免用線性模式的解釋方式來解釋非線性模式。

第三節　最小平方法的估計(Estimation by Ordinary Least Squares)

最小平方法（OLS）是線性模式中最常使用的估計方法，β 的最小平方估計值是殘差平方和（sum of the squared residuals）的極小值，也就是 $\hat{\beta}$，$\hat{\beta}$估計值為：

$$\hat{\beta}=(\mathbf{X'X})^{-1}\mathbf{X'}y$$

而其共變數矩陣（covariance matrix）是：

$$\mathrm{Var}(\hat{\boldsymbol{\beta}})=\sigma^2(\mathbf{X'X})^{-1}$$

$$=\begin{pmatrix} \mathrm{Var}(\hat{\beta}_0) & \mathrm{Cov}(\hat{\beta}_0,\hat{\beta}_1) & \cdots & \mathrm{Cov}(\hat{\beta}_0,\hat{\beta}_K) \\ \mathrm{Cov}(\hat{\beta}_1,\hat{\beta}_0) & \mathrm{Var}(\hat{\beta}_1) & \cdots & \mathrm{Cov}(\hat{\beta}_1,\hat{\beta}_K) \\ \vdots & \vdots & \ddots & \vdots \\ \mathrm{Cov}(\hat{\beta}_K,\hat{\beta}_0) & \mathrm{Cov}(\hat{\beta}_K,\hat{\beta}_1) & \cdots & \mathrm{Var}(\hat{\beta}_K) \end{pmatrix}$$

如果模式的假定維持不變，OLS 的估計值（$\hat{\beta}$）就是一個不偏估計值（unbiased estimator）。

為了估計 OLS 估計值的變異數，我們需要計算誤差值的變異數（σ^2）。我們可以使用不偏估計值來定 $e_i = y_i - \mathbf{x}_i\hat{\beta}$：

$$s^2=\frac{1}{N-K-1}\sum_{i=1}^{N}e_i^2$$

其中 K 為獨立變項的數目。共變數矩陣 $\hat{Var}(\hat{\beta})$ 等於 $s^2(\mathbf{X'X})^{-1}$。如果誤差值是常態分配而且 $\beta_k=\beta^*$，那麼，

$$t_k=\frac{\hat{\beta}_k-\beta^*}{\sqrt{\hat{Var}(\hat{\beta}_k)}}$$

自由度為 N－K－1。它可以用來檢驗虛無假設 H_0: $\beta_k=\beta^*$。如果沒有這個常態分配，那麼 t_k 的 t 分配會隨著樣本變得無限大（請參考 Greene， 1993， pp. 299－301）。有關假設檢定的問題，我們將在第四章中討論。

【線性迴歸模式的實例】第一份工作的聲望（Prestige of the First Job）

Long 等人（1980）研究各種因素對科學家第一個學術工作聲望的影響，研究的目的在了解，相較於科學家本身的教育背景，是否有其他因素對於學術研究的產能有更重要的影響。在這裡，我將擴展了他們的研究範圍，也把女性科學家包含在研究對象的範圍內。

這個研究的依賴變項是第一個工作的聲望（以「JOB 」表示），聲望的等級由 1.00 到 5.00 不等。學校聲望大致上分成五個等級：在 1.00 到 1.99 之間的為「適當的」；介於 2.00 到 2.99 之間的為「良好的」；3.00 到 3.99 之間的為「優良的」；在 4.00 到 4.99 之間的為「特優的」。學校聲望在 1.00 以下或沒有研究所課程的都用 1.00 來表示。（這和第七章

tobit 模式有密切關係。）表 2.1 列出了所有獨立變項的平均數、標準差、極大值、極小值、和詳細的變項內容。

在這個研究中，我們的迴歸模式是：

$$JOB = \beta_0 + \beta_1 FEM + \beta_2 PHD + \beta_3 MENT + \beta_4 FEL + \beta_5 ART + \beta_6 CIT + \varepsilon$$

表 2.2 所列的為所有未標準化係數、標準化係數、以及 t 值，在第四章中我們將會作較詳細的討論。

表 2.1：第一個學術工作聲望研究的描述性統計

Name	*Mean*	*Standard Deviation*	*Minimum*	*Maximum*	*Description*
JOB	2.23	0.97	1.00	4.80	Prestige of job(from 1 to 5)
FEM	0.39	0.49	0.00	1.00	1 if female; 0 if male
FHD	3.20	0.95	1.00	4.80	Prestige of Ph.D. department
MENT	45.47	65.53	0.00	532.00	Citations received by mentor
FEL	0.62	0.49	0.00	1.00	1 if held fellowship; else 0
ART	2.28	2.26	0.00	18.00	Number of articles published
CIT	21.72	33.06	0.00	203.00	Number of citations received

附註：N=408.

表 2.2：第一個學術工作聲望研究的線性迴歸係數

Name	β	β^{Sx}	β^{Sy}	β^{S}	t
Constant	1.067	—	—	—	6.42
FEM	−0.139	—	−0.143	—	−1.54
PHD	0.273	0.260	0.280	0.267	5.53
MENT	0.001	0.078	0.001	0.080	1.69
FEL	0.234	—	0.240	—	2.47
ART	0.023	0.051	0.023	0.053	0.79
CIT	0.004	0.148	0.005	0.153	2.28

附註：N＝408. β 為非標準化係數；β^{Sx} 為 x 的標準化係數；β^{Sy} 為 y 的標準化係數；β^{S} 為完全標準化係數。

以表 2.2 為例，變項 FEM 和變項 CIT 的係數可以解釋為：

- 未標準化係數：在其他變項保持不變的情況下，女性科學家第一份工作的聲望較男性科學家低 .14。在其他變項保持不變的情況下，該科學家的學術論文每被引用一次，其第一個學術工作聲望就隨著增加 .004 個單位。（CIT 的影響之所以很小，是因為它的標準差很大的緣故。）

- x 的標準化係數：在其他變項保持不變的情況下，該科學家的學術論文被引用的次數每增加一個標準差，其第一個學術工作聲望就增加 .15 個單位。

- y 的標準化係數：在其他變項保持不變的情況下，女性科學家第一份工作的聲望平均較男性科學家低 .14 個標準差。在其他變項保持不變的情況下，該科學家的學術論文每被引用一次，其第一個學術工作聲望就增加 .005 個標準差。（未標準化係數和 y 的標準化係數之所以相同，是因為 y 的變異數等於 1。）

完全標準化係數和 y 的標準化係數在本書許多討論中將會繼續出現。

第四節　非線性迴歸模式

雖然 LRM 指的通常是線性模式，但經由變項的轉換，也可以表達非線性關係。讓我們以非線性模式為例來說明：

$z = \exp(\beta_0 + \beta_1 x_1 + \beta_2 x_2 + \varepsilon)$　　[2.2]

如果我們在等號的左右兩邊都取對數，那麼方程式 2.2 就會變成：

$\ln(z) = \beta_0 + \beta_1 x_1 + \beta_2 x_2 + \varepsilon$

由於轉換成對數的結果，即使 z 本身是非線性的，方程式 ln（z）變成了線性的模式。在這些狀況下，β_1 的解釋便和在線性模式中一樣：在其他變項保持不變的情況下，x_1 每增加一個單位，ln（z）便隨著增加β_1 個單位。然而，雖然 x_1 從 1 增加到 $1+\beta_1$ 或從 2 增加到 $2+\beta_1$ 所造成對 ln（z）的改變都是一樣的，但是它們對 z 的改變並不相同。這可以從 z 對 x 的微分中看出：

$$\frac{\partial z}{\partial x_1} = \frac{\partial \exp(\beta_0+\beta_1 x_1+\beta_2 x_2+\varepsilon)}{\partial x_1}$$

$$= \exp(\beta_0 + \beta_1 x_1 + \beta_2 x_2 + \varepsilon)\frac{\partial(\beta_0+\beta_1 x_1+\beta_2 x_2+\varepsilon)}{\partial x_1}$$

$$= \exp(\beta_0 + \beta_1 x_1 + \beta_2 x_2 + \varepsilon)\beta_1$$

$$= z\beta_1$$

因此，不管 x_1 和 x_2 在模式中的值是多少，y 期望值的改變都等於 ln（z），但是，z 的改變的大小（不是 ln（z）的改變），隨著 z 本身的值大小而有所不同。

方程式 2.2 的非線性模式，也就是所謂的對數線性模式

（log－linear models）：雖然 z 和所有的 x 的關係是非線性的，但是，轉換成對數之後的 z 和所有 x 的關係便是線性的了。因為第三章、第四章、以及第八章都是對數線性模式，所以，我們將介紹一個可以用於解釋所有對數線性模式的簡單方法。

因為 exp（a + b）＝exp（a）exp（b），所以方程式 2.2 可以寫成：

$$z(x_1) = \exp(\beta_0)\exp(\beta_1 x_1)\exp(\beta_2 x_2)\exp(\varepsilon)$$

其中，$z(x_1)$ 指的是當 x_1 有一個特定值時的 z 值。當 x_1 從 1 增加到 x_1+1 時，

$$\begin{aligned} z(x_1+1) &= \exp(\beta_0)\exp[(\beta_1(x_1+1)]\exp(\beta_2 x_2)\exp(\varepsilon) \\ &= \exp(\beta_0)\exp(\beta_1 x_1)\exp(\beta_1)\exp(\beta_2 x_2)\exp(\varepsilon) \end{aligned}$$

$z(x_1+1)$ 和 $z(x_1)$ 的比率（ratio）是每單位 x_1 的改變造成對 z 的倍數改變（factor change）：

$$\frac{z(x_1+1}{z(x_1)} = \frac{\exp(\beta_0)\exp(\beta_1 x_1)\exp(\beta_1)\exp(\beta_2 x_2)\exp(\varepsilon}{\exp(\beta_0)\exp(\beta_1 x_1)\exp(\beta_2 x_2)\exp(\varepsilon)} = \exp(\beta_1)$$

這導出下列的解釋：

● 在其他變項保持不變的情況下，x_1 每增加一個單位，z 的期望值就會隨著增加 exp（β_1）倍。

或者，x_1 一個單位的改變所造成 z 的百分比改變（percen-tage change）等於：

$$100\,\frac{z(x_1+1)-z(x_1)}{z(x_1)}=100\left[\frac{z(x_1+1)}{z(x_1)}-\frac{z(x_1)}{z(x_1)}\right]=100[\exp(\beta_1)-1]$$

如此，我們便可以解釋為：

- 在其他變項保持不變的情況下，x_1 每增加一個單位，z 的期望值就會隨著增加 100[exp（β_1）− 1]% 。

值得注意的是，其他的非線性迴歸模式並沒有像倍數改變（factor change）或百分比改變（percentage change）所表示的有這麼簡單的解釋。

第五節　違反假定（Violations of the Assumptions）

雖然有關 LRM 違反假定完整的討論超出本章的範圍，但是在這裡，我還是要提出兩個對了解非線性迴歸模式最有幫助的違反假定的問題。

一、誤差值的條件平均值不等於 0

在 LRM 中，

$$y = \beta_0 + \beta_1 x_1 + \ldots + \beta_K x_K + \varepsilon \qquad [\,2.3\,]$$

我們假定誤差的期望值等於 0。現在，我們假定誤差的期望值等於 δ ，由於 δ 是未知而且不等於 0 的常數。因此，我們可以修正方程式 2.3 ，使它的誤差值等於 0：

$$y = (\beta_0 + \delta) + \beta_1 x_1 + \ldots + \beta_K x_K + (\varepsilon - \delta)$$
$$= \beta_0^* + \beta_1 x_1 + \ldots + \beta_K x_K + \varepsilon^*$$

從修正後的方程式中得知，我們已經創造了一個新的誤差值（$\varepsilon^* = \varepsilon - \delta$），而且它的平均值等於 0 *（證明 ε^* 的平均數為 0）*。另外，為了保持等式的相等，我們也須在等式中加上 δ ；它與 β_0 合併的結果，使 β_0 變成 $\hat{\beta}_0^*$。因此，新的方程式有了 LPM 的性質之一：誤差的期望值等於 0。根據這個推論，我們便可以使用最小平方法（OLS）來計算出 β_0^* 的估計值以及所有的 β_k。β_0^* 的期望值是截距（ β_0）和誤差平均值的總和：E（$\hat{\beta}_0^*$）＝ $\beta_0 + \delta$ 。值得注意的是，即使我們可以估計出截距和誤差平均值的總和，但是無論如何我們都無法單獨估計出 β_0 和 δ。

因為統計數定位（identification）的觀念對於了解 CLDV 模式是非常重要的，所以我們有必要再加強這個觀念。圖 2.2 是在線性迴歸模式中，截距的統計數定位。假定樣本資料（如圖中的許多小黑點）是由 $y = \alpha + \beta x + \varepsilon$ 迴歸模式產生，其中，ε 呈現常態分配且平均數等於 δ。圖中的實線代表 E（$y|x$）＝ $\alpha + \beta x$ 。正如我們所期待的，可觀察的樣本資料位在迴歸線上方大約 E（$\varepsilon|x$）個單位；而由 OLS 估計的迴歸線（如圖中虛線所示，其截距等於 $\hat{\alpha}^*$，斜率等於 $\hat{\beta}$），則穿過可觀察的樣本資料。很明顯地，估計出來的樣本斜率並沒有受到誤差平均值不等於 0 的影響。這樣的結果完全符合我們所預期

的：樣本截距在母群體截距（α）上方大約 δ 個單位，因而形成誤差平均值不等於 0 的結果。雖然無法單獨估計出 α 和 δ，但是，它們的總和卻可以藉由 $\hat{\alpha}^*$ 估計出來。

這個簡單的例子說明了一些有關統計數定位較易受到爭論的觀念。第一，無論如何我們都無法正確估計出參數。因此，參數是無法定位（unidentified）的。統計數定位的問題是統計法本身的限制，它是無法藉由增加樣本數來加以修正的。第二，雖然統計模式無法藉由樣本數的增加來鑑定，但是它卻可以藉由假定（assumptions）來識別。例如，截距 β_0 只有在我們假定 $E(\varepsilon|x) = 0$ 的條件下才能估計出來，否則的話，它將無法鑑定。第三，仍然有某些參數是可以鑑定的。雖然截距 β_0 只有在我們假定 $E(\varepsilon|x) = 0$ 的條件下才能估計出來，但是，沒有這個假定的成立，β_1 到 β_k 還是可以被正確的估算。最後，雖然個別的參數是無法鑑定的，但是將這些無法各別定位（identified）的參數結合起來，就可以識別它們。這也就是為什麼我們無法單獨估計出 β_0 和 δ，但卻有辦法估計出它們總和的原因。這些觀念對於了解之後要討論的非線性模式是很重要的。

二、獨立變項和誤差值是相關的

$E(\varepsilon|x) = 0$ 這個假設暗示著所有的獨立變項和誤差值是不相關的。實際上，仍然有幾個理由可以說明為什麼獨立變項可能會和誤差值相關，這包括了變項與變項之間相互的影響、測量上的誤差、錯誤的方程式（參閱 Kmenta，1986，pp.334－

圖 2.2：線性迴歸模式的截距

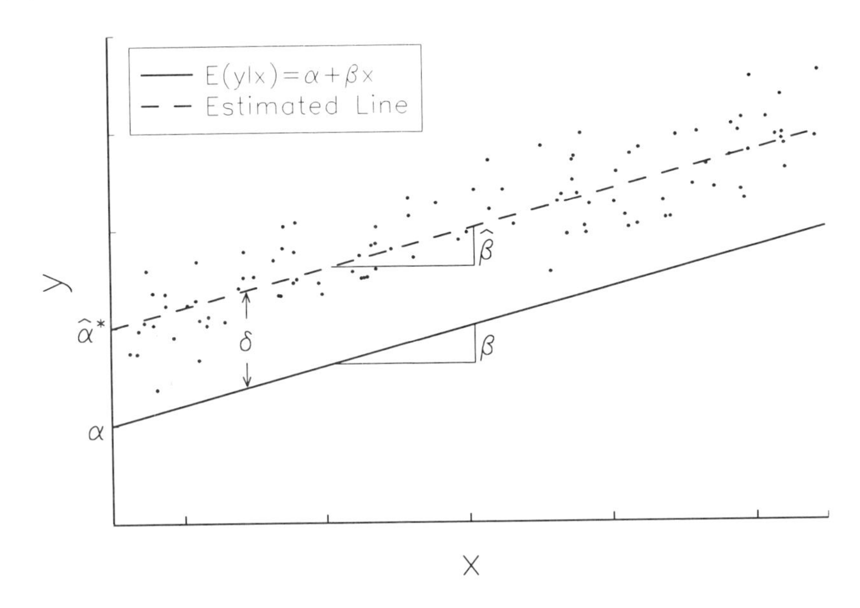

350）。在這裡，我想討論變項以外的影響，因為，這可以幫助我們了解第七章的 Tobit 模式。

當我們估計模式時，如果把和模式中重要的獨立變項排除在外的話，那麼，由 OLS 估計出來的值將會是偏差且不一致的。根據 Kmenta（1986， pp.443－446）的解釋，這是由於統計模式本身所包含的變項是錯誤的緣故。為了了解這個觀念的重要性，我們先假定數據資料是由下面的模式產生的：

$$y=\beta_0+\beta_1x_1+\beta_2x_2+\varepsilon \qquad [2.4]$$

但是，如果我們將模式估計成：

$$y=\beta_0+\beta_1x_1+v \qquad [2.5]$$

新的誤差值包含了被排除的獨立變項（x_2）和原始的誤差值（ε）：

$$v=\beta_2x_2+\varepsilon$$

如果 x_1 和 x_2 是相關的，那麼，v 和 x_1 也是相關的*（想想看這是為什麼？）*。結果，由方程式 2.5 估計出來的 β_1 是錯誤的。

第六節 最大概似估計（ML）

如果我們假定誤差值是常態分配，那麼，最大概似估計（ML）便能夠用來估計線性迴歸。因為在 LRM 中使用 OLS 和 ML 所估計出的 β 值是一樣的，我們可以利用這個大家所熟悉的統計模式來介紹最大概似估計法。

一、最大概似估計

我們可以利用下列的方程式來了解一個特定結果發生的機率，

$$\Pr(s|\pi, N) = \frac{N\,!}{s\,!(N-s)!}\pi^{s}(1-\pi)^{N-s} \qquad [\,2.6\,]$$

其中，N 是樣本數，π表示母群體中男性的比例，Pr（s ｜ π，N）為 N 個樣本中出現 s 個男性的機率 ，k! ＝ k · （k－1） · ... · 2 · 1。舉例來說，想要知道十個人之中的出現三個男性的機率有多少時，我們可以利用下列的計算式：

$$\Pr(s=3|\pi=.5, N=10)=\frac{10!}{3!7!}.5^3(1-.5)^7=0.117$$

像這樣的問題在機率中是非常典型的。一般來說，當我們知道機率分配的公式、參數以及樣本數的值，就可以計算一個特定事件（s）所發生的機率。在統計上，我們已知 s 和 N，並想從樣本訊息中估計參數 π 的值，在這種情況下，最大概似法是一個很好的方法。舉例來說，如果我們已知 s＝3 和 N＝10，但是不知道 π。那麼，什麼樣的 π 值能使 s＝3 出現的機率最高呢？圖 2.3 列出所有可能的 π 值產生 s＝3 的機率，圖中曲線最上方的橫切線是事件發生最高的機率（p＝.3），因此，$\hat{\pi}$＝.3 就是我們由最大概似估計所得的值。

二、概似函數（The Likelihood Function）

當公式 2.6 被用來求 s 值時，它可以稱為是一個「機率函數」（probability function）：參數 π 和 N 保持不變，而 s 可以任意變化。而當我們將同樣的方程式當作是計算 π 的函數時，同樣的方程式就變成了「概似函數」（likelihood function）：參數 s 和 N 的值保持不變，而 π 為未知。在我們的例子中，概似函數為：

$$L(\pi|s=3, N=10 = \frac{10!}{3!\,7!}\pi^3(1-\pi)^7$$

總而言之，最大概似估計就是使估計出來的 $\hat{\pi}$ 最接近所觀察的資料。一般而言，當概似函數微分（我們稱為 gradient 或

圖 2.3：不同的 π 值所產生 s = 3 的機率

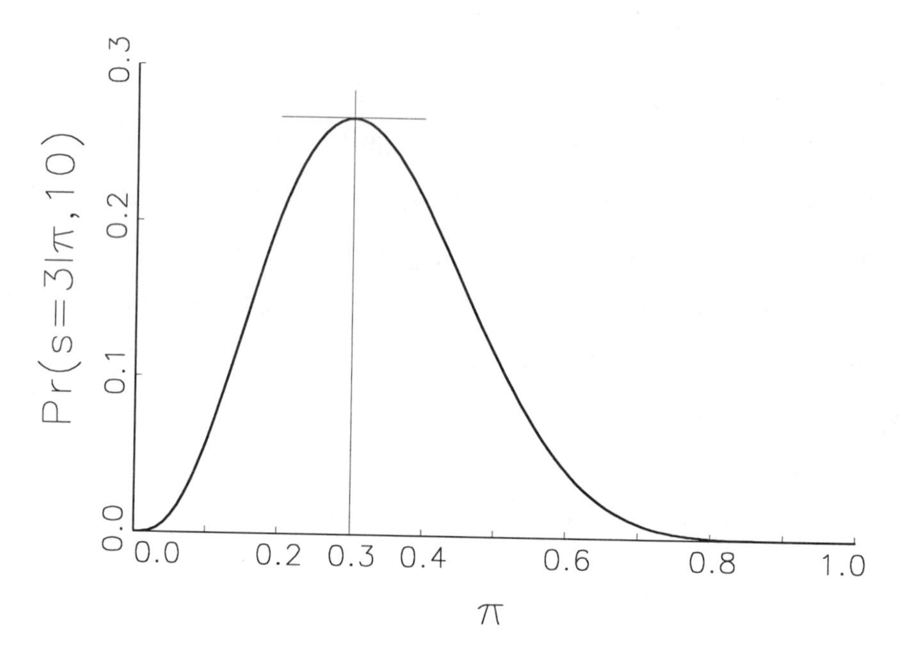

score）等於 0 時，估計出來的 $\hat{\pi}$ 最接近觀察資料。也就是說：

$$\frac{\partial L\ (\pi | s=3,\ N=10)}{\partial \pi}=0$$

這就是圖 2.3 中曲線最上方的橫切線，斜率＝ 0 並且與 π ＝ .3 垂直。

最接近概似函數的值同時也是最接近概似的對數的值。但是一般而言，因為相較於計算概似本身的微分，計算對數概似的微分比較容易，所以我們通常將概似函數轉換成對數模式來計算。如下列：

$$\frac{\partial \ln L(\pi | s=3, N=10)}{\partial \pi}=0$$

在我們的例子中，

$$\frac{\partial \ln L(\pi|s=3, N=10)}{\partial \pi} = \frac{\partial \ln[(\frac{10!}{3!7!})\pi^3(1-\pi)^7]}{\partial \pi}$$

$$= \frac{\partial \ln(\frac{10!}{3!7!})}{\partial \pi} + \frac{\partial 3 \ln \pi}{\partial \pi} + \frac{\partial 7 \ln(1-\pi)}{\partial \pi}$$

$$= 0 + \frac{\partial 3 \ln \pi}{\partial \pi} + \frac{\partial 7 \ln(1-\pi)}{\partial(1-\pi)} \frac{\partial(1-\pi)}{\partial \pi}$$

$$= \frac{3}{\pi} - \frac{7}{1-\pi}$$

在設定方程式等於 0 並求出 π 的情況下，我們求得 $\hat{\pi} = .3 = s/N$。

三、樣本平均數的最大概似估計

在我們開始使用最大概似法估計迴歸模式之前，我們可以用常態分配的例子來練習。假如 y 是常態分配且標準差等於 1，那麼 y 的機率密度函數（probability density function，縮寫為 pdf）為：

$$f(y_i|\mu, \sigma=1) = \frac{1}{\sqrt{2\pi}} \exp\left(\frac{-(y_i-\mu)^2}{2}\right)$$

因為 μ 未知，所以我們將概似函數寫成：

$$L(\mu | y_i, \sigma = 1) = f(y_i | \mu, \sigma = 1)$$

如果有三個獨立的觀察值，那麼它們的概似就等於各別概似的乘積：

$$L(\mu|\mathbf{y}, \sigma=1) = \prod_{i=3}^{3} L(\mu|y_i, \sigma=1) = \prod_{i=1}^{3} f(y_i|\mu, \sigma=1)$$

而其對數概似等於：

$$\ln L(\mu|\mathbf{y},\sigma=1)=\sum_{i=1}^{3}\ln L(\mu|y_i,\sigma=1)=\sum_{I=1}^{3}\ln f(y_i|\mu,\sigma=1)$$

最大概似估計就是使這個方程式的結果（$\hat{\mu}$）最接近實際的觀察值。

為了更清楚地了解最大概似估計是如何決定的，我們以圖 2.4 為例來說明。假定有三個觀察數，它們的值分別等於 0、1、和 2（如圖中黑色小圓點所示）。為了使估計出來的值最接近實際的觀察值，我們以四個不同的 μ 值（圖 2.4 A、B、C、及 D）分別來嘗試估計最大概似。圖 2.4 A 中，常態曲線的中心點在 μ ＝ 2 的直線上，每一個黑色小圓點的概似等於與其垂直的直線，而全部的概似函數則等於三條直線長度的乘積：L（μ ＝ 2|y）＝ .005。圖 2.4 B 計算出 μ ＝ －1 的概似值形成 L（μ ＝ －1|y）＝ .0001 的結果。為了增加概似值，我們需要 μ 的值在 2 和 –1 之間。圖 2.4 C 計算出 μ ＝ 1 的概似，形成 L（μ ＝ 1|y）＝ .023 的結果。當我們將平均數增加到 1.2 時（如圖 2.4 D），概似減少了 .022。因此，在我們的四個嘗試中，μ ＝ 1 產生最大概似，所以，我們可以推斷 $\hat{\mu}_{ML}$ ＝ 1。

一般而言，ML 估計比這個更複雜：第一，我們通常有較多觀察值；第二，我們所估計的參數比較多（如 μ 和 σ）；而且最後，我們通常會考慮所有可能的參數估計值，而不是像圖 2.4 一樣只有簡單的四個估計值而已。不過，雖然 ML 估計比較複雜，但是它的概念卻不脫出上述所說明的範圍。

圖 2.4：常態分配中 μ 的最大概似估計

Panel A: L(μ=2 | y)=.005

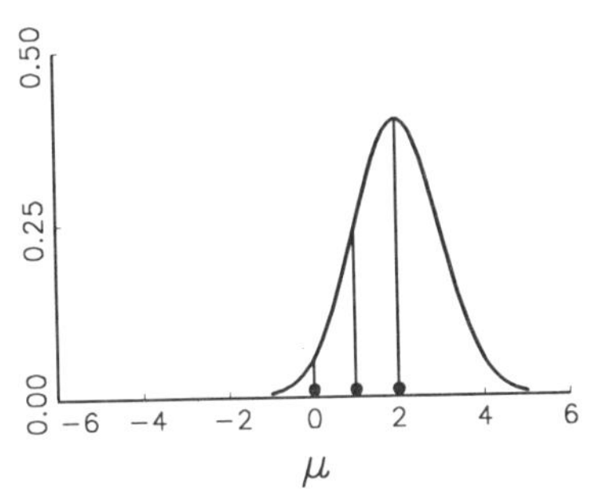

Panel B: L(μ=−1 | y)=.0001

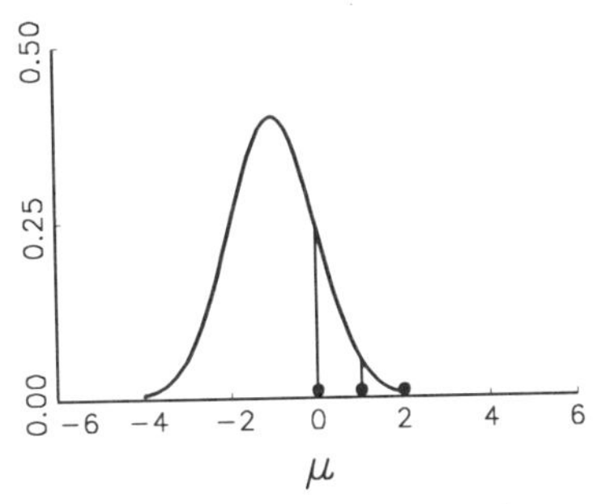

Panel C: L(μ=1 | y)=.023

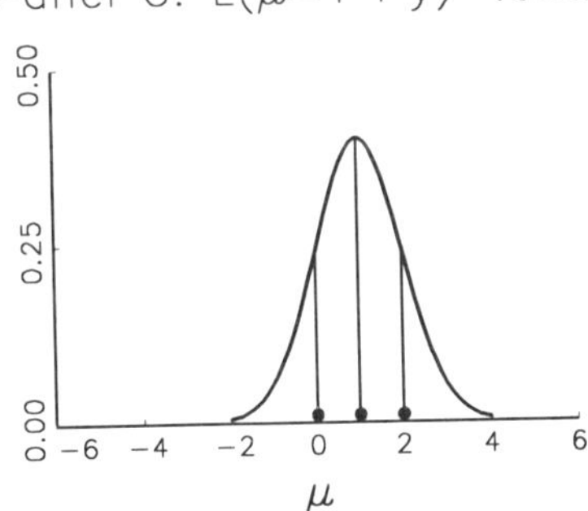

Panel D: L(μ=1.2 | y)=.022

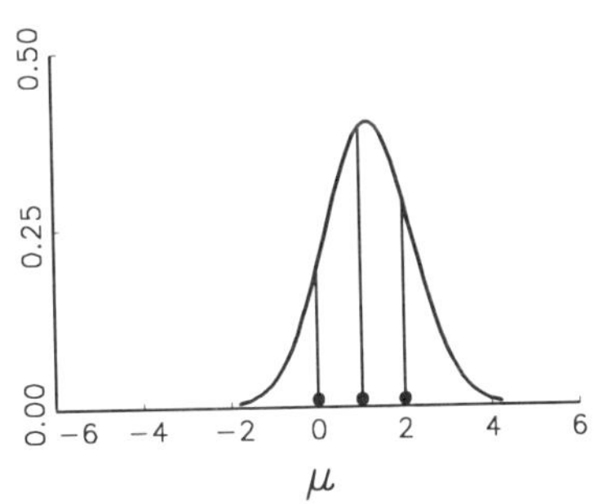

四、線性迴歸模式的 ML 估計

線性迴歸模式的 ML 估計主要是以常態分配為基礎，企圖找出最適合常態分配的估計值。我們可以用三個觀察值（x_1, y_1）、（x_2, y_2）、和（x_3, y_3）來估計一個簡單迴歸模式 $y = a + bx + \varepsilon$。圖 2.5 A 和圖 2.5 B 比較兩組可能的概似估計值，可觀察的數據資料以黑色小圓點表示。假定 y 的「條件性分配」（Conditional Distribution）為圖中小黑點所構成的常態分配曲線（此曲線應看成立體）。對於一對特定值 α 和 β所作的觀察得到的概似，等於圖中黑色小圓點到常態曲線的長度。

從圖 2.5 A 中，我們可以看出（x_1, y_1）的概似最接近觀察值，而（x_3, y_3）的概似則最遠離觀察值。α^a 和 β^a 的概似值等於圖 2.5 A 中三條線長度的乘積，很明顯的，α^a 和 β^a 並不是最大概似估計值，因為我們可以很容易地發現還有其他的估計值更接近實際觀察值（如圖 2.5 B 中的 α^b 和 β^b）。最大概似估計就是要使 $\hat{\alpha}$ 和 $\hat{\beta}$ 的值最接近實際的觀察值。

從數學的角度出發，我們可以為 LRM 發展出如下的最大概似估計。因為（1）y 的條件分配為常態；（2）Var（y）= σ^2；以及（3）E（y|x）= $\alpha + \beta x$，每一個觀察值的機率密度函數（pdf）可以寫成：

$$f(y_i|\alpha+\beta x_i,\sigma)=\frac{1}{\sigma\sqrt{2\pi}}\exp\left(-\frac{1}{2}\frac{[y_i-(\alpha+\beta x_i)]^2}{\sigma^2}\right) \qquad [2.7]$$

一個平均數是 μ、變異數是 σ^2 的常態變項的機率密度函數（pdf）通常都是以平均數是 0、變異數是 1 的標準化常態分配 ϕ 的機率密度函數（pdf）來表示：

$$\phi(z)=\frac{1}{\sqrt{2\pi}}\exp\left(-\frac{z^2}{2}\right)$$

如果使用這樣的定義，方程式 2.7 就變成：

$$f(y_i|\alpha+\beta x_i,\sigma)=\frac{1}{\sigma}\left[\frac{1}{\sqrt{2\pi}}\exp-\frac{\left(\frac{y_i-[\alpha+\beta x_i]}{\sigma}\right)^2}{2}\right]$$

$$=\frac{1}{\sigma}\phi\left(\frac{y_i-[\alpha+\beta x_i]}{\sigma}\right)$$

而其概似方程式便可以寫成：

$$L(\alpha,\beta,\sigma|\mathbf{y},\mathbf{X})=\prod_{i=1}^{N}\frac{1}{\sigma}\phi\left(\frac{y_i-[\alpha+\beta x_i]}{\sigma}\right)$$

圖 2.5：線性迴歸模式的最大概似估計

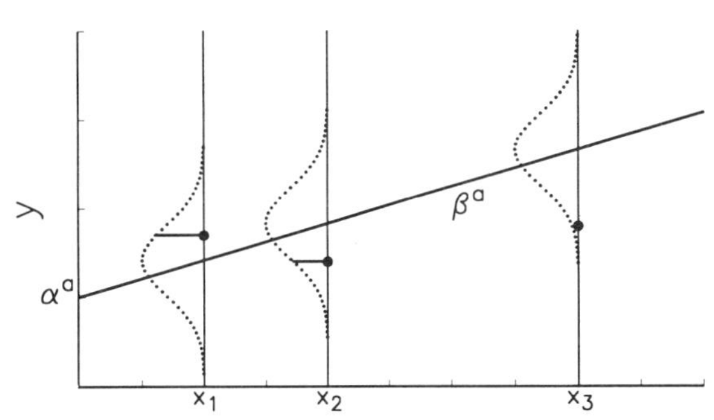

Panel B: Better Fit

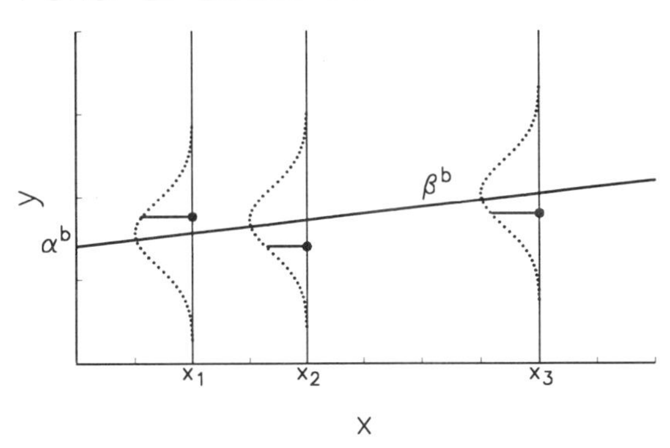

x

取對數之後，結果變成：

$$\ln L(\alpha,\beta,\sigma|\mathbf{y},\mathbf{X})=\sum_{i=1}^{N}\ln\frac{1}{\sigma}\phi\left(\frac{y_i-[\alpha+\beta x_i]}{\sigma}\right) \quad [\ 2.8\ ]$$

藉著極大化本式可求得 $\hat{\alpha}$ ，$\hat{\beta}$，以及 $\hat{\sigma}$ 的估計值。由迴歸方程式 $y=\mathbf{x}\boldsymbol{\beta}+\varepsilon$

$$\ln L(\boldsymbol{\beta},\sigma|\mathbf{y},\mathbf{X})=\sum_{i=1}^{N}\ln\frac{1}{\sigma}\phi\left(\frac{y_i-\mathbf{x_i}\boldsymbol{\beta}}{\sigma}\right)$$

當 $\hat{\beta}=(\mathbf{X'X})^{-1}\mathbf{X'y}$ 的時候，概似函數是最大的，這和 OLS 所求得的估計值一樣。在線性迴歸模式中，最大概似估計值可以用一般的代數來求解。但是，本書絕大多數的模式並不使用這樣的方法。在計算上，我們主要使用「遞迴法」，我們在第三章中會有詳細的討論。

五、最大概似估計的變異數

最大概似估計也能計算估計值的變異數，雖然在技術上這個問題超過我們所討論的範圍（請參考 Cramer，1986，pp.27－28; Davidson&MacKinnon，1993，pp.260－267; Eliason，1993， pp.40－41），但我們仍需要了解一些基本的定義及觀念。

假定 θ 代表被估計參數的向量（vector）。例如，在變異數是 Var（ε|**x**）＝ σ 的線性迴歸 y ＝ α ＋ βx ＋ ε 中，θ 包含了 α、β、 和 σ。Hessian 矩陣是二次微分（second derivatives）的矩陣，定義如下：

$$\mathbf{H}(\boldsymbol{\theta}) = \frac{\partial^2 \ln L(\boldsymbol{\theta})}{\partial \boldsymbol{\theta}\, \partial \boldsymbol{\theta}'}$$

這是一個對稱的矩陣。在我們的例子中，

$$\mathbf{H}(\boldsymbol{\theta}) = \begin{pmatrix} \dfrac{\partial^2 \ln L(\boldsymbol{\theta})}{\partial\alpha\partial\alpha} & \dfrac{\partial^2 \ln L(\boldsymbol{\theta})}{\partial\alpha\partial\beta} & \dfrac{\partial^2 \ln L(\boldsymbol{\theta})}{\partial\alpha\partial\sigma} \\ \dfrac{\partial^2 \ln L(\boldsymbol{\theta})}{\partial\beta\partial\alpha} & \dfrac{\partial^2 \ln L(\boldsymbol{\theta})}{\partial\beta\partial\beta} & \dfrac{\partial^2 \ln L(\boldsymbol{\theta})}{\partial\beta\partial\sigma} \\ \dfrac{\partial^2 \ln L(\boldsymbol{\theta})}{\partial\sigma\partial\alpha} & \dfrac{\partial^2 \ln L(\boldsymbol{\theta})}{\partial\sigma\partial\beta} & \dfrac{\partial^2 \ln L(\boldsymbol{\theta})}{\partial\sigma\partial\sigma} \end{pmatrix}$$

二次微分指的是斜率函數改變的速率（rate）。舉例來說，如果$\partial^2 \ln L(\theta)/\partial\beta\partial\beta$的值很小，那麼，對數概似會隨著 β 慢慢改變，也就是說，ln L 幾乎是平平的一條線。至少在直覺上，這樣的理解方式是很合理的。因為，如果 ln L 是平平的一條直線，那麼，我們將很難選擇 $\hat{\beta}$ 值來估計最大概似。其實，$\hat{\beta}$ 的變異數才是影響我們估計的主要因素，因此，赫賽矩陣（Hessian matrix）透過訊息矩陣（information matrix）與估計值的變異數產生關連。

訊息矩陣等於負的赫賽期望值：$-E[\mathbf{H}(\theta)]$。在一般的情況下，最大概似估計的共變數矩陣是訊息矩陣的反矩陣（inverse of the information matrix）：

$$\mathrm{Var}(\hat{\theta}) = -E[\mathbf{H}(\theta)]^{-1}$$

在我們的例子中，

$$\mathrm{Var}(\hat{\theta}) = \begin{pmatrix} -E\left(\frac{\partial^2 \ln L(\theta)}{\partial\alpha\partial\alpha}\right) & -E\left(\frac{\partial^2 \ln L(\theta)}{\partial\alpha\partial\beta}\right) & -E\left(\frac{\partial^2 \ln L(\theta)}{\partial\alpha\partial\sigma}\right) \\ -E\left(\frac{\partial^2 \ln L(\theta)}{\partial\beta\partial\alpha}\right) & -E\left(\frac{\partial^2 \ln L(\theta)}{\partial\beta\partial\beta}\right) & -E\left(\frac{\partial^2 \ln L(\theta)}{\partial\beta\partial\sigma}\right) \\ -E\left(\frac{\partial^2 \ln L(\theta)}{\partial\sigma\partial\alpha}\right) & -E\left(\frac{\partial^2 \ln L(\theta)}{\partial\sigma\partial\beta}\right) & -E\left(\frac{\partial^2 \ln L(\theta)}{\partial\sigma\partial\sigma}\right) \end{pmatrix}$$

在第三章中，我們會討論其他估計 Var（$\hat{\theta}$）的方法。

六、最大概似估計的特性

統計上，最大概似估計有許多值得注意的特質。第一，最大概似估計所求得的值和參數是一致的[2]。也就是說，隨著樣本數的增加，最大概似估計的機率將會非常接近參數，兩者的差距幾乎等於零。第二，最大概似估計的效率（efficiency）很高[3]，也就是說，最大概似估計所求得的變異數在這些具有「一致性」的估計值中是最小的。最後，最大概似估計是趨近常態分配的，我們將在第四章討論和最大概似相關的統計檢驗。值得注意的是，這些都是「趨近式」（asymptotical）（或稱「漸進式」）的特質，也就是說，這些特質都是在樣本趨近於無限大的時候才完全成立。至於它們如何應用在有限的樣本中，我們將在第三章第五節中討論。

---

[2] 在統計上，「一致性」（consistency）的意義為「當樣本數趨近於無限大時，由樣本所求得的估計值和由母群體所得出的值是相等的」。

[3] 在統計上，「有效性」（efficiency）的意義為「在樣本數相等的情況下，分析者對資料所提供的資訊做最有效的運用」。通常，當我們所使用的統計法較「有效」（efficient）時，我們所得出的估計標準差（Standard Error）也較小。

第七節　結　論

線性迴歸模式是了解本書所有模式的重要基礎，下一章我們將探討二元依賴變項線性迴歸模式。

第八節　參考書目

坊間有許多介紹線性迴歸模式的書籍，為了循序漸進、慢慢提高學習的難度，我建議將 Griffiths et al.（1993）當作入門書；Kmenta（1986）、Greene（1993）、以及 Theil（1971）等人的書當作進階的參考資料；Amemiya（1985）則作為高階的參考書籍；Manski（1995）的書中則對統計數定位的問題提供了相當詳細的討論；有關最大概似估計的書籍，由入門到高階程度的順序如下：Eliason（1993）、Cramer（1986）、Greene（1993，Chapter 12）、Davidson and MacKinnon（1993，Chapter 8）。

第三章　二元依賴變項——線性機率、機率單位以及分對數模式

二元依賴變項在社會科學領域中是相當常見的：Maddala 和 Trost 在 1982 年的研究中，探討銀行如何決定貸款的申請；Domencich 和 McFadden（1975）分析影響人們使用大眾和私人交通工具的決定因素；Aldrich 和 Cnudde（1975）研究在 1972 年的美國總統選舉之中的投票傾向；Allen（1991）調查資產階級對民主黨的貢獻。其他的研究還有：詐欺行為是容易發生在存款部或是貸款部門；實習生在實習之後，是否決定留在實習單位繼續工作（Gunderson，1974）；以及一個研究生是否在研究所就讀時和他的指導教授一起作研究（Long，1990）。這些研究所探討的對象都是二元依賴變項。事實上，只要隨便翻翻最近的社會科學期刊，就可以找到許多有關二元依賴變項的例子，而且所含括的範圍非常廣泛，從婚前性行為、高中輟學、加入組織、到服役等課題都包括在內。

在這一章中，我將介紹四種可以用來分析二元依賴變項的模式：線性機率模式（Linear Probability Model，縮寫為 LPM）、二元機率單位模式（Binary Probit Model）、二元分對數模式（Binary Logit Model）、以及互補雙對數模式（Complementary Log－log Model）。線性機率模式是將線性

迴歸應用到二元依賴變項的模式。由於線性機率模式在使用時所產生的一些問題，我個人並不建議使用線性機率模式。然而，因為它可以用來說明二元依賴變項的主要觀念，同時也能夠啟發我們去思考分對數模式和機率單位模式，所以我也將它列入本章的範圍之中。分對數模式和機率單位模式最先是從潛在變項的迴歸發展出來。潛在變項可以與我們所觀察到的二元變項產生一種簡單的關係：如果潛在變項大於某些特定的值，那麼觀察到的值就設為 1，否則就等於 0；因此潛在變項成為二元變項。在這樣的觀念下，我們的潛在變項和獨立變項之間存在一個「假設性的線性連結」，但是在實際上，我們所觀察到的二元變項和獨立變項之間所呈現的卻是一種非線性、 S 形的關係。因為分對數模式和機率單位模式非常相似，因此在這裡，我將它們合稱為二元反應模式（Binary Response Model，縮寫為 BRM）。 二元反應模式同時也可以導出非線性機率模式。在這樣的背景之下，互補雙對數模式就用來作為分對數模式和機率單位模式之間的一種替換模式。

第一節　線性機率模式

線性機率模式是線性迴歸模式應用到二元依賴變項的一種統計法，它的結構模式是：

$$y_i = \mathbf{x}_i\beta + \varepsilon_i$$

其中，$\mathbf{x}_i$ 是第 i 個觀察值的向量，β 是參數的向量，而 ε 是誤差值。y ＝ 1 的時候表示某種事件發生，當 y ＝ 0 時，則代表這個事件沒有發生。舉例來說，如果一位女性在就業市場則標示為 1（y ＝ 1），如果她不進入就業市場工作則標示為 0（y ＝ 0）。如果我們有一個獨立變項，那麼，這個模式便可以寫成：

$$y_i = \alpha + \beta x_i + \varepsilon_i$$

如圖 3.1 所示。在圖中，相對於 x 的 y 的條件期望值，E（y｜x）＝$\alpha + \beta x$，以實線表示。觀察值則是以位於 y＝0 及 y＝1 的圓圈所表示。

為了了解線性機率模式，我們必須仔細思考 E（y｜**x**）的意義。當 y 是二元隨機變項（binary random variable）的時候，y 的非條件期望值（unconditional expectation of y）等於事件發生的機率：

$$E(y_i) = [1 \times Pr(y_i = 1)] + [0 \times Pr(y_i = 0)]$$
$$= Pr(y_i = 1)$$

就這個迴歸模式，我們可以計算 y 的條件期望值：

$$E(y_i | \mathbf{x}_i) = [1 \times Pr(y_i = 1 | \mathbf{x}_i)] + [0 \times Pr(y_i = 0 | \mathbf{x}_i)]$$
$$= Pr(y_i = 1 | \mathbf{x}_i)$$

所以，我們可以將線性機率模式重新寫成：

$$Pr(y_i = 1 | \mathbf{x}_i) = \mathbf{x}_i\beta$$

二元依賴變項的解釋和第二章並沒有不同：在其他變項保持不變的情況下，x_k 每增加一個單位，事件發生的機率隨著增加 β_k。因為模式是線性的，所以 x_k 的改變在機率上也會有相同的改變，也就是說，x 和 y 的關係也是線性的。這就是為什麼這個模式會命名為線性機率模式的原因。

圖 3.1：單一獨立變項的線性機率模式

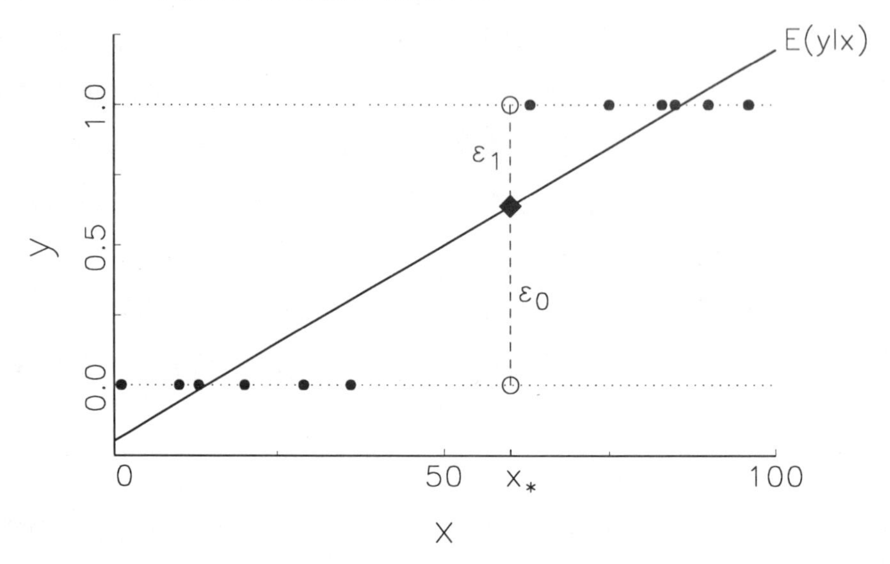

【線性機率模式的實例】參與就業市場

在使用二元依賴變項模式的研究中，很多的研究者用已婚女性是否參與就業市場為研究的主題，舉例來說：Gunderson（1974）比較分對數模式、機率單位模式、以及線性機率模式的使用；Nakamura 與 Nakamura（1981， pp.464–468）使用機率單位模式來比較美國和加拿大已婚女性是否參與就業市場的不同； 雖然 Mroz（1987）專注在女性工作時薪的研究，但是他使用機率單位模式來修正樣本取樣的偏差。而 Berndt（1991， pp. 618–19）則對於這個領域的研究加以整理評論。

在這一章中，我們分析的數據資料主要是取自於 Mroz（1987）所做的研究，而 Mroz 的研究資料則是取自於 1976 年所作的「所得動態追蹤研究資料庫」（Panel Study of Income Dynamics；PSID）。這個研究計劃的樣本包括 753 位年紀在

30 歲到 60 歲之間的已婚白人女性。在這裡，我們所使用的依賴變項為參與就業市場的已婚女性（縮寫為 LFP），其觀察值為 1，而沒有參與就業市場的已婚女性則設為 0。在獨立變項方面，我們採用 Nakamura 和 Makamura（1981）、Mroz（1987）、以及 Berndt（1991）的研究中所用的變項，表 3.1 中所列的為這些獨立變項的描述統計。在這些獨立變項中，丈夫的教育程度（縮寫為 HC）和妻子的教育程度（縮寫為 WC）為二元虛擬變項，大專或大專以上者為 1， 其他為 0。

現在，我們將模式寫成：

$$LFP = \beta_0 + \beta_1 K5 + \beta_2 K618 + \beta_3 AGE + \beta_4 WC + \beta_5 HC + \beta_6 LWG + \beta_7 INC + \varepsilon$$

表 3.2 是所有的估計值以及 t 檢定的結果。根據表 3.2 的結果，我們可以舉幾個例子來加以說明：

- 連續變項的未標準化迴歸係數：在其他變項保持不變的情況下，家中每增加一個小於 6 歲的小孩，妻子參與就業市場的機率減少了 .30。
- 連續變項的 x 標準化迴歸係數：在其他變項保持不變的情況下，家庭收入每增加一個標準差，妻子參與就業市場的機率減少了 .08。
- 虛擬變項的未標準化迴歸係數：在其他變項保持不變的情況下，如果妻子的教育程度在大學以上，那麼她參與就業市場的機率增加 .16。

表 3.1：已婚女性參與就業市場的描述性統計

Name	Mean	Standard Deviation	Minimum	Maximum	Description
LFP	0.57	0.50	0.00	1.00	1 if wife is in the paid labor force; else 0
K5	0.24	0.52	0.00	3.00	Number of children ages 5 and younger
K618	1.35	1.32	0.00	8.00	Number of children ages 6 to 18
AGE	42.54	8.07	30.00	60.00	Wife's age in years
WC	0.28	0.45	0.00	1.00	1 if wife attended college; else 0
HC	0.39	0.49	0.00	1.00	1 if husband attended college; else 0
LWG	1.10	0.59	−2.05	3.00	Log of wife's estimated wage rate
INC	20.13	11.63	−0.03	96.00	Family income exluding wife's wages

附註：N=753.

關於結果的解釋，有幾點值得注意：第一，一個獨立變項對依賴變項的效果是一致的，也就是說，它並不會受到模式中其他變項的值的改變而有所影響。第二，獨立變項一個單位的改變對依賴變項的影響是相同的，也就是說，不管這個獨立變項現在的值是多少，對依賴變項的影響仍是相同的。舉例來說，如果我們想要比較一位有四個小孩的媽媽和一位尚未有小孩的女性兩者參與就業市場的機率，那麼，其機率的計算方式變成：$4\times-.295=1.18$，也就是說，有四個小孩的媽媽參與就業市場的機率將會減低 1.18。很明顯的，這樣的計算方式並不合理（這個問題我們將在下一節討論）。第三，完全標準化迴歸係數和 y 標準化迴歸係數並不適合用來解釋虛擬變項；而 x 標準化迴歸係數也不適合用來解釋二元獨立變項。

表 3.2：已婚女性參與就業市場的線性機率模式

Variable	β	β^{Sx}	t
Constant	1.144	－	9.00
K5	－0.295	－0.154	－8.21
K618	－0.011	－0.115	－0.80
AGE	－0.013	－0.103	－5.02
WC	0.164	－	3.57
HC	0.019	－	0.45
LWG	0.123	0.072	4.07
INC	－0.007	－0.079	－4.30

附註：N＝753。β 為非標準化係數；β^{Sx} 為 x 標準化係數；t 為 β 的 t 檢定值。

一、線性機率模式的問題

雖然參數的解釋並不受到二元依賴變項的影響，但是，卻違反了線性機率模式的一些假定：

㈠**異質性（Heteroscedasticity）**：如果一個二元隨機變項的平均數等於 μ，那麼它的變異數就等於 $\mu(1-\mu)$ *（證明看看）*。因為相對於 x 的 y 的期望值是 $x\beta$，所以，y 的條件變異數取決於 x 的值。它的計算方程式如下：

$$\text{Var}(y|\mathbf{x}) = \Pr(y=1|\mathbf{x})[1-\Pr(y=1|\mathbf{x})]$$
$$= \mathbf{x}\boldsymbol{\beta}(1 - \mathbf{x}\boldsymbol{\beta})$$

這也就是說，誤差值的變異數視 x 的值而定，而非截距的大小 *（試著繪出當 $x\beta$ 在 $-.2$ 到 1.2 的範圍內的 Var（$y|\mathbf{x}$））*。因為這樣的異質性，用最小平方法來估計 β 並不適合，而且標準誤差值也有偏差，這會進一步造成了錯誤的統計檢驗。

Goldberger（1964，p.248－250）建議，線性機率模式異質性的問題可以藉由兩個步驟來修正。第一個步驟，是使用最小平方估計式來估計 $\hat{y}$。而第二個步驟，則使用廣義最小平方法（Generalized Least Squares）$\hat{Var}(\hat{\varepsilon}) = \hat{y}(1-\hat{y})$ 來估計，以修正異質性的問題。雖然這個方法增加了估計的有效性，但是並沒有修正其他線性機率模式的問題。此外，當 $\hat{y} < 0$ 或 $\hat{y} > 1$ 時，估計出來的變異數常是負數，必須作特別的調整。

㈡**常態性**（Normality）：我們以 x^* 表示一個特定的 x 值，在圖 3.1 中，迴歸線上菱形的黑點代表 $E(y|x^*)$，而誤差值則是從 $E(y|x^*)$ 到觀察值的距離。因為 y 只有兩個值（0 和 1，如圖 3.1 中的空心圓），所以誤差值不是等於 $\varepsilon_1 = 1 - E(y|x^*)$ 就是等於 $\varepsilon_0 = 0 - E(y|x^*)$。很明顯的，誤差值並不是常態分配。值得注意的是，在 OLS 中，即便是常態性這個假定無法成立，也不影響到它的不偏估計值。

㈢**無意義的預測值**（Nonsensical Predications）：線性機率模式所預測的 y 值有時候是負數或者大於 1。在這種情形下，倘若我們對 $E(y|x)$ 的解釋是 $Pr(y = 1|x)$，那麼我們這些等於負數或者大於 1 的預測值在實際的研究上就失去了意義，因為機率的值不會等於負數或者大於 1。舉例來說，從表 3.1 的平均數以及表 3.2 的線性機率估計中，我們發現，一位 35 歲、擁有四個小孩而且教育程度在大學以下的已婚女性（她的其他變項的值保持在平均數）參與就業市場的機率等於 －.48（試試

看驗算這個結果）。值得注意的是，雖然類似這種不合理的預測值在線性機率模式中有時候並不予以考慮，但是像這樣對獨立變項特殊值的預測，在連續依賴變項的迴歸中也非常普遍。

㈣**函數形式**（Functional Form）：因為模式是線性的，所以，在預測機率中，x_k 一個單位的增加對 β_k 所造成的改變都是一樣的。然而這在許多應用實例中並不是合理的。舉例來說，在線性機率模式中，每增加一個小孩就會降低已婚女性參與就業市場的機率 .295。換言之在其他變項保持不變的情況下，一位擁有四個小孩的已婚女性比沒有小孩的已婚女性參與就業市場的機率少 1.18。實際上，獨立變項的變化對依賴變項經常有遞增或遞減的效果。也就是說，第一個小孩可能減少 .3 的機率，第二個小孩可能只減少 .2 的機率，餘此類推。像這樣的機率模式是非線性的。一般說來，在線性機率模式中，我們可以很合理的說，獨立變項的影響將隨著預測機率接近 1 或 0 而遞減。因此我認為，線性機率模式中最嚴重的問題就是它的函數形式。

在二元反應模式中，獨立變項和事件發生的機率呈現 S 形的關係。在下一節中，我們將討論如何利用潛在變項的架構來導出二元名義變項統計法。在第四節中，我們會進一步討論如何用其他的方法來導出分對數模式和機率單位模式。

第二節　二元變項的潛在變項模式

在線性機率模式中，我們有一個可觀察的二元變項（y），假定在模式中有一個觀察不到的潛在變項（y*），那麼這個二元變項 y 可視之為 y*的實際觀察值。 y* 的範圍可以由 $-\infty$ 到 ∞。當 $y^*>\tau$ 時，我們觀察到 $y=1$；當 $y^*<\tau$ 時，$y=0$。

潛在變項的觀念可視為二元反應模式（Binary Response Model；BRM）的中心，因此，了解潛在變項的意義是非常重要的。以已婚女性參與就業市場為例，可觀察到的變項（y）只有兩種狀況：一種是參與就業市場的已婚女性，另一種是沒有參與就業市場的已婚女性。然而，並不是所有的已婚女性對於自己參與就業市場都是抱持同樣的肯定態度，有些女性雖然人在就業市場，但可能正在掙扎著是否要離開，而有些女性可能對於自己參與就業市場的決定抱持著接受的想法。在這兩種狀況下，我們所觀察到的都是 $y = 1$，然而，對於那些正在掙扎著是否要離開就業市場的已婚女性而言，她們的心態就是我們觀察不到的（也就是潛在變項（y*））。雖然我們無法直接觀察到潛在變項 y* ，但是我們可以觀察到這些已婚女性是否參與就業市場。

是不是所有的二元依賴變項背後都有一個潛在變項呢？雖然絕大多數的研究者都抱持中立的態度看待這個問題，但是有些研究者認為潛在變項並不合理，而也有部分的研究者認為潛在變項的觀念是絕對可以接受的。不管你的看法如何，二元反應模式（BRM）的推論及應用並不取決於你對潛在變項的接受程度。在第四節中，我們將用完全不同的方法來導出二元反應模式。

假定潛在變項（y*）透過以下的結構而和可觀察到的獨立

變項（x）呈線性關係：

$$y_i^* = \mathbf{x}_i\beta + \varepsilon_i$$

那麼，藉由方程式 3.1，潛在變項（y*）和可觀察到的二元變項便可連接為：

$$y_i = \begin{cases} 1 & \text{if } y_i^* > \tau \\ 0 & \text{if } y_i^* \leq \tau \end{cases} \quad [3.1]$$

其中，τ 是臨界值（threshold）或分界點（cutpoint）。如果潛在變項（y*）超過臨界值，則 y ＝ 1。為了討論上的方便，我們暫時假定臨界值等於 0。第五章第二節對於這個假定會有詳細的討論。

潛在變項（y*）和可觀察到的二元變項的連結可以使用圖 3.2 的模式 $y^* = \alpha + \beta x + \varepsilon$ 來解釋。在圖 3.2 中，縱軸代表潛在變項 y*，臨界值以與 x 軸平行的虛線表示，潛在變項 y* 的分配情形如圖中曲線所示。當潛在變項（y*）大於臨界值時（曲線中陰影的部分），我們觀察到 y ＝ 1。以圖 3.2 為例，在 x_1 中，大約有 25% 的 y 等於 1；在 x_2 中，大約有將近 90% 的 y 等於 1；而在 x_3 中，幾乎全部的 y 都等於 1。

因為潛在變項 y* 是連續性的變項，在線性機率模式（LPM）中出現的問題（例如「不合理的預測值」等等）不會出現在潛在變項模式中。然而，因為依賴變項是觀察不到的，所以，潛在變項模式的估計必須用最大概似法（ML），不能用最小平方法（OLS）。通常，如果誤差值是常態的分配，我們會選擇機率單位模式（probit model）；如果誤差值是分對數的分配，我們選擇分對數模式（logit model）。就如同在線性迴歸

模式（LRM）中一樣，我們也假定誤差的期望值等於 0：E（ε|**x**）＝0。

因為潛在變項 y* 是觀察不到的，所以，我們不能像在線性迴歸模式（LRM）中一樣估計誤差值的變異數，因此，在機率單位模式中，我們假定變異數等於 1（Var（ε|**x**）＝1），而在分對數模式中，我們假定變異數大約等於 3.29（Var（ε|**x**）＝$\pi^2/3 \approx 3.29$）。變異數值的假設並不影響對結果的估計，我們之所以選擇 1 和 3.29，只是為了計算上的方便而已。

在類別限制依賴變項模式中經常使用對數和常態分配，因此我們有必要作進一步的討論。圖 3.3 是對數分配以及常態分配的機率密度函數（pdf）和累積機率函數（cdf）的比較，常態分配的曲線以實線表示。

圖 3.2：二元反應模式潛在變項（y*）的分配情形

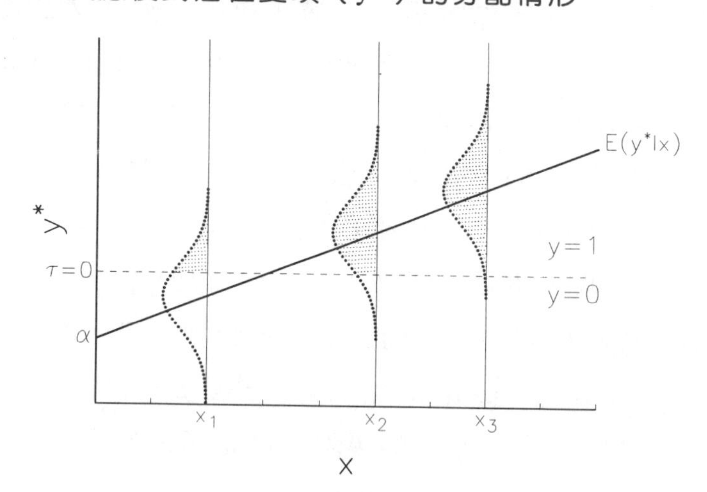

當誤差值是常態而且平均數等於 0（E（ε｜x）＝ 0） 而且變異數等於 1（Var（ε｜x）＝1）時，它的機率密度函數（pdf）是：

$$\phi(\varepsilon) = \frac{1}{\sqrt{2\pi}} \exp\left(-\frac{\varepsilon^2}{2}\right)$$

而它的累積機率函數（cdf）是：

$$\Phi(\varepsilon) = \int_{-\infty}^{\varepsilon} \frac{1}{\sqrt{2\pi}} \exp\left(-\frac{t^2}{2}\right) dt$$

累積機率函數（cdf）指的是當變項小於或等於一個特定值事件所發生的機率。舉例來說，Φ（0）＝ Pr（ε ≤ 0）＝ .5 *（在圖 3.3B 中找到這個點的位置）*。

在分對數模式中，我們所假定的誤差值是標準的對數分配（standard logistic distribution），其平均數等於 0、變異數等於 $\pi^2/3$。如前所述，我們之所以選擇這樣一個變異數（$\pi^2/3$），只是因為它可以產生一個簡單的機率密度函數（pdf）：

$$\lambda(\varepsilon) = \frac{\exp(\varepsilon)}{[1+\exp(\varepsilon)]^2}$$

其累積機率函數（cdf）為：

$$\Lambda(\varepsilon) = \frac{\exp(\varepsilon)}{1+\exp(\varepsilon)}$$

圖 3.3：常態分配及對數分配

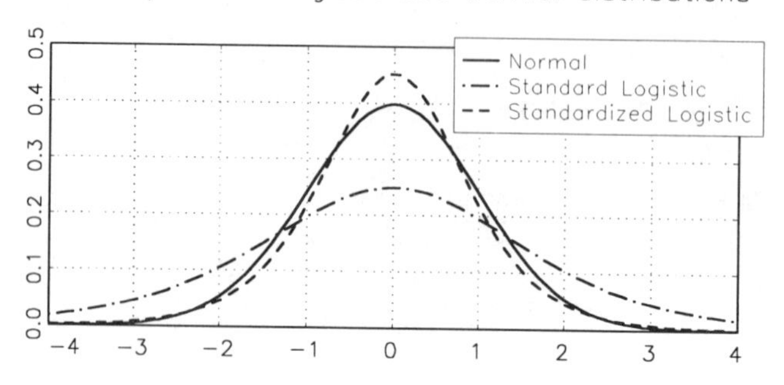

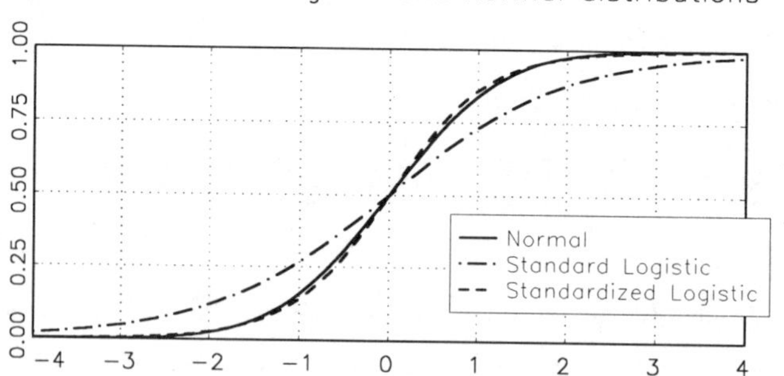

從圖 3.3 A 中可以發現，標準對數分配（standard logistic distribution）比常態分配的曲線平坦，這是因為標準對數分配的變異數比較大的原因。

如果我們將標準對數分配標準化，也就是標準化對數分配（standardized，而不是 standard），那麼，對數和常態分配的累積機率函數的曲線就幾乎是一樣的了（如圖 3.3 B）。然而，標準化對數分配的機率密度函數（pdf）和累積機率函數（cdf）非常複雜：

$$\lambda^S(\varepsilon)=\frac{\gamma\exp(\gamma\varepsilon)}{[1+\exp(\gamma\varepsilon)]^2} \quad \text{and} \quad \Lambda^S(\varepsilon)=\frac{\exp(\gamma\varepsilon)}{1+\exp(\gamma\varepsilon)} \qquad [3.2]$$

其中，$\gamma=\frac{\pi}{\sqrt{3}}$。因為我們有簡單的方程式來計算標準對數分配（不是標準化對數分配），所以，通常我們也使用它來推論分對數模式。對於機率單位模式和分對數模式具有不同變異數的假設，我們會在第三節中進一步討論。

有了誤差分配的假設之後，我們就可以計算出 $y=1$ 的條件性機率（見圖 3.4）。在圖 3.4 中，殘差值呈現常態（或對數）分配，其預測值集中在 $E(y^*|x)=\alpha+\beta x$ 的迴歸線上。當預測值 $\hat{y}$ 大於臨界值 τ 時，我們所得到的觀察值為 1（也就是圖中陰影的部分）。但是，如果誤差為絕對值極大的負數，則觀察值為 0（如圖中非陰影的部分所示）。

圖 3.5 簡單的說明了如何利用圖 3.4 的觀念來計算 $Pr(y=1|\mathbf{x})$。其中，圖 3.5 A 為原始誤差值的分配情形。因為當 $y^*>0$ 時，$y=1$，

圖 3.4：在二元反應模式中觀察值的機率

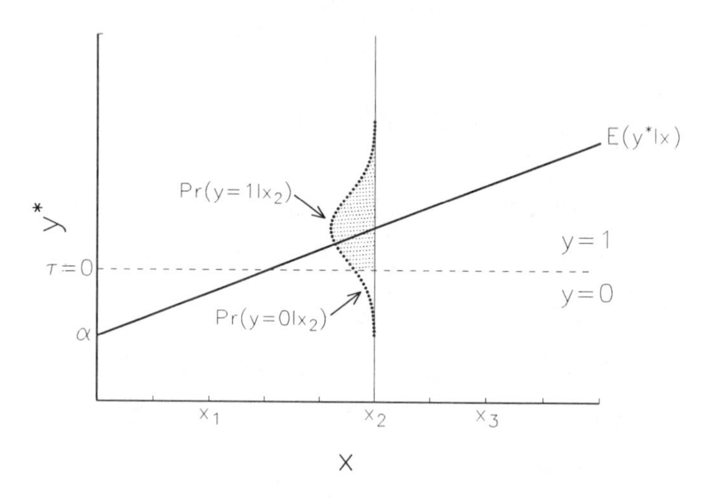

$$Pr\ (y = 1 \mid \mathbf{x}) = Pr\ (y^* > 0 \mid \mathbf{x})$$

將 $y^* = \mathbf{x}\beta + \varepsilon$ 代入，

$$Pr\ (y = 1 \mid \mathbf{x}) = Pr\ (\mathbf{x}\beta + \varepsilon > 0 \mid \mathbf{x})$$

如圖 3.5 B，在不等式的兩邊各減去 $\mathbf{x}\beta$，

$$Pr\ (y = 1 \mid \mathbf{x}) = Pr\ (\varepsilon > -\mathbf{x}\beta \mid \mathbf{x})$$

因為累積機率函數是以變異數的機率小於某個值的方式呈現，所以我們必須改變不等式的方向。由於常態分配和對數分配都是相對稱的，因此，圖 3.5 B 中大於 $-\mathbf{x}\beta$ 的陰影區域也就等於圖 3.5 C 中小於 $\mathbf{x}\beta$ 的陰影區域。如下列，

$$Pr\ (y = 1 \mid \mathbf{x}) = Pr\ (\varepsilon \leq \mathbf{x}\beta \mid \mathbf{x})$$

這就是在 $\mathbf{x}\beta$ 所估計出來的誤差值累積機率函數（cdf）的分配。根據方程式：

$$Pr\ (y = 1 \mid \mathbf{x}) = F\ (\mathbf{x}\beta) \qquad [\ 3.3\ ]$$

其中，F 代表機率單位模式中常態的累積機率函數 Φ 以及分對數模式中對數的累積機率函數 Λ 。事件發生的機率就是由 $\mathbf{x}\beta$

所估計出來的累積機率函數（cdf）。

為了進一步了解統計模式的函數形式，我們可以用單一獨立變項的二元反應式（BRM）為例來作說明：

$$\Pr(y=1 \mid x)=F(\alpha+\beta x) \qquad [3.4]$$

x 每增加一個單位，F 函數內的值就隨著增加 β 個單位。我們可以將方程式 3.4 用圖形的方式，對應常態或對數分配的累積機率函數（cdf）（如圖 3.6 所示）。圖 3.6 A 解釋了九個 x 值的誤差值分配情形，曲線的陰影部分代表 $y^* > \tau$，也就是和 $\Pr(y = 1 \mid x)$ 連結的部分。圖 3.6 B 是 $\Pr(y = 1 \mid x)$ 的分配情形。當 $x = x_1$ 時，曲線只有一點點的部分超過臨界值（圖 3.6 A），所以事件發生的機率極低（圖 3.6 B）。當 $x = x_2$ 時，曲線內超過臨界值的區域逐漸增加，因此事件發生的機率也隨著逐漸增加*（為什麼增加的值正好等於 $\beta(x_2 - x_1)$？）*。

圖 3.5：二元反應模式中 $\Pr(y = 1 \mid x)$ 的計算

Panel A: Original Axis　Panel B: Shifting the Axis　Panel C: Flipping the Axis

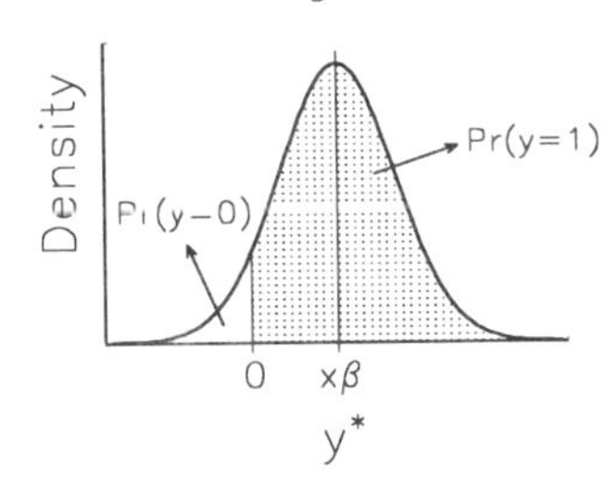

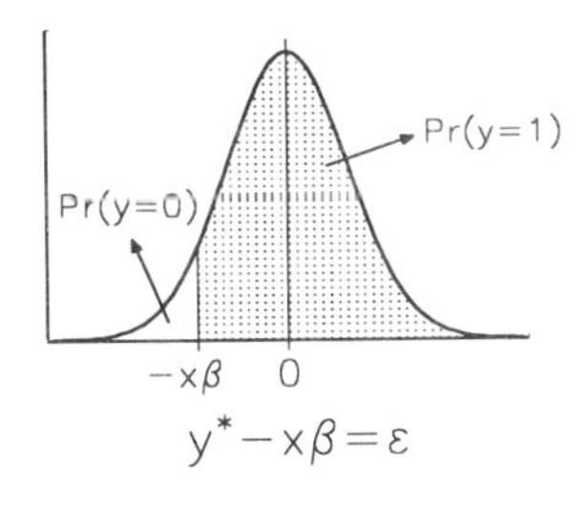

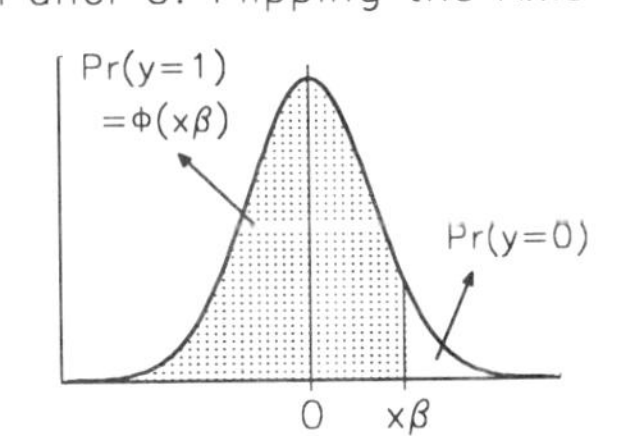

當 x 等於 x_2、 x_3、及 x_4 時，曲線內超過臨界值的區域增加很快。相對上， $\Pr(y = 1 \mid x)$ 的增加速度也變得很快。當 $x = x_4$ 時，曲線中超過臨界值的部分不再快速增加，而其機率 Pr

（y = 1|x）的增加也隨著它愈接近 1 而變得緩慢許多。這個曲線就是所謂的 S 形曲線。

圖 3.6：二元反應模式中 y* 和 Pr（y = 1|x）的分配情形

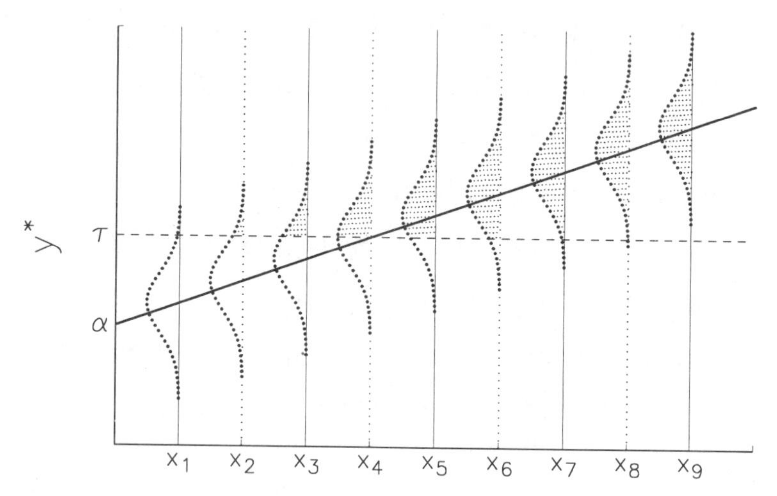

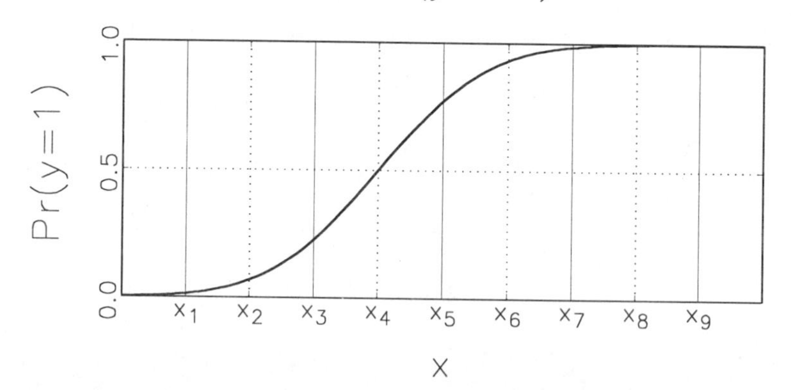

在考慮如何解釋參數以及它們和事件發生的預測機率之間的關聯性之前，我們必須了解統計數定位（identification）的概念。

第三節　統計數定位

統計數定位是潛在變項的模式中一個十分重要的觀念。對二元反應模式（BRM），我們做了三個統計數定位的假定：（1）臨界值等於 0（$\tau = 0$）；（2）誤差的條件平均值等於 0：（$E(\varepsilon|\mathbf{x}) = 0$）；（3）誤差的條件變異數是不變的。在機率單位模式中，誤差的條件變異數等於 1（$Var(\varepsilon|\mathbf{x}) = 1$），在分對數模式中，變異數等於 $\pi^2/3$（$Var(\varepsilon|\mathbf{x}) = \pi^2/3$）。這些假設雖然無法接受統計上的檢驗，但沒有這些假設，我們的統計式就無法成立。舉例來說，在共變數結構模式（covariance structure model）中（俗稱 LISREL），潛在變項的變異數是無法計算的。正因為其變異數是無法計算的，所以我們才要假定它的變異數是一個常數或將它和可觀察的變項連結（Bollen，1989，pp.238–246；Long，1983，pp.49–52）。在二元反應模式（BRM）中，除非我們假設 y* 的平均數和變異數的值，否則統計式無法成立。

為了了解在迴歸模式中依賴變項的變異數和 β 的統計數定位之間的關係，讓我們以模式 $y = \mathbf{x}\beta_y + \varepsilon_y$ 來說明。令 $w = \delta y$，δ 為任何不等於 0 的常數。那麼，w 的變異數就等於：

$$Var(w) = Var(\delta y) = \delta^2 Var(y)$$

舉例來說，假如 $\delta = 1/\sqrt{Var(y)}$，那麼，$Var(w) = 1$。因為 $w = \delta y$ 且 $y = \mathbf{x}\beta_y + \varepsilon_y$，所以，

$$w = \delta(\mathbf{x}\beta_y + \varepsilon_y) = x(\delta\beta_y) + \delta\varepsilon_y$$

因此，w 的迴歸係數為 y 的迴歸係數的 δ 倍，

$$\beta_w = \delta\beta_y \qquad [3.5]$$

因為斜率（slope）的大小取決於依賴變項的單位大小（scale），如果我們不知道依賴變項的變異數，我們便無法計算迴歸係數。

為了將這個結果應用到二元反應模式（BRM），並且為了瞭解迴歸係數在分對數模式以及在機率單位模式之間的不同，我們必須能夠區別分對數以及機率單位模式的結構。首先，讓我們以 $y^*_L = \mathbf{x}\beta_L + \varepsilon_L$ 代表分對數模式，而 $y^*_P = \mathbf{x}\beta_P + \varepsilon_P$ 代表機率單位模式。因為 y^*_L 和 y^*_P 是潛在變項，所以我們不可能從可觀察到的資料中得知它們的變異數，因此，β_L 和 β_P 是無法識別的。雖然如此，但是 y^* 的變異數卻可以藉由設定誤差值的變異數而求得。因為 $\mathrm{Var}(\varepsilon_L|\mathbf{x}) = (\pi^2/3)\,\mathrm{Var}(\varepsilon_P|\mathbf{x})$（*為什麼？*），所以，$\varepsilon_L$ 大約等於 $(\frac{\pi}{\sqrt{3}})\varepsilon_P$。值得注意的是，在對數以及常態分配中的單位變異數只是大約相等而已，它們的誤差值也並不完全相同（參見圖 3.3）。從方程式 3.5 中，

$$\boldsymbol{\beta}_L \approx \sqrt{\mathrm{Var}(\varepsilon_L|x)}\,\boldsymbol{\beta}_P \approx \sqrt{\pi^2/3}\,\boldsymbol{\beta}_P \approx 1.8\,\boldsymbol{\beta}_P$$

這可以用來比較分對數模式和機率單位模式所分別求得的迴歸係數。

因為對數和常態分配的變異數相等，所以 β_L 大約是 β_P 的 1.8 倍。Amemiya（1981）建議應該讓對數分配和常態分配的累積機率函數（cdf）盡可能地接近，而不只是使它們的變異數相同而已。他主張當 β_L 大約是 β_P 的 1.6 倍時，對數和常態分配的累積機率函數（cdf）是最接近的。然而，根據我個人的計算，則是當 β_L 大約是 β_P 的 1.7 倍時，對數和常態分配的累積機

率函數（cdf）最為接近的。

【分對數和機率單位模式的實例】參與就業市場

雖然我們還沒有考慮到估計的問題，但是，我們仍然可以比較分對數模式和機率單位模式所計算出來的估計值。在這個例子中，我們使用下列的方程式：

$$Pr(LFP=1)=F(\beta_0+\beta_1 K5+\beta_2 K618+\beta_3 AGE+\beta_4 WC+\beta_5 HC+\beta_6 LWG+\beta_7 INC)$$

表 3.3 列出了兩種統計模式所求得的估計值。首先值得我們注意的是，兩者之間對數概似值和 z 檢驗的結果幾乎完全一樣。這反映出，除了單位大小的不同以外，分對數和機率單位模式的結構基本上是非常類似的，而且這些統計數並不受到我們假定誤差值變異數的影響。我們可以藉由分對數模式及機率單位模式兩者之間迴歸係數的比率來看 Var（ε）假設值所產生的影響（如表 3.3 所示）。

一、機率的統計數定位（The Identification of Probabilities）

因為如果沒有誤差值平均數和變異數的假定，我們無法求得 β ，但是因為我們可以任意設定誤差值平均數和變異數的值，所以β 會因為我們所假設的平均數和變異數的值而有所變化。因此，β 的值是不能直接被解釋的。這是因為：（1）x 和 y^* 之間

表 3.3：就業市場參與的分對數以及機率單位分析的估計值

	Logit		Probit		Ratio	
Variable	β	Z	β	z	β	z
Constant	3.182	4.94	1.918	5.04	1.66	0.98
K5	−1.463	−7.43	−0.875	−7.70	1.67	0.96
K618	−0.065	−0.95	−0.039	−0.95	1.67	1.00
AGE	−0.063	−4.92	−0.038	−4.97	1.66	0.99
WC	0.807	3.51	0.488	3.60	1.65	0.97
HC	0.112	0.54	0.057	0.46	1.95	1.18
LWG	0.605	4.01	0.366	4.17	1.65	0.96
INC	−0.034	−4.20	−0.021	−4.30	1.68	0.98
−2lnL		905.27		905.39		1.00

附註：N＝753. β 是非標準化係數； z 是對β 作 z-test 之值；Ratio 是 logit 與 probit 係數的比值。

的關係並不清楚；（2）β 值會因假設而有所不同。儘管如此，這些並不影響 Pr（y ＝ 1|**x**）。

由表 3.3 中，我們可以知道，除了 HC 的迴歸係數以外，分對數模式的迴歸係數大約是機率單位模式迴歸係數的 1.7 倍。因此，很明顯地，在解釋迴歸係數（β）之前，我們必須考慮統計數定位假定對統計模式所產生的影響。現在，我們就來考慮這個問題。

讓我們來考慮一個分對數模式，其中，

$$\Pr\left(y_i = 1 \middle| \mathbf{x}_i\right) = \frac{\exp\left(\mathbf{x}_i\boldsymbol{\beta}\right)}{1+\exp\left(\mathbf{x}_i\boldsymbol{\beta}\right)} = \frac{1}{1+\exp\left(-\mathbf{x}_i\boldsymbol{\beta}\right)}$$

*（證明最後這個等式。）*等式的右邊是變異數等於 $\sigma^2 = \pi^2/3$ 的對數分配的累積機率函數（cdf）。我們可以將誤差標準化（除以 σ），如此一來，ε 的單位變成了標準變異數。

$$\frac{y_i^*}{\sigma}=\frac{\mathbf{x}_i\boldsymbol{\beta}}{\sigma}+\frac{\varepsilon_i}{\sigma}$$

因此，ε/σ 會有一個累積機率函數（cdf）的標準化分配（參見方程式 3.2）：

$$\Lambda^S\left(\frac{\varepsilon_i}{\sigma}\right)=\frac{\exp\left(\frac{\pi}{\sqrt{3}}\frac{\varepsilon_i}{\sigma}\right)}{1+\exp\left(\frac{\pi}{\sqrt{3}}\frac{\varepsilon_i}{\sigma}\right)}$$

因為 $\sigma=\frac{\pi}{\sqrt{3}}$，所以，

$$\Lambda^S\left(\frac{\varepsilon_i}{\sigma}\right)=\frac{\exp(\varepsilon_i)}{1+\exp(\varepsilon_i)}=\Lambda(\varepsilon_i)$$

因此，一事件發生的機率並不受到統計數定位假設 $\mathrm{Var}(\varepsilon|\mathbf{x})$ 的影響。總之，雖然假定 $\mathrm{Var}(\varepsilon|\mathbf{x})$ 的值是任意的而且會影響 β 值，它並不影響事件發生的機率。這在機率單位模式中也是一樣的。

根據以上的說明，我們可以了解到，在解釋機率時並不需要考慮我們對於識別這個模式的假設。如前所述，機率是估計函數，它的統計數定位假設是不變的。另外，機率的其他函數也都是可以估計的。更重要的是，我們可以解釋在機率和機率比（odds）中的改變，也就是機率的比率（ratio of probabilities）[1]（我們將會在第七節中討論）。現在，我們先

---

[1] 在中文中，rate（速率）、ratio（比率）、odds（機率比）等名詞經常混用，在本書中則有明確的含意。為了避免讀者混淆，在這裡我們將對這些字作一個簡單的描述和說明：速率（rate）指的是每單位時間所產出的量。

討論另一種導出分對數和機率單位模式的方法。

第四節 非線性機率模式

二元反應模式（BRM）也可以不需要藉由潛在變項來導出。舉例來說，Aldrich 和 Nelson（1984，pp.31–32）從 LPM 能預測大於 1 或小於 0 的 Pr（y=1|**x**）的問題開始，導出分對數模式。首先，他們將機率轉換成為機率比（odds）：

$$\frac{\Pr(y=1|\mathbf{x})}{\Pr(y=1|\mathbf{x})}=\frac{\Pr(y=1\mathbf{x})}{1-\Pr(y=1|\mathbf{x})}$$

機率比（odds）指的是事件發生的機率（如：y = 1）和事件沒有發生的機率（如：y = 0）之間的關係，而且範圍從 0（當 Pr（y = 1|**x**）= 0）到 ∞（當 Pr（y = 1|**x**）= 1）。機率比（odds）的自然對數（log）的範圍則包含了 −∞ 到 ∞ 的值，這暗示說分對數模式中的關係是線性的：

例如，汽車每分鐘所走的里程數、工廠每天所生產的產品數量、科學家每年所發表論文的篇數等等。機率比（odds）指兩個機率（probability）之間的比例。在二元分對數模式中，機率比指的是「某事件發生的機率和事件不發生機率的比例」，在多元名義分對數模式中，則為「選擇結果類別A和結果類別B的機率比」。機率比的數學定義為Prob（A）／Prob（B）。比率（ratio）指任何兩個量（quantity）之間的比例。例如，某公司中男性對女性的比率為2.6（亦即每2.6個男性對一個女性），或某地區陸地對湖泊的面積比率為4.86。

$$\ln\left[\frac{\Pr(y=1|\mathbf{x})}{1-\Pr(y=1|\mathbf{x})}\right]=\mathbf{x}\boldsymbol{\beta} \quad [3.6]$$

方程式 3.6 也可以寫成（*證明這個數學式*）：

$$\Pr(y=1|\mathbf{x})=\frac{\exp(\mathbf{x}\boldsymbol{\beta})}{1+\exp(\mathbf{x}\boldsymbol{\beta})} \quad [3.7]$$

其他的機率模式也可以藉由選擇範圍從 0 到 1 的函數來導出。累積機率函數（cdf）就具有這樣的特性。例如，標準常態分配的累積機率函數（cdf）在機率單位模式中等於：

$$\Pr(y=1|\mathbf{x})=\int_{-\infty}^{x\beta}\frac{1}{\sqrt{2\pi}}\exp\left(-\frac{t^2}{2}\right)dt=\Phi(\mathbf{x}\boldsymbol{\beta})$$

另一個例子則是互補雙對數模式（complementary log–log model）（Agresti，1990，p.104–107；McCullagh & Nelder，1989，p.108），其定義為：

$$\ln(-\ln[1-\Pr(y=1|\mathbf{x})])=\mathbf{x}\beta$$

或者，

$$\Pr(y=1|\mathbf{x})=1-\exp[-\exp(-x\beta)]$$

互補雙對數模式（Complementary Log – log Model）是不對稱的，在這方面，它和分對數模式以及機率單位模式是不一樣的。在分對數模式以及機率單位模式中，x 增加或減少 δ 造成機率的改變是相等的，但這在互補雙對數模式就不適用了（參見圖 3.7）（因為在互補雙對數模式中，機率曲線不相互對稱）。從圖 3.7 互補雙對數模式（圖中實線）中我們可以看出，x 每增加 δ 所造成機率的改變並不一樣，機率的增加剛開始非常緩慢，一直到機率等於 .2 時，才有稍大的改變，而機率增加最快的是在 .8 到 1 之間。我們將雙對數模式（Log – log Model）定義為：

$$\Pr(y=1 \mid \mathbf{x}) = \exp[-\exp(-\mathbf{x}\beta)]$$

它的型態則和互補雙對數模式相反。這些模式都可以由 GLIM、Stata、和 SAS 等統計軟體估計出來，且它們也和比例存活模式（proportional hazards model）有關（詳細內容請參考 Allison，1995，pp.216－217 或 Petersen，1995，p.499）。

圖 3.7：互補雙對數模式以及雙對數模式

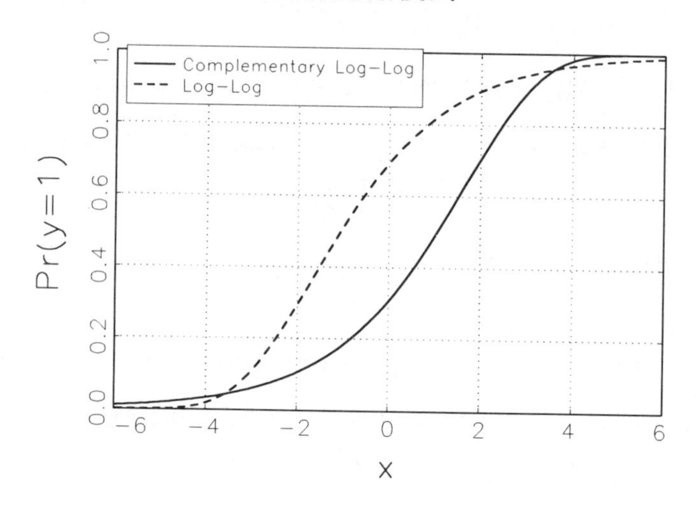

第五節　最大概似估計（ML Estimation）

為了詳細說明概似方程式，我們將 p 定義為任何一個可以實際觀察到的 y 值的機率：

$$P_i=\begin{cases}\Pr(y_i=1|\mathbf{x}_i) & \text{if } y_i=1 \text{ is observed}\\ 1-\Pr(y_i=1|\mathbf{x}_i) & \text{if } y_i=0 \text{ is observed}\end{cases} \qquad [3.8]$$

$\Pr(y_i = 1|\mathbf{x}_i)$ 如公式 3.3 所定義。如果觀察值是獨立的，那麼，它的概似方程式如下：

$$L(\boldsymbol{\beta}|\mathbf{y},\mathbf{X})=\prod_{i=1}^{N}P_i \qquad [3.9]$$

將公式 3.8 與 3.9 合併成為：

$$L(\boldsymbol{\beta}|\mathbf{y},\mathbf{X})=\prod_{y=1}\Pr(y_i=1|\mathbf{x}_i)\prod_{y=0}\left[1-\Pr(y_i=1|\mathbf{x}_i)\right]$$

注意，只有在 y = 1 和 y = 0 的例子中，兩機率才能相乘。

因為 $\Pr(y=1|\mathbf{x}) = F(\mathbf{x}\beta)$（參閱公式 3.3），所以，將 $F(\mathbf{x}\beta)$ 代入上述的數學式，我們就可以使 β 和概似方程式結合：

$$L(\boldsymbol{\beta}|\mathbf{y},\mathbf{X})=\prod_{y=1}F(\mathbf{x}_i\boldsymbol{\beta})\prod_{y=0}\left[1-F(\mathbf{x}_i\boldsymbol{\beta})\right]$$

取對數，我們就可獲得對數概似方程式：

$$\ln L(\boldsymbol{\beta}|\mathbf{y},\mathbf{X})=\sum_{y=1}\ln F(\mathbf{x}_i\boldsymbol{\beta})+\sum_{y=0}\ln\left[1-F(\mathbf{x}_i\boldsymbol{\beta})\right]$$

Amemiya（1985， pp.273–274）證明概似函數具有一致性的特質，由 ML 所得的估計值是一致、有效、而且趨近於常態分配。

一、最大概似和樣本大小

ML 估計法最令人激賞的是它的一致性及有效性、且趨近於常態分配的特質。在樣本趨近於無限大時，這些統計上的特性被證明是適用的。雖然 ML 估計在小樣本時並不一定就是不好的估計法（一般來說，線性迴歸模式的 OLS 估計更適合小樣本）。然而，因為到目前為止，統計學家們並不十分清楚 ML 在小樣本時的統計行為，而 OLS 估計並不適用我們在本書中所考慮的模式，所以比較實際的問題應該是：究竟樣本數要有多大，才能夠使用 ML 估計？雖然我並不願意在沒有證據證明我的說法之前給予任何意見，但是，因為 ML 估計很容易給人的印象是它適用於任何大小樣本的估計，因此，在使用之前我們必須仔細考慮。舉例來說，Spector 和 Maxxeo（1980）的研究常被用來說明分對數模式和機率單位模式，而他們所用的樣本數只有 32 人。事實上，32 個樣本數實在太小，並不適用 ML 的估計法。底下所列的是一些使用 ML 估計的準則，它們是根據我多年的研究經驗以及我和其他研究者在這些使用方法上的討論所得到的。

在使用 ML 估計時，樣本數超過 500 是安全的，當樣本數小於 100 時，使用 ML 估計就顯得非常危險。這些樣本數的估計值，還必須根據模式以及數據資料本身的特質而有所增加，第一，如果模式中有很多參數，我們就需要更多的樣本。在共變數結構模式的文獻中有個規定是，每個參數至少要有五個樣本。這樣的規定似乎是非常合理的，但這也並不意味著如果你只有兩個參數，那麼你就不需要 100 個以上的觀察數。第二，如果數據資料本身有缺陷（例如：獨立變項之間具有高度的共線性），或是依賴變項的變異很小（例如：幾乎都等於 1），那麼我們就需要更大的樣本。第三，有些統計方法本身就需要較多的樣本（第五章的次序迴歸模式便是一例）。有關小樣本時使用 ML 的規定，可以參閱 Allison（1995， p.80）。由於在使用 ML 估計法之前，我們必須先假設樣本是常態分配的，而在小樣本時，這個假設往往很難完全成立，所以一般都建議在小樣本的狀態下使用 ML 估計法時，應該對於虛無假設的拒絕條件設定較大的 p 值。但是，因為我們並不知道在小樣本中，ML 估計中關於常態分配的假設是否成立，所以，比較合理的說法應該是，在小樣本中，我們需要用較小的 p 值，來檢驗我們的虛無假設。

第六節　ML 估計的數值方法（Numerical Methods）

在 LRM 中，藉由設定對數概似的斜度（gradient）等於 0，並且使用代數來計算，才能取得 ML 估計值。由於在非線性模式中幾乎不可能使用代數來計算，所以，我們必須用數值方法來找出能使對數概似函數最大化的估計值。數值方法首先從「猜測」參數的值開始，然後經過重覆猜測與改良，而找出最好的估計值。也許有些讀者認為是一個深奧的問題，不需要花太多的時間去了解。但是，因為在實際研究上常因為「逼近」的問題而使得資料分析面臨許多難題，因此我們必須對數值方法有基本的認識。在這一節中，我首先從介紹數值方法開始，然後提出一些有關使用數值方法時較實用的建議。

一、遞迴法（Iterative Solutions）

現在，假定我們要使用數值方法來嘗試估計參數 θ 的值。由於數值方法是從「猜測」參數的值開始，然後經過再次的猜測與改良，而找出最好的估計值，所以，我們就從猜測第一個 θ_0 的值開始，並把它叫做起始值（start value）。每一次的猜測都比前一次的猜測多一個常數（ζ_0）：

$$\theta_1 = \theta_0 + \zeta_0$$

我們並根據以下的方程式來更新前一次的猜測：

$$\theta_{n+1} = \theta_n + \zeta_n$$

像這樣的過程，我們叫做「遞迴法」。然而，遞迴法要到什麼樣的程度才可以停止呢？簡單的說，我們要不斷地反覆嘗試一直到它產生收斂（convergence）為止。當對數概似的斜度接近 0，或是估計數從這個步驟到下一個步驟都沒有改變時，我們估計的結果便到達了「收斂」（convergence）的狀態。一旦收斂（convergence）產生，我們便可以獲得 ML 估計值 $\hat{\theta}$。

數值方法的重點在於尋找一個合理的 ζ_n 值。所謂「合理的 ζ_n 值」，指的是這個 ζ_n 值能讓我們的逼近過程快速、有效地找到解答。一般來說，我們可以將 ζ_n 當作是由由兩部分所構成：$\zeta_n = \mathbf{D}_n\gamma_n$。$\gamma_n$ 是斜度的向量，定義為 $\partial \ln L/\partial\theta_n$，這個 ζ_n 便是參數的對數概似改變的大小。 $\mathbf{D}_n$ 是方向矩陣（direction matrix），它反映出對數概似函數的曲率（curvature），而由此我們可以看出斜度改變的快慢。為了充分了解這些要素，我們以最快升冪法來作說明。

㈠**最快升冪法**（The Method of Steepest Ascent）

這是極大法中最簡單的方法。在這個方法中， $\mathbf{D} = \mathbf{I}$：

$$\boldsymbol{\theta}_{n+1} = \boldsymbol{\theta}_n + \frac{\partial \ln L}{\partial \boldsymbol{\theta}_n}$$

如果斜度是正的，所猜測的估計值就會漸次增加；相反地，如果斜度是負的，統計軟體所猜測的估計值就會向下減少。當反覆嘗試估計直到微分幾乎等於 0 時，我們就可以停止估計了。這個方法的問題在於它所考慮的只是 lnL 的斜率（slope）本身，而並沒有注意到斜率與斜率之間改變的情形。為什麼這會是一個問題呢？讓我們來仔細想想兩個有相同斜率的對數概似函數，但是其中一個函數的斜率改變的比較快，而另一個函數的斜率改變的比較緩慢*（將這些曲線畫出來）*。在斜率改變比較緩慢的函數中，每一次猜測所增加的估計值都可以因為它的斜率緩慢的增加而能找出更趨近於 0 的估計值，因此也比較容易找出極大值。而在斜率改變比較快的函數中，很容易因為它的斜率改變太快而錯過找出極大值的時機，也就是說，還沒找出極大值之前，斜率就已經開始下降了。

上面所指出的問題可以用三種不同的方法解決。這三種方法的不同之處在於它們所選擇的方向矩陣不同，但是它們都比最快升冪法花費更多的時間來計算方向矩陣。在這三種方法中，沒有哪一個方法是最好的，因為一個演算法應用在某一組資料上可能沒有辦法產生收斂估計值，但是另一個演算法應用在同一組資料上卻可能很快就產生收斂估計值，而對另一組資料來說，可能剛好相反。通常，選擇使用那個數值方法取決於數值方法對模式的穩定性以及軟體程式設計師的喜好。

㈡牛頓—拉夫遜方法（Newton－Raphson Method）

lnL 斜率改變的速率可以由二次微分（second derivatives）計算出來，這也就是赫賽矩陣（Hessian matrix）中的 $\partial^2 \ln L/\partial\theta\partial\theta'$。舉例來說，在有兩個參數 $\theta = (\alpha\beta)'$ 的情況下，赫賽矩陣是：

$$\frac{\partial^2 \ln L}{\partial \boldsymbol{\theta}\, \partial \boldsymbol{\theta}'} = \begin{pmatrix} \frac{\partial^2 \ln L}{\partial\alpha\partial\alpha} & \frac{\partial^2 \ln L}{\partial\alpha\partial\beta} \\ \frac{\partial^2 \ln L}{\partial\beta\partial\alpha} & \frac{\partial^2 \ln L}{\partial\beta\partial\beta} \end{pmatrix}$$

如果 $\partial^2 \ln L/\partial\alpha\partial\alpha$ 和 $\partial^2 \ln L/\partial\beta\partial\beta$ 有很大的相關，那麼斜度隨著 α 改變會比隨著 β 改變要來的快。因此，這個方法通常對任何 α 的估計值都會非常敏感。牛頓—拉夫遜方法是根據以下的方程式計算而來：

$$\boldsymbol{\theta}_{n+1} = \boldsymbol{\theta}_n - \left(\frac{\partial^2 \ln L}{\partial \boldsymbol{\theta}_n \partial \boldsymbol{\theta}_n'}\right)^{-1} \frac{\partial \ln L}{\partial \boldsymbol{\theta}_n}$$

（為什麼要取赫賽矩陣的反矩陣？）

㈢史考林法（The Method of Scoring）

在某些事例中，赫賽的期望值（也就是訊息矩陣，information matrix）比赫賽矩陣本身更容易計算出來。史考林法把訊息矩陣當作方向矩陣來計算，其公式為：

$$\boldsymbol{\theta}_{n+1}=\boldsymbol{\theta}_n+\left(E\left[\frac{\partial^2 \ln L}{\partial\boldsymbol{\theta}_n\partial\boldsymbol{\theta}'_n}\right]\right)^{-1}\frac{\partial \ln L}{\partial\boldsymbol{\theta}_n}$$

㈣ BHHH 演算法（The BHHH（B – triple – H）Method）

Berndt 等人（1974）提出另一種方法：

$$\sum_{i=1}^{N}\frac{\partial \ln L_i}{\partial\boldsymbol{\theta}_n}\frac{\partial \ln L'_i}{\partial\boldsymbol{\theta}_n}$$

其中，$\ln L_i$ 是第 i 個觀察數所估計出來的概似函數估計值。因為這個方法只需要估計斜度，所以也就比較容易計算。這個方法使用下列的公式來計算估計值：

$$\boldsymbol{\theta}_{n+1}=\boldsymbol{\theta}_n+\left(\sum_{i=1}^{N}\frac{\partial \ln L_i}{\partial\boldsymbol{\theta}_n}\frac{\partial \ln L'_i}{\partial\boldsymbol{\theta}_n}\right)^{-1}\frac{\partial \ln L_i}{\partial\boldsymbol{\theta}_n}$$

這個方法稱為「 BHHH 演算法」。

如果你沒有辦法利用代數來計算出斜度或者是赫賽矩陣，那麼你可以使用數值方法（numerical method）來估計它們的值。讓我們以一個單一參數 θ 的對數概似來作說明。當 θ 改變的時候，藉由計算出斜率在 lnL 的改變，我們就可以估計出斜度。如果 Δ 是一個很小的值且和 θ 相關，那麼，

$$\frac{\partial \ln L}{\partial\theta_n}\approx\frac{\ln L(\theta+\Delta)-\ln L(\theta)}{\Delta}$$

使用數值方法估計不但會增加遞迴法所花的時間及次數，而且結果也會因為所選擇的 Δ 而有所不同。另外，不同的起始值也會造成不同的赫賽矩陣的收斂估計值，因而產生不同的標準差。因此，如果有其他的方法可以選擇，應該盡量選擇其他的方法，如

果真的必須使用數值方法，也應該試著用不同的起始值反覆驗算統計的結果，以確保統計估計值正確性的增加。

二、ML 估計的變異數

數值方法除了估計參數$\boldsymbol{\theta}$之外，也提供漸進共變數矩陣 Var（$\hat{\boldsymbol{\theta}}$）的估計。最大概似的理論指出， 假定 ML 的估計保持不變的話，那麼，漸進共變數矩陣等於：

$$\mathrm{Var}(\hat{\boldsymbol{\theta}})=\left(-\mathrm{E}\left[\frac{\partial^2 \ln \mathrm{L}}{\partial\boldsymbol{\theta}\,\partial\boldsymbol{\theta}'}\right]\right)^{-1} \quad [\,3.10\,]$$

也就是說，漸進共變數矩陣等於負的赫賽期望值的反矩陣，也就是所謂的訊息矩陣。共變數矩陣通常都寫成：

$$\mathrm{Var}(\hat{\boldsymbol{\theta}})=\left(\mathrm{E}\left[\frac{\partial \ln \mathrm{L}}{\partial\boldsymbol{\theta}}\frac{\partial \ln \mathrm{L}'}{\partial\boldsymbol{\theta}}\right]\right)^{-1} \quad [\,3.11\,]$$

在公式 3.10 與 3.11 中，所估計的目標都是 θ。在這裡，我們介紹三種常用的方法。

第一種方法使用 ML 估計值 $\hat{\theta}$ 來評估公式 3.10：

$$\hat{\mathrm{Var}}_1(\hat{\boldsymbol{\theta}})=-\left(\mathrm{E}\,\frac{\partial^2 \ln \mathrm{L}_i}{\partial\hat{\boldsymbol{\theta}}\,\partial\hat{\boldsymbol{\theta}}'}\right)^{-1}$$

因為這個方法需要在每一次遞迴法中評估訊息矩陣，所以它通常會和史考林法一起使用。

第二種方法是以負的赫賽矩陣為基礎：

$$\hat{\mathrm{Var}}_2(\hat{\boldsymbol{\theta}})=-\left(\sum_{i=1}^{N}\frac{\partial^2 \ln \mathrm{L}_i}{\partial\hat{\boldsymbol{\theta}}\,\partial\hat{\boldsymbol{\theta}}'}\right)^{-1} \quad [\,3.12\,]$$

$\hat{Var}_2(\hat{\theta})$ 通常是和牛頓—拉夫遜方法一起使用。公式 3.12 指出概似函數的曲率和估計值變異數之間的關係。變異數的大小和二次微分呈現逆相關，二次微分愈小，變異數愈大。而當二次微分愈小，概似函數就愈平緩，也就愈難找到最大估計值。

第三種方法和 BHHH 有關，因為它不需要評估二次微分，所以在計算上比較簡單：

$$\widehat{Var}_3(\hat{\boldsymbol{\theta}}) = \left(\sum_{i=1}^{N} \frac{\partial \ \ln L_i}{\partial \hat{\boldsymbol{\theta}}} \frac{\partial \ln L_i}{\partial \hat{\boldsymbol{\theta}}'} \right)^{-1}$$

一般來說，上述三種方法對共變數的矩陣估計值在樣本無限大時是幾乎相等的。但在實際上，由於樣本大小的限制，所得的估計值通常並不一致。因此，如果你使用不同的數值方法來估計相同的資料、相同的統計模式，所得到的結果可能會不同。

三、數值方法的問題以及解決之道

一般在使用數值方法時可能產生以下的幾個問題：第一，在某些狀況下，收斂估計值無法求出來。當 lnL 的曲線弧度很小時，這種情況特別容易出現。在實際運算上，電腦會出現「運算 250 次之後仍無解」的訊息。第二，有時候收斂估計值雖然可以計算出來，但所得的值卻是錯誤的。當 lnL 的曲線有好幾個鞍點（saddle point）時，這種問題特別容易產生。在遞迴法的過程中，估計值可能落在斜度等於 0 的鞍點（saddle point）或局部極大值（local maximum），而不是真正極大值（global maximum）的地方。在這樣的例子中，原本應該是正定矩陣

（positive definite）的共變數矩陣，變成了負定矩陣（positive definite）[2]。當 lnL 的曲線只有一個極大值時，求得收斂估計值非常容易。本書中大部分的模式都是像這樣的例子。值得一提的是，即便對數概似函數只有一個極大值，仍有可能求得錯誤的收斂估計值。這種情形在函數曲線平緩時最容易發生。另外，單位尺度（scale）[3]的問題也會導致錯誤的收斂估計值。一般來說，導致電腦運算困難有下列的幾種原因：

1. **錯誤的變項**：數值方法的問題大多出現在數據資料有問題的時候。因此，詳細的比對每一個變項的描述統計是分析資料時一個很重要的過程。
2. **觀察值的數目**：當觀察值愈多，而且觀察值相對於變項數目的比率愈大時，愈容易產生收斂估計值。雖然我們沒有辦法控制樣本數的大小，但是樣本數的多寡卻經常是導致有些模式總是很難產生收斂估計值的主要原因。
3. **變項的單位尺度（scaling）**：在數值方法中，這是一個非常普遍的問題。最大和最小標準差的比率愈大，就愈容易產生問題。舉例來說，如果「收入」這個變項的單位是「元」，那麼它和其他的變項比起來，就會有相當大的標準差。因此，將「收入」這個變項的單位從「元」改成「千元」，也許就能解決這個問題。一般說

---

[2] 正定矩陣指矩陣內所有的特徵值都大於0，負定矩陣則相反。

[3] 單位尺度（scale）指任一特定的測量單位。例如，測量身高的單位尺度為公分（或公尺），對數分配（logistic distribution）的單位尺度為「對數單位」（logistic unit）。

來，最大和最小標準差的比率如果超過 10，就會產生問題。

4. **觀察值的分配**：如果一個變項大部分觀察值的分配都集中在某一區域，或者，類別變項其中的某一類別只有極少數的觀察值，那麼要產生收斂估計值時，有時也會出現問題。

最後，在某些具有特殊型態數據資料的例子中，要作 ML 估計是不可能的。舉例來說，在只有一個二元獨立變項的二元模式中，如果這個二元獨立變項在依賴變項的二個結果類別（outcome category）[4]（y ＝ 0 和 y ＝ 1）或其中的一個結果類別中，完全沒有觀察值的話，那麼，ML 估計是完全不可能的。你可以試著估計當 $\mathbf{y}' =$（0 0 1 1 1）以及 $\mathbf{x}' =$（1 0 1 1 0）的機率單位模式。這個模式是可以估計 ML 的，因為不管 x ＝ 0 或 x ＝ 1，在結果類別 y ＝ 0 或 y ＝ 1 中都有觀察值。然而，如果你所估計的模式是 $\mathbf{y}' =$（0 0 1 1）以及 $\mathbf{x}' =$（1 0 1 1），那麼，要使用 ML 估計是完全不可能的，因為當 x ＝ 0 時，在 y ＝ 1 的結果類別中並沒有任何一個觀察值。

總而言之，使用 ML 估計法所可能遭遇到問題，往往和實際進行資料分析時的各種狀況有關。因此，當遇到問題的時候，

---

[4] 結果類別（outcome category）：當依賴變項為二元、次序、或名義變項時，變項中至少有兩個或兩個以上的類別（例如：$y =$「喜歡」、「沒意見」、「不喜歡」）。我們將這些類別稱為「結果類別」。

第一步先檢查你所使用的統計軟體，確定你所採用的模式和你對統計軟體所下的指令是不是正確（因為在下指令來估計模式時，很容易產生錯誤）。如果指令和模式都正確無誤，那麼問題就有可能出現在數據資料上了。當你所使用的統計法適合數據資料時，使用數值方法來估計 ML 通常是非常有效率（大約在進行五次遞迴法之內就可以找出收斂估計值）。如果你的觀察值太少、變項太多、或模式太差，那麼想要找出收斂估計值就會比較困難。不過，你可以試著將你的變項單位重新調整（rescaling），或使用其他不同的數值方法，也許就能找出收斂估計值了。

雖然一般來說數值方法在統計檢定上提供一個相當有效的工具，我仍然非常贊成 Cramer（1986， p.10）所提出的建議：「檢查數據資料、檢查這些數據資料在電腦中的轉換、檢查正確的計算方式、而且經常保持對結果的懷疑」。

四、軟體的問題

在分對數和機率單位模式中，有一些和軟體有關的問題是必須考慮的。

㈠ **數值極大化的方法（The Method of Numerical Maximization）**：不同的程式軟體往往使用不同的數值方法。在大多數的例子中，從不同的程式軟體所估計出來的數值至少在小數點以下四位都是一樣的。但是，對標準差以及 z 值的估計可能在小數點第一位就有不同了。

㈡模式的參數化（Parameterizations of the Model）：

雖然大部分的程式軟體將模式的機率設定為 1，可是仍有些程式軟體（如 SAS）將模式的機率設定為 0。注意你所使用的軟體，你應該會發現這些小小的差異之處。在 BRM 中，

$$\Pr(y_i=0 \mid \mathbf{x}_i) = 1-\Pr(y_i=1 \mid \mathbf{x}_i) = 1-F(\mathbf{x}_i'\beta)$$
$$= F(-\mathbf{x}_i'\beta)$$

其中，最後一個等式是從分對數和機率單位模式的 pdf 對稱性而來的，因此，所有的迴歸係數都會有相反的正負符號。值得一提的是，因為互補雙對數模式本身是不對稱的，所以在互補雙對數模式中不會有這種情形產生。

第七節　二元反應模式的解釋

在這一節中，我介紹四種解釋的方法，每一種方法都可以應用在本章之後所介紹的每一個統計法。第一種方法是如何使用圖表來呈現預測機率。第二種方法是如何檢定在 y* 和機率中的偏微分改變（partial change）。第三種方法是如何使用機率中的間距改變（discrete change）。最後，針對分對數模式，我們可

以用機率比（odds）對結果作有效的解釋。

因為 BRM 是非線性的，所以沒有單一的解釋方法可以充分說明一個變項和事件發生機率之間的關係。因此，在決定使用哪一種或哪幾種解釋方法之前，也許必須先嘗試每一種方法以便從中找出一個最適合解釋非線性模式結果的形式。舉例來說，在某些研究中，也許間距改變一種方法就足夠解釋一個變項的影響，但是在了解這個事實之前，你可能需要先建構一個預測機率的圖。在這一節中，我使用女性參與就業市場的數據資料為例，來說明這些解釋方法。

了解參數如何影響機率曲線是應用每一種解釋方法的根本，因此，我們就從截距以及斜率如何影響機率曲線開始。

一、參數的影響

首先，我們以只有單一獨立變項（x）的 BRM 為例：

$$\Pr(y = 1 \mid x) = F(\alpha + \beta x)$$

圖 3.8 A 顯示出截距對機率曲線的影響。當 $\alpha = 0$ 時，機率曲線通過點（0, .5），然而，隨著α 慢慢增加，機率曲線就慢慢地往左移（*為什麼當α 增加時曲線向左移？*）；如果 α 變小，機率曲線就跟著慢慢地往右移。值得注意的是，當機率曲線向左或右移動時，$\Pr(y = 1 \mid x)$ 的斜率並沒有改變，也就是說，機率曲線始終都是平行的。這個平行機率曲線的觀念，解釋了以下我們所要討論的幾種方法，同時，這也是我們了解第五章次序迴歸模式的基礎。

圖 3.8 B 說明斜率對機率曲線的影響。當 $\alpha = 0$ 時，機率曲線通過點（0, .5）。隨著 β 慢慢變小，機率曲線就慢慢地往外延伸。在 $\beta = .25$ 時（如圖中實線所示），機率曲線從 $x = -20$ 延伸到 $x = 20$。然而，當 β 增加到 .5 時，機率曲線剛開始時增加得比較緩慢，一直到 $x = 0$ 以後，機率曲線的增加就比較快速。一般說來，機率曲線在 x 愈接近 0 時增加得愈快。但是如果斜率是負數，機率曲線在 x 愈接近 0 時剛好將圖 3.8 迴轉 180 度。舉例來說，當 $\beta = -.25$ 時，機率曲線在 $x = -20$ 時會愈接近 1，然後隨著 β 慢慢增加，機率曲線會慢慢降低，直到 $x = 20$ 時就會愈接近 0。

接下來，我們要將上述機率曲線的觀念應用到有一個以上變項的模式。圖 3.9 是有兩個變項的機率單位模式的機率曲線：

$$\Pr(y = 1 \mid x, z) = \Phi(1 + 1x + .75z)$$

類似的結果也會出現在分對數模式中。當 $x = -4$ 以及 $z = -8$ 時，曲線機率的水平面可以說是從 0 開始。如果 $z = -8$，那麼，

$$\Pr(y=1 \mid x, z=-8) = \Phi(1+1x+[.75\times -8])$$
$$= \Phi(-5.0+1x)$$

這就是沿著 x 軸的第一條 S 形曲線。如果 z 增加 1（$z = -7$），那麼，

$$\Pr(y=1 \mid x, z=-7) = \Phi(1+1x+[.75\times -7])$$
$$= \Phi(-4.25+1x)$$

這就是沿著 x 軸的第二條 S 形曲線。

圖 3.8：斜率以及截距的改變在 BRM 中的影響

Panel A: Effects of Changing α

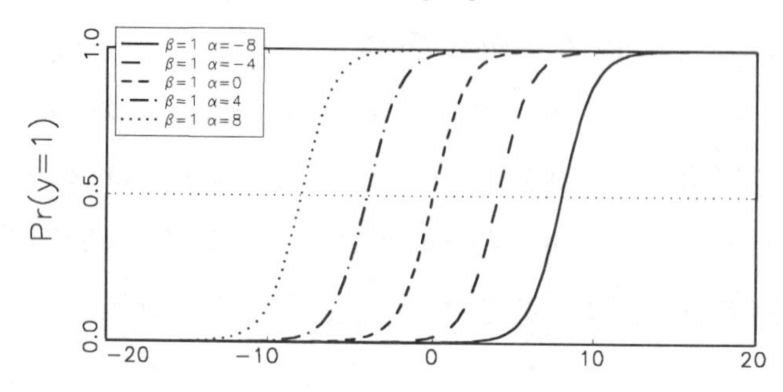

Panel B: Effects of Changing β

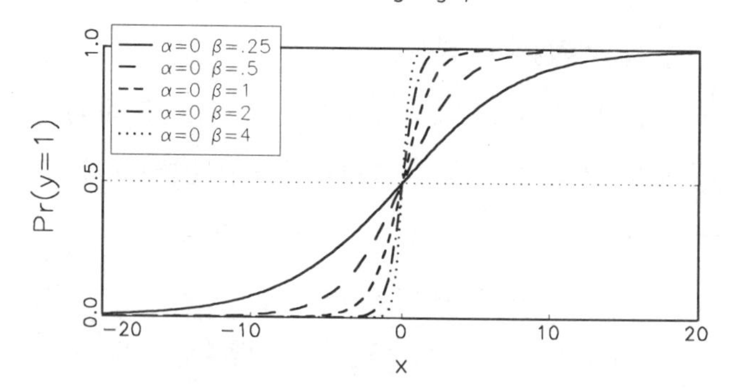

圖 3.9：機率單位模式 $\Pr(y=1 \mid x, z) = \Phi(1+1x+.75z)$ 的曲線圖

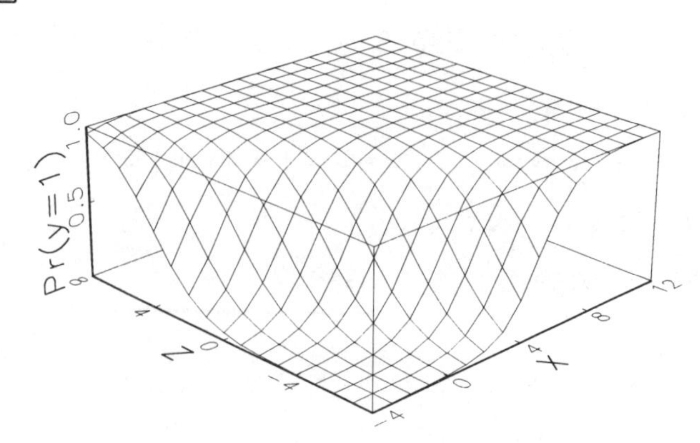

因為只有截距改變，所以就形成了機率曲線往左移動的情形（參考圖 3.8 A）。z 的值影響機率曲線的截距，但是並不影響機率曲線的斜率。同樣的，若 x 保持不變，則只有 z 變項機率曲線的截距會改變，但並不影響這個機率曲線的斜率。

有了這些觀念之後，我們就可以開始嘗試解釋 BRM 了。

二、使用「預測機率」的解釋方法

使用「預測機率」來解釋 BRM 的結果是最直接的。「預測機率」的重點在於獨立變項和事件產生機率之間的關係。但是，如果模式中有超過兩個以上的獨立變項時，我們不可能畫出像圖 3.9 的機率曲線圖。因此，面對這樣的模式我們所須考慮的就是：我們需要計算出哪些預測機率並如何將它們一一呈現出來。第一個很有用的步驟是在樣本中檢查所有預測機率的全距（range），以及每一個變項對預測機率影響的程度。如果預測機率的全距在 .2 和 .8 之間（或者比較保守一點的說法，介於 .3 和 .7 之間），那麼 x 和預測機率之間的關係幾乎可以說是線性的，而且我們也可以使用較簡單的方法來解釋結果；如果預測機率的全距非常小，那麼 x 和預測機率之間的關係也幾乎是線性的。舉例來說，機率曲線介於 .05 和 .10 的部分是屬於線性的。以下我們將討論這些重要的觀念。

㈠決定機率的全距

x 的第 i 個觀察值的預測機率是：

$$\hat{\Pr}(y_i = 1 \mid \mathbf{x}_i) = F(\mathbf{x}_i \hat{\boldsymbol{\beta}})$$

在樣本中，最大和最小的機率定義如下：

$$\min \hat{\Pr}(y=1 \mid \mathbf{x}) = \min_i F(\mathbf{x}_i \hat{\boldsymbol{\beta}})$$

$$\max \hat{\Pr}(y=1 \mid \mathbf{x}) = \max_i F(\mathbf{x}_i \hat{\boldsymbol{\beta}})$$

其中， $\min_i$ 指的是所有觀察值中最小的，而 $\max_i$ 指的是所有觀察值中最大的。在我們的例子中，預測機率的全距從 .01 到 .97。如果我們使用的是分對數模式，預測機率的全距從 .01 到 .96，這告訴我們一個事實：預測機率在機率單位模式以及分對數模式中並沒有太大的不同。因此，在這一節中，我們只說明對機率單位模式結果的解釋。

計算最小和最大預測機率需要所使用的軟體程式一般而言會預先儲存每一個觀察值的預測機率，以便用來作更進一步的分析。如果你沒有辦法這樣做的話，你也可以使用描述性統計以及所估計出來的迴歸係數（β）來估計最小和最大預測機率。在我們的範例中，K6 必須取它的最大值（因為 K6 的影響是負的）；而 LWG 必須取它的最小值（因為 LWG 的影響是正的），以此類推。

值得注意的是，如果在樣本中有非常極端的值，那麼，使用全距中的最小值和最大值可能會誤導讀者。舉例來說，如果我們的樣本中有一個非常富有的人，那麼，當我們將「收入」這個變項從最小值移動到最大值，機率的改變將會非常大而且不切實際。在使用最小值和最大值解釋之前，我們應該先檢查每一個變項的分配情形。如果變項中有極端的值，也許可以考慮使用介於 5% 到 95% 之間的觀察值，而不要使用最小值和最大值來解釋。

㈡每一個變項對預測機率的影響

決定機率的全距之後，接下來便是從中找出每一個變項影響預測機率的部分。其中一種方法是只允許一個變項作數值的改變，其他所有變項則保持在固定的數值（例如它們的平均數）。舉例來說，假設當 x_k 等於其極小值時，其預測機率為 $\Pr(y = 1 \mid \bar{x}, \min x_k)$（除了 x_k 以外，其他所有變項必須保持在它們的平均數的情況下），那麼，隨著 x_k 從最小值增加到最大值，其預測機率的改變等於：

$$\Pr(y = 1 \mid \bar{\mathbf{x}}, \max x_k) - \Pr(y = 1 \mid \bar{\mathbf{x}}, \min x_k)$$

表 3.4 列出我們所舉例的結果。其中，我們可以使用表最右邊預測機率的全距來作更進一步的分析。舉例來說，如果變項的全距非常小，那麼，這個變項並沒有太多分析上的價值（如：HC）。然而，如果變項的全距非常大，那麼，這個變項在分析與解釋的過程中，就必須審慎思考。例如：AGE 預測機率的全距是從 .75（30 歲）到 .32（60 歲），這剛好是在預測機率曲線中屬於線性關係的範圍。然而，INC 預測機率的全距是從 .09 到 .73，這在預測機率曲線中便是屬於非線性關係的範圍了。有關預測機率的全距在線性與非線性範圍的不同之處，我們將在下一節討論。

㈢當某一變項改變時對機率作圖

如果模式中有超過兩個以上的獨立變項，我們必須在模式中其他變項保持不變的情況下，才有辦法檢查一個或兩個變項的影響。舉例來說，如果我們要找出「年齡」和「妻子擁有學院以上的教育程度」這兩個變項的影響時，我們就可以將模式中其他變

表 3.4：每一個獨立變項預測機率的最小值、最大值、以及全距（以已婚女性參與就業市場為例）

Variable	At Maximum	At Minimum	Ranger of $\hat{Pr}$
K5	0.01	0.66	0.64
K618	0.48	0.60	0.12
AGE	0.32	0.75	0.43
WC	0.71	0.52	0.18
HC	0.59	0.57	0.02
LWG	0.83	0.17	0.66
ING	0.09	0.73	0.64

項保持在平均數的情況下，畫出這兩個變項在不同數值時所造成的影響。而在這種條件之下，其預測機率等於：

$$\hat{Pr}\,(LFP = 1 \mid AGE,\ WC = 0) = \Phi\,(\mathbf{x}_0 \hat{\boldsymbol{\beta}})$$

其中，x_0 指的是除了 WC = 0 以及 AGE 可以有不同的數值變化以外，其他的變項保持在平均數的情況。（同樣的道理也可以應用在 x_1 的定義上：x_1 指的是除了 WC = 1 以及 AGE 可以有不同的數值變化以外，其他的變項保持在平均數的情況）。因此，上述的預測機率也可以說是「任何年齡且教育程度在學院以下的已婚女性參與就業市場的預測機率」。同樣的道理，$\hat{Pr}$（LFP = 1 | AGE, WC = 1）也就是「任何年齡且教育程度在學院以上的已婚女性參與就業市場的預測機率」。我們把這些預測機率繪製成圖 3.10。

將圖 3.10 和表 3.4 相互對照，我們可以發現「年齡」和就業的預測機率之間的關係（range = .43）確實是呈現線性的關係，因此，解釋起來也會比較簡單：

圖 3.10：「年齡」以及「已婚女性教育程度」對參與就業市場預測機率的影響

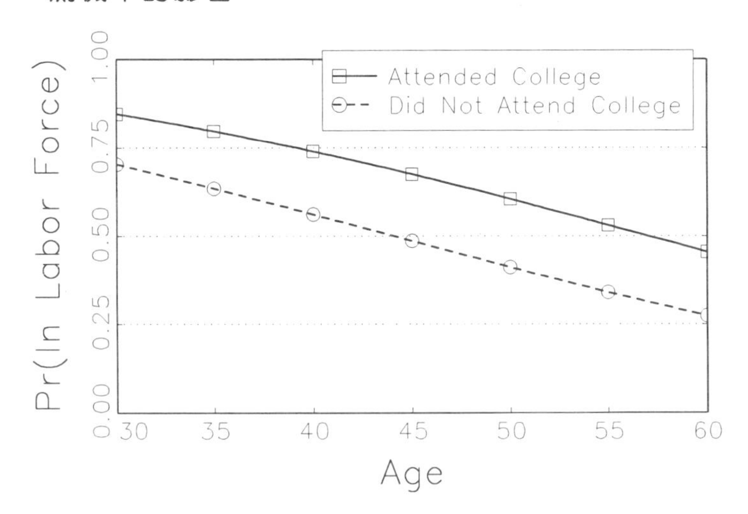

- 其他變項的數值維持在它們各自的平均值的情況下，具有大專學歷對於所有年紀的女性而言會增加.18 就業的可能性。
- 其他變項的數值維持在它們各自的平均值的情況下，年齡每增加 10 歲，婦女就業的可能性就降低.13。

年齡對預測機率影響的計算方法是 30 歲時的預測機率（＝ .85）減去 60 歲時的預測機率（＝ .46），再除以 3（3 個 10 年）。除了這個方法之外，也可以使用邊際效應（marginal effect）計算得出（這個方法我們將在本節第四段討論）。

因為「年齡」和參與就業市場預測機率之間的關係是呈現線性的關係，所以，繪圖變成有點多餘。但是，如果我們所用的是下面的例子，那麼情況就不一樣。讓我們來看看「收入」和「年

圖 3.11：「年齡」以及「家庭收入」對教育程度在學院以下的已婚女性參與就業市場預測機率的影響

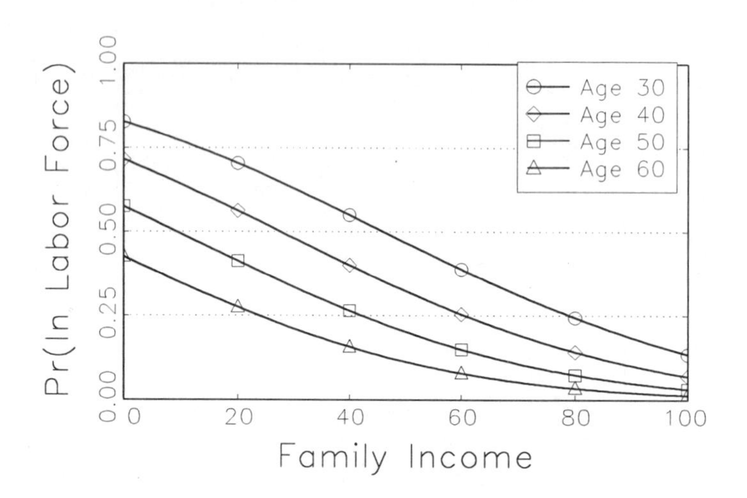

齡」的影響。圖 3.11 所呈現的是隨著家庭收入的不斷增加，30 歲、40 歲、50 歲、以及 60 歲已婚女性參與就業市場預測機率的變化。從圖中我們可以很明顯的發現非線性的關係，也就是說，當家庭收入不斷的增加時，年齡的影響就愈小。因此，非線性的關係繪製成圖時，我們可以從中找出一些有趣的變化，解釋起來也會比較容易。

㈣製表

除了繪圖以外，我們也可以使用表格來呈現預測機率。表 3.5 是已婚女性的教育程度以及所撫養小孩的人數對參與就業市場的影響。從表中我們可以看出，小孩和已婚女性參與就業市場的預測機率之間呈現非線性的關係。另外，我們也可以發現，隨著小孩人數的增多，教育程度的效果逐漸變小（有大專學歷和沒有大專學歷二組之間的預測機率之距離在開始的時候逐漸變大，

表 3.5：女性參與就業市場的機率：大專學歷及家中幼兒人數的影響

Predicted Probability Number of Young Children	Did Not Attend	Attended College	Difference
0	0.61	0.78	0.17
1	0.27	0.45	0.18
2	0.07	0.16	0.09
3	0.01	0.03	0.02

然後再漸漸變小*（試試看你能不能將預測機率的曲線畫出來，並呈現這樣的結果）*。

另外一種呈現預測機率的方法是，研究者根據研究目的或研究興趣，從母群體中直接選擇幾種不同的獨立變項來作組合，這就是所謂「理想型」（ideal type）。根據不同的「理想型」分別計算出這幾種組合的預測機率。在某些情況下，這種方法確實可以很迅速地指出主要變項對預測機率的影響。

三、y^* 的偏微分改變（Partial Change）

偏微分改變也可以用來說明每一個獨立變項對事件發生機率的影響。讓我們回想一下，在潛在變項中，分對數模式和機率單位模式都是線性的：

$$y^* = \mathbf{x}\beta + \varepsilon$$

取 x_k 的偏微分（partial derivative）之後，

$$\frac{\partial y^*}{\partial x_k} = \beta_k$$

因為模式在 y^* 中是線性的，所以，偏微分可以解釋如下：

- 在其他變項保持不變的情況下，x_k 每改變一個單位，y^* 的期望值就隨著改變 β_k 個單位。

因為我們並不知道 y^* 的變異數，所以，「改變 β_k 個單位」的意義也就不甚清楚，因此，這樣的解釋就會出現問題。Winship 和 Mare（1984，p.517）以及 McKelvey 和 Zavoina（1975，p.114－116）就曾討論過這樣的問題，雖然，他們所使用的是次序迴歸模式，但是他們所討論的相關問題卻也可以應用在二元反應模式中。因為新的變項加入模式時會改變 y^* 的變異數，所以，所有的迴歸係數（β）也會跟著改變，即使所增加的變項和原來的變項並沒有任何相關*（為什麼這在 LRM 時不是問題？）*。因此，要在不同的方程式中比較迴歸係數時，McKelvey 和 Zavoina 建議使用完全標準化迴歸係數，而 Winship 和 Mare 則建議使用 y^* 的標準化迴歸係數。

如果 σ_{y^*} 是 y^* 的非條件標準差（unconditional standard deviation），那麼，x_k 的 y^* 標準化迴歸係數就是：

$$\beta_k^{Sy^*}=\frac{\beta_k}{\sigma_{y^*}}$$

它可以解釋成：

- 在其他變項保持不變的情況下，x_k 每增加一個單位，y^* 的期望值就隨著增加 $\beta_k^{Sy^*}$ 個標準差。

y^* 標準化迴歸係數指的是一個獨立變項在它原本測量單位中的

影響，對二元獨立變項來說，使用 y^* 準化迴歸係數來解釋是必須的。

全部標準化迴歸係數將獨立變項同時標準化，如果 σ_k 是 x_k 的標準差，那麼，x_k 全部標準化迴歸係數是：

$$\beta_k^S = \frac{\sigma_k \beta_k}{\sigma_{y^*}} = \sigma_k \beta_k^{Sy^*}$$

它可以解釋成：

- 在其他變項保持不變的情況下，x_k 每增加一個標準差，y^* 的期望值就隨著增加 $\beta_k{}^S$ 個標準差。

為了計算出 $\hat{\beta}_k{}^{Sy}$ 和 $\hat{\beta}_k{}^S$，我們必須估計出 β_k、σ_k、以及 σ_{y*}。所有 x 的標準差可以直接從可觀察的數據資料計算得出。因為 $y^* = \mathbf{x}\beta + \varepsilon$ 且 $\mathbf{x}$ 和 ε 沒有相關，所以，$\sigma^2{}_{y*}$ 可以由以下的二次方程式估計出來：

$$\hat{Var}(y^*) = \hat{\boldsymbol{\beta}}' \, \mathrm{Var}(\mathbf{x}) \hat{\boldsymbol{\beta}} + \mathrm{Var}(\varepsilon)$$

$\hat{Var}$（$\mathbf{x}$）是從可觀察的數據資料中計算得出的 x 的共變數矩陣；$\hat{\beta}$ 包含 ML 估計；在機率單位模式中 Var（ε）＝ 1；在分對數模式中 Var（ε）＝ $\pi^2/3$。

如果我們都能夠接受這樣的代表符號來討論已婚女性參與就業市場的潛在傾向的例子，那麼，全部標準化迴歸係數以及 y^* 標準化迴歸係數（參見表 3.6）的解釋就和 LRM 一樣。舉例來說，

- 在其他變項保持不變的情況下，每增加一個小孩就降低母親參與就業市場的傾向 .76 個標準差。

●在其他變項保持不變的情況下，母親的年齡每增加一個標準差就減少她參與就業市場的傾向 .27 個標準差。

四、Pr（y＝1|x）的偏微分改變

β 也可以用來計算預測機率的偏微分改變。讓

$$\Pr(y=1|\mathbf{x})=F(\mathbf{x}\beta) \quad [3.13]$$

其中，F 所代表的是常態分配中的累積機率函數 Φ，或是對數分配中的累積機率函數 Λ。另外，與累積機率函數相關的機率密度函數則以 f 表示。預測機率的偏微分改變，也叫做邊際效應（marginal effect），它是由公式 3.13 中相對於 x_k 的偏微分計算得出：

$$\frac{\partial \Pr(y=1|\mathbf{x})}{\partial x_k}=\frac{\partial F(\mathbf{x\beta})}{\partial x_k}=\frac{dF(\mathbf{x\beta})}{d\mathbf{x\beta}}\frac{\partial x\beta}{\partial x_k}=f(\mathbf{x\beta})\beta_k \quad [3.14]$$

對機率單位模式而言，

表 3.6：標準化和未標準化迴歸係數（以已婚女性參與就業市場為例）

Variable	β	β^{Sy^*}	β^{S}	z
K5	－0.875	－0.759	－0.398	－7.70
K618	－0.039	－0.033	－0.044	－0.95
AGE	－0.038	－0.033	－0.265	－4.97
WC	0.488	0.424	0.191	3.60
HC	0.57	0.050	0.024	0.46
LWG	0.366	0.317	0.186	4.17
INC	－0.021	－0.018	－0.207	－4.30
$\widehat{Var}(y^*)$	1.328			

$$\frac{\partial \Pr(y=1|\mathbf{x})}{\partial x_k}=\phi(\mathbf{x\beta})\beta_k$$

對分對數模式而言，

$$\frac{\partial \Pr(y=1|\mathbf{x})}{\partial x_k}=\lambda(\mathbf{x\beta})\beta_k=\frac{\exp(\mathbf{x\beta})}{[1+\exp(\mathbf{x\beta})]^2}\beta_k$$

$$=\Pr(y=1|\mathbf{x})[1-\Pr(y-1|\mathbf{x})]\beta_k$$

（證明最後這個等式）

邊際效應是 x_k 和 Pr（y ＝ 1 | **x**）機率曲線的斜率（在其他變項保持不變的情況下）。因為 f（**x**β）是正數，所以，邊際效應的正負值取決於 β_k。邊際效應改變的多寡端看 β_k 的大小以及 **x**β 的值而定（圖 3.12 可以說明這種現象）。

圖中的實線代表 Pr（y ＝ 1 | x），虛線代表邊際效應。從圖中我們可以看出邊際效應在 x 等於 x_2 時最大，而與其相對應的機率 Pr（y ＝ 1 | x）＝ .5。另外，邊際效應在 x 等於 x_2 時是左右對稱的，反映出 f 的對稱性（symmetry）。因此，

$$\frac{\partial \Pr(y=1|x=x_1)}{\partial x}=\frac{\Pr(y=1|x=x_3)}{\partial x}$$

因為 *f* 是由 **x**β 計算得出，所以，邊際效應的大小取決於模式中其他變項的值以及它們的迴歸係數。也就是說，邊際效應的大小需視所有獨立變項的 β 值以及其層級而定。為了瞭解 x_k 的邊際效應的大小和模式中其他變項的的值之間的關係，讓我們重新回過頭來看看圖 3.9。圖 3.9 畫出了變項 *x* 和 *z* 的機率平面圖，我們從 *x* 和 *z* 交叉的點開始看起，邊際效應 ∂ Pr（*y* ＝

圖 3.12：二元反應模式的邊際效應

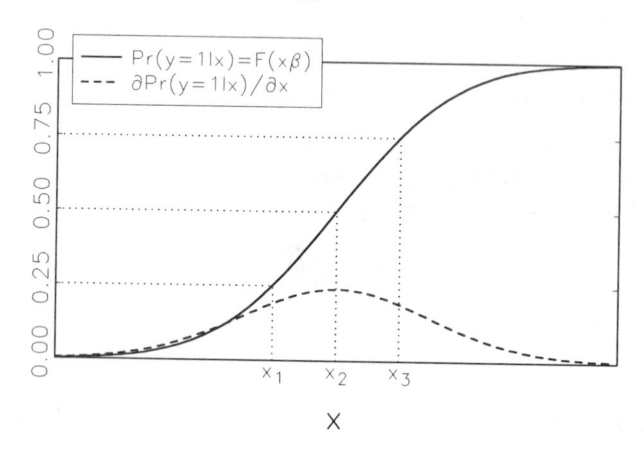

$1|x,\ z)/\partial x$ 是和 x 軸平行的第一條曲線；而邊際效應 $\partial \text{Pr}(y=1|x,\ z)/\partial z$ 是和 z 軸平行的第一條曲線。舉例來說，在（−4，−8）時，和 x 軸平行的第一條曲線的斜率幾乎等於0。隨著 z 的增加，斜率（和 x 軸平行的曲線）也慢慢增加，一直到（−4，0）時，斜率到達它的最大值，而在此處的機率 $\text{Pr}(y=1|x,\ z)=.5$。過了（−4，0）之後，如果 z 繼續增加，斜率就會慢慢變小。Hanushek 和 Jackson（1977，p.189）用二次微分來呈現出它們之間的關係：

$$\frac{\partial^2 \text{Pr}(y=1|\mathbf{x})}{\partial x_k \partial x_\ell}=\beta_k\beta_l\ \text{Pr}(y=1|\mathbf{x})\,[1-\text{Pr}(y=1|\mathbf{x})][1-2\text{Pr}(y=1|\mathbf{x})]$$

β 也可以用來估計兩個變項邊際效應的比率。從公式 3.14 中，我們可以算出 x_k 和 x_l 邊際效應的比率等於：

$$\frac{\dfrac{\partial \Pr(y=1|\mathbf{x})}{\partial x_k}}{\dfrac{\partial \Pr(y=1|\mathbf{x})}{\partial x_\ell}}=\frac{f(\mathbf{x}\boldsymbol{\beta})\beta_k}{f(\mathbf{x}\boldsymbol{\beta})\beta_\ell}=\frac{\beta_k}{\beta_\ell}$$

因此，雖然關於β的統計數假設只有在考慮比例因子（scale factor）的情況下才能確定，兩個不同的β之間的比率卻可以直接用來比較這些獨立變項對 y 效果的大小。

因為邊際效應取決於模式中所有變項的層級，所以當我們要計算出邊際效應的值時，我們必須固定所有變項的值。其中一種方法是計算出所有可觀察變項的平均值：

$$\text{mean}\ \frac{\partial \Pr(y=1|\mathbf{x})}{\partial x_k}=\frac{1}{N}\sum_{i=1}^{N} f(\mathbf{x}_i\boldsymbol{\beta})\beta_k$$

另一種方法是在所有獨立變項的平均數中計算出邊際效應：

$$\frac{\partial \Pr(y=1|\bar{\mathbf{x}})}{\partial x_k}=f(\bar{\mathbf{x}}\boldsymbol{\beta})\beta_k$$

第二種方法對於解釋類別依賴變項模式統計結果方面是非常普遍的一種方法，我們經常都可以在文獻中看到研究者以表格的方式呈現這樣的結果，有些程式軟體甚至會自動幫我們算出邊際效應（如 LIMDEP）。然而，這種方法還是有它的限制在。第一，由於類別依賴變項的「非線性」的特質，我們很難將邊際效應直接轉換成為預測機率。第二，對二元獨立變項來說，這種計算方法並不合適。因此，我個人還是比較偏好使用間距改變的方法（將在下一段討論）。

表 3.7 所呈現的是由上述兩種方法所計算出的邊際效應。從表中得知，第一，兩種方法所計算出的邊際效應的值非常接

表 3.7：機率單位模式的邊際效應

Variable	Average	At Mean
K5	−0.300	−0.342
K618	−0.013	−0.015
AGE	−0.013	−0.015
WC	0.167	0.191
HC	0.020	0.022
LWG	0.125	0.143
INC	−0.007	−0.008

近。它們之所以非常接近是因為樣本的預測機率大約等於 .5。一般說來，由這兩種方法所求出的預測機率的值可以是完全不同的（尤其是預測機率的值非常接近 0 或 1 的時候）。第二，AGE 固定在平均數的情況下，其邊際效應大約等於圖 3.10 中曲線的斜率。如果獨立變項的分布在機率曲線中是屬於線性的區域，那麼，我們就可以使用邊際效應來解釋這個變項一個單位的改變對事件發生機率的影響。然而，如果獨立變項的分布是在機率曲線中屬於非線性的區域，那麼，我們就不能使用邊際效應來估計這個變項的整體影響。

五、Pr（y = 1|x）的間距改變（discrete change）

在解釋 BRM 中，我發現間距改變是非常有效率的解釋方法（對其他類別依賴變項模式也一樣有效）。讓我們假設 Pr（y

$= 1 | \mathbf{x}, x_k$）是相對於 **x** 等於 x_k 的預測機率，因此，Pr（y $=$ $1 | \mathbf{x}, x_k + \delta$）是在其他變項都沒有改變的情況下，相對於 **x** 等於 $x_k + \delta$ 的預測機率。當 x_k 增加 δ，所造成預測機率的間距改變等於：

$$\frac{\Delta \Pr(y=1|\mathbf{x})}{\Delta x_k} = \Pr(y=1|\mathbf{x}, x_k+\delta) - \Pr(y=1|\mathbf{x}, x_k)$$

它的解釋如下：

- 在其他變項保持不變的情況下，x 變項改變 δ 時，其預測機率就會隨著改變 $\Delta \Pr(y = 1 | \mathbf{x}) / \Delta x_k$。

值得一提的是，在解釋 BRM 時，除非 δ 變得非常小，否則，偏微分改變並不等於間距改變：

$$\frac{\partial \Pr(y=1\mathbf{x})}{\partial x_k} \neq \frac{\Delta \Pr(y=1|x)}{\Delta x_k}$$

有關這兩種方法的不同，我們可以參考圖 3.13。圖中，偏微分改變是在 x 等於 x_1 的切線，它的值和圖中的實線三角形有關。為了簡單起見，讓我們假定 $\delta = 1$。間距改變是計算出機率在 x 和 x_1 的改變（如圖中的虛線三角形）。偏微分改變和間距改變之所以不同，是因為曲線改變的速率隨著 x_k 的改變而改變。雖然兩種方法的測量方式並不相同，但是，如果 x_k 的改變是在機率曲線中屬於線性的區域，那麼，這兩種方法所測量出來的結果將會非常接近，就像圖 3.10 一樣。

圖 3.13：非線性模式的偏微分改變和間距改變圖說

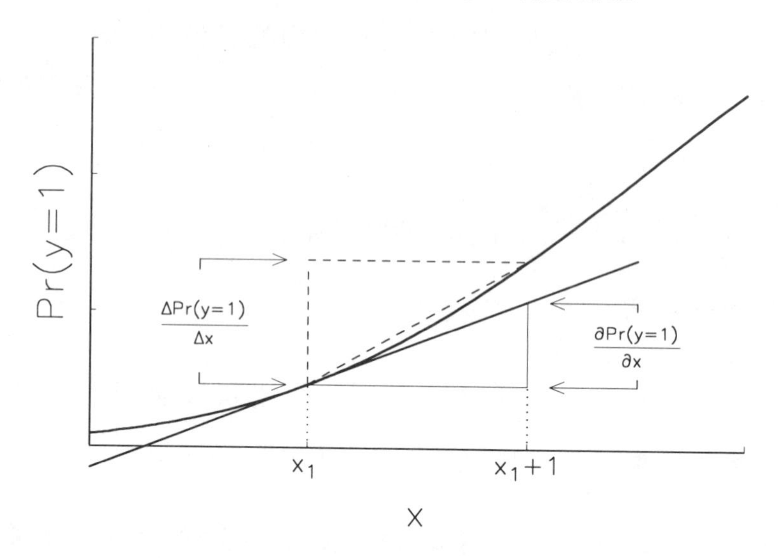

機率中間距改變的多寡取決於（1）x_k 改變的多寡；（2）x_k 的起始值；以及（3）模式中其他所有變項的值。舉例來說，如果我們有兩個獨立變項 x_1 和 x_2，當 x_1 從 1 改變到 2 時所造成機率的改變，並不一定就等於當 x_1 從 2 改變到 3 時所造成的機率改變（*想想看，為什麼當 Pr（y ＝ 1/x）＝.5 時，x_1 從 1 改變到 2 時所造成機率的改變和 x_1 從 2 改變到 3 所造成機率的改變的值會相等？*）。另外，當 x_2＝ 1 且 x_1 從 1 改變到 2 時所造成機率的改變，並不一定就等於當 x_2＝ 2 時 x_1 從 1 改變到 2 時所造成的機率改變。因此，我們所面臨的問題便在於如何選擇變項的值以及要讓它們改變多少。

㈠選擇變項的值

因為機率的改變取決於模式中所有獨立變項的值，所以，我們必須先決定要選擇 x 的哪些值來計算間距改變。一個常用的方法是估計樣本平均數的機率，舉例來說，我們可以將樣本中所有的值都保持在它們的平均數。但是，如果獨立變項的分配是非常不對稱，那麼，使用平均數來估計機率的間距改變可能會產生誤導，因此，在這種情況之下使用中位數（median）來估計機率的間距改變會比較適合。

如果獨立變項是虛擬變項時，那麼我們就需要比較多的考量。假設 x_d 是虛擬變項，x'_d 是 $x_d = 1$ 時樣本的比例，那麼，在 x'_d 的預測機率就介於在 $x_d = 1$ 以及 $x_d = 0$ 的預測機率之間。除此之外，我們也可以在其他變項控制在平均數的情況下，計算出每一種虛擬變項組合的預測機率。舉例來說，從我們「參與就業市場」的例子中，從其中兩個虛擬變項 WC（妻子教育程度）和 HC（丈夫教育程度）來看，我們就有四種基本機率組合：（1）妻子與丈夫的教育程度均在學院以上、（2）只有丈夫的教育程度在學院以上、（3）只有妻子的教育程度在學院以上、以及（4）妻子與丈夫的教育程度均在學院以下。另外，我們也可以將一組虛擬變項設定在其眾數（modal）的狀態下，計算出我們想要知道的預測機率。

如果研究者對某些獨立變項的組合有特別的興趣時，這些組合則可以用來作為比較的基準。舉例來說，如果我們對「教育程度」對「沒有小孩的已婚女性」參與就業市場的預測機率有興趣的話，我們就可以將 AGE 保持在 30 歲、K5 保持在 0、K618 保持在 0、而其他所有變項則控制在它們的平均數的情況下，計算出我們想要知道的預測機率。以下所要討論的例子，我也將其他所有變項均維持在它們的平均數。

㈡獨立變項改變的多寡

在其他所有變項均保持在一個固定數值的情況下，由獨立變項改變的多寡也可以計算出間距改變。我們所選擇的獨立變項改變的多寡完全取決於變項的型態以及研究目的。在這裡，我提供幾種選擇：

1. x_k 的單位改變（A Unit Change in x_k）：如果 x_k 增加 1，那麼，

$$\frac{\Delta \Pr\left(y=1\middle|\bar{\mathbf{x}}\right)}{\Delta x_k}=\Pr\left(y=1\middle|\bar{\mathbf{x}},\bar{x}_k+1\right)-\Pr\left(y=1\middle|\bar{\mathbf{x}},\bar{x}_k\right)$$

從圖 3.8 的機率曲線中可以看出，當 $\Pr(y = 1 \mid \bar{x}) = .5$ 時，x_k 從它的平均數往上增加一個單位或往下減少一個單位所形成對機率改變的影響都是一樣的。但是，如果我們有兩個變項 $\beta_k = -\beta_l$，並不代表 x_k 一個單位的改變和 x_l 一個單位的改變所形成對機率改變的影響就是一樣的。因此，Kaufman（1996）建議，應該使用以平均數為中心的單位改變（centered around the mean）取代 x_k 一個單位的改變（a unit chang in x_k），也就是，

$$\frac{\Delta \Pr\left(y=1\middle|\bar{\mathbf{x}}\right)}{\Delta x_k}=\Pr\left(y=1\middle|\bar{\mathbf{x}},\bar{x}_k+\frac{1}{2}\right)-\Pr\left(y=1\middle|\bar{\mathbf{x}},\bar{x}_k-\frac{1}{2}\right)$$

中心間距改變（centered discrete change）可以解釋成：

- 在其他所有變項均保持在它們各自的平均數的情況下，隨著 x_k 改變一個單位（以平均數為中心的一個單位的改變），預測機率會隨著改變 $\Delta \Pr(y = 1 \mid \bar{\mathbf{x}}) / \Delta x_k$。

2. x_k **的標準差改變（A Standard Deviation Change in x_k）**：上述 x_k 改變一個單位的觀念可以延伸到一個標準差的改變（以平均數為中心）對預測機率的影響：

$$\frac{\Delta \Pr(y=1|\bar{\mathbf{x}})}{\Delta x_{kl}} = \Pr\left(y=1|\bar{\mathbf{x}}, \bar{x}_k + \frac{s_k}{2}\right) - \Pr\left(y=1|\bar{\mathbf{x}}, \bar{x}_k - \frac{s_k}{2}\right)$$

其中，s_k 指的是 x_k 的標準差。

3. **從 0 到 1 的改變（針對虛擬變項而言）**：當我們在計算機率的間距改變時，我們必須確定變項的改變並不會超過它的範圍。舉例來說，如果 x_k 是虛擬變項，增加 1/2 也許會超過 1，而減少 1/2 也可能會變成負數。因此，對虛擬變項來說，最好的計算間距改變的方式應該是：

$$\frac{\Delta \Pr(y=1|\bar{\mathbf{x}})}{\Delta x_k} = \Pr(y=1|\bar{\mathbf{x}}, \bar{x}_k=1) - \Pr(y=1|\bar{\mathbf{x}}, x_k=0)$$

這是在其他所有變項均保持在其平均數的情況下，x_k 從 0 到 1 的改變。

4. **其他**：間距改變的計算方式可以延伸得很廣，就看我們如何應用。如果一個特殊量的改變非常重要（例如：增加四年的學校教育），那麼，除了一個單位以及一個標準差的改變之外，其他我們所設定的改變也是可以使用的。

【間距改變的實例】以就業市場的參與為例

表 3.8 所呈現的是根據已婚女性參與就業市場的數據資料

（機率單位模式）所計算出來的間距改變。在這裡，我們僅舉三個數值來作解釋：

- 在其他所有變項均保持在其平均數的情況下，已婚女性每增加一個小孩，她參與就業市場的機率就會降低 .33。
- 在其他所有變項保持不變的情況下，年齡每增加一個標準差，已婚女性參與就業市場的機率就會降低 .12。
- 在其他所有變項均保持在其平均數的情況下，已婚女性的教育程度在學院以上的，她參與就業市場的機率會比教育程度在學院以下的已婚女性多 .18。

值得一提的是，WC 和 HC 從 0 到 1 的改變和一個單位的改變幾乎是一樣的，這是因為 WC 和 HC 的分配剛好是在機率曲線屬於線性的區域。除了這兩個變項之外，模式中並沒有其他的變項有這樣的情形出現。

表 3.8：參與就業市場的（機率單位模式）的間距改變

Variable	Centered Unit Change	Centered Standard Deviation Change	Change Frome 0 to 1
K5	−0.33	−0.18	—
K618	−0.02	−0.02	—
AGE	−0.01	−0.12	—
WC	—	—	0.18
HC	—	—	0.02
LWG	0.14	0.08	—
INC	−0.01	−0.09	—

NOTE: Changes are computed with other variables held at their means.

第八節　使用差異比率（Odds Ratio）[5]的解釋方法

在分對數模式中，β 可以經由簡單的數學轉換來表達事件發生與不發生的機率比，這樣的轉換是在機率單位模式中所沒有的。因此，最後這一個解釋方法只能在分對數模式中使用。

從方程式 3.6 中，分對數模式也可以寫成對數線性模式（log–linear model）：

$$\ln\Omega(\mathbf{x}) = \mathbf{x}\beta \qquad [3.15]$$

其中，

$$\Omega(\mathbf{x}) = \frac{\Pr(y=1|\mathbf{x})}{\Pr(y=1\mathbf{x})} = \frac{\Pr(y=1|\mathbf{x})}{1-\Pr(y=1|\mathbf{x})} \qquad [3.16]$$

指的是相對於 $\mathbf{x}$ 的事件發生的機率比。另外，$\ln\Omega(\mathbf{x})$ 指的是機率比的對數，也就是分對數（logit）。公式 3.15 指的是在分對數中，分對數模式是線性的，因此，

$$\frac{\partial \ln\Omega(\mathbf{x})}{\partial x_k} = \beta_k$$

因為模式是線性的，所以 β_k 可以解釋成為：

- **在其他所有變項保持不變的情況下，x_k 改變一個單位，分對數的期望值就會隨著改變 β_k。**

---

[5] 差異比率（odds ratio），又有人翻譯為勝算比，指的是兩個機率比（odds）之間的比率。例如，機率比AB $= \frac{Prob(A)}{Prob(B)}$ 機率比CD $= \frac{Prob(C)}{Prob(D)}$ 則，兩者之間的差異比率為，（機率比AB）/（機率比CD）$= \frac{Prob(A)/Prob(B)}{Prob(C)/Prob(D)} = \frac{Prob(A)\times Prob(D)}{Prob(B)\times Prob(C)}$

因為 x_k 改變一個單位對分對數的影響並不取決於 x_k 的值或是其他所有變項的層級，所以解釋起來比較簡單。但是，「分對數的期望值就會隨著改變 β_k」代表什麼意義並不清楚，因此，我們需要將它作進一步的轉換。

首先，取方程式 3.15 的指數（exponential）：

$$\begin{aligned}\Omega(\mathbf{x}) &= \exp(\mathbf{x}\boldsymbol{\beta}) \\ &= \exp(\beta_0+\beta_1x_1+\ldots+\beta_kx_k+\ldots+\beta_Kx_K) \\ &= \exp(\beta_0)\exp(\beta_1x_1)\ldots\exp(\beta_kx_k)\ldots\exp(\beta_Kx_K) \\ &= \Omega(\mathbf{x}, x_k)\end{aligned}$$

最後一個等式指的是 x_k 的值所代表的符號。如果我們要估計出 x_k 的影響，就必須看當 x_k 改變 δ 時，Ω 如何改變。一般說來，我們都是在 $\delta = 1$ 或 $\delta = s_k$ 的情況下來估計。如果 x_k 改變 δ 時，事件發生的機率比等於：

$$\begin{aligned}&\Omega(\mathbf{x}, x_k+\delta) \\ &= \exp(\beta_0)\exp(\beta_1x_1)\ldots\exp(\beta_k(x_k+\delta))\ldots\exp(\beta_Kx_K) \\ &= \exp(\beta_0)\exp(\beta_1x_1)\ldots\exp(\beta_kx_k)\exp(\beta_k\delta)\ldots \\ &\quad \exp(\beta_Kx_K)\end{aligned}$$

為了比較 x_k 加上 δ 之前和加上 δ 之後的機率比，我們將兩個數相除（差異比率）：

$$\frac{\Omega(x, x_k+\delta)}{\Omega(x, x_k)}$$

$$= \frac{\exp(\beta_0)\exp(\beta_1x_1)\cdots\exp(\beta_kx_k)\exp(\beta_k\delta)\cdots\exp(\beta_Kx_K)}{\exp(\beta_0\exp(\beta_1x_1)\cdots\exp(\beta_kx_k)\cdots\exp(\beta_Kx_K))}$$

$$= \exp(\beta_k\delta)$$

因此，參數便可以用差異比率解釋成為：

- 在其他所有變項保持不變的情況下，x_k 改變 δ，機率比的期望值就會隨著改變為 exp（$\beta_k \times \delta$）倍。

至於，如果 $\delta = 1$ 時（也就是「倍數改變」（factor change）），

- 在其他所有變項保持不變的情況下，x_k 改變 δ，差異的期望值就會隨著改變為 exp（β_k）倍。

假如 exp（β_k）比 1 大，那麼，我們就可以解釋成「增加為 exp（β_k）倍」；如果 exp（β_k）比 1 小，那麼，我們就可以說成「減少為 exp（β_k）倍」。至於，如果 $\delta = s_k$ 時（也就是「標準化倍數改變」（standardized factor change）），我們的解釋為，

- 在其他所有變項保持不變的情況下，x_k 改變一個標準差，機率比的期望值就會隨著改變為 exp（$\beta_k \times s_k$）倍。

值得一提的是，x_k 倍數改變的大小並不會因為 x_k 本身的值或其他所有變項數值的大小而有所影響。

除了機率比以外，我們也可以計算差異的百分比改變（percentage change）：

$$100\frac{\Omega(\mathbf{x}, x_k+\delta)-\Omega(\mathbf{x}, x_k)}{\Omega(\mathbf{x}, x_k)}=100[\exp(\beta_k \times \delta)-1]$$

這樣計算出來的數值可以解釋成：在其他所有變項保持不變的情況下，x_k 每改變一個 δ 單位，差異就會隨著改變多少百分比。

關於參與就業市場的數據資料（分對數模式）所計算出的倍數改變和標準化倍數改變，請參考表 3.9。我們僅以其中的一些數值，分別以倍數改變和百分比改變來作為解釋的範例：

- 在其他所有變項保持不變的情況下，每增加一個小孩，已婚女性參與就業市場的機率比就會減少為 .23 倍。或者，在其他所有變項保持不變的情況下，已婚女性每增加一個小孩，她參與就業市場的百分比將會降低 77%。
- 在其他所有變項保持不變的情況下，薪水每增加一個標準差，已婚女性參與就業市場的機率比就會增加為 1.43 倍。或者，在其他所有變項保持不變的情況下，薪水每增加一個標準差，已婚女性參與就業市場的百分比將會增加 43%。
- 在其他所有變項保持不變的情況下，年齡每增加 10 歲，已婚女性參與就業市場的機率比將會以 .52 的倍數降低。

差異比率是屬於乘積式的迴歸係數（multiplicative coefficient），也就是說，正的影響比 1 大，相反的，負的影響比 1 小（介於 0 和 1 之間）。要比較正負影響的大小必須藉由取負影響的倒數或正影響的倒數來比較。舉例來說，一個正倍數改變 2 和一個負倍數改變 .5 = 1/2 的大小是一樣的。因此，迴歸係數 .1 = 1/10 比迴歸係數 2 的影響還強烈。運用這樣的觀念，我們也可以計算出事件沒有發生的機率比，也就是說，我們只要簡單地取事件發生的機率比的倒數就行了。因此，

表 3.9：倍數改變和標準化倍數改變（以參與就業市場的分對數模式為例）

Variable	Logit Coefficient	Factor Change	Standard Factor Change	z-value
Constant	3.182	—	—	4.94
K5	−1.463	0.232	0.465	−7.43
K618	−0.065	0.937	0.918	−0.95
AGE	−0.063	0.939	0.602	−4.92
WCOL	0.807	2.242	—	3.51
HCOL	0.112	1.118	—	0.54
WAGE	0.605	1.831	1.427	4.01
INC	−0.034	0.966	0.670	−4.20

● 在其他所有變項保持不變的情況下，年齡每增加 10 歲，已婚女性沒有參與就業市場的機率比就會增加 1.9 倍（1/.52）。

表 3.10：比較固定的機率比改變和其相關機率的改變

Origina		Changed		Factor Change		Change in Probability
Odds	Probability	Odds	Probability	Odds	Probability	
1/1000	0.001	2/1000	0.002	2.000	1.998	0.001
1/100	0.010	2/100	0.020	2.000	1.980	0.010
1/10	0.09	2/10	0.167	2.000	1.833	0.076
1/2	0.333	2/2	0.500	2.000	1.500	0.167
1/1	0.500	2/1	0.667	2.000	1.333	0.167
2/1	0.667	4/1	0.800	2.000	1.200	0.133
10/1	0.909	20/1	0.952	2.000	1.048	0.043
100/1	0.990	200/1	0.995	2.000	1.005	0.005
1000/1	0.999	2000/1	0.999	2.000	1.000	0.000

當我們使用差異比率解釋時，必須常常提醒自己：固定的機率比改變並不代表在機率中的改變也是固定的。從表 3.10 中得

知，雖然機率比的改變都是 2，但是機率的改變並不因為固定數值的機率比改變而產生相同的改變。因此，當我們使用機率比解釋時，知道機率比目前的數值是很重要的。想要知道機率比目前的數值，我們可以使用第七節第二段所討論的方法來計算預測機率，然後，再根據公式 3.16 計算出機率比。

第九節　結　論

因為分對數模式或機率單位模式的結果非常接近，所以選擇使用哪一種模式一般來說只是看自己使用的習慣和方便性而已。Chambers 和 Cox（1967）指出，只有樣本非常大的時候，我們才有辦法區別觀察值是從分對數模式或由機率單位模式產生。在電腦科技高度發展的今天，程式軟體已經不再是我們選擇模式上的一個考量，因此，選擇使用分對數模式或機率單位模式往往只是因各領域的習慣而異。有些研究領域傾向使用分對數模式，有些研究領域則傾向使用機率單位模式。對某些使用者來說，因為差異比率的解釋非常方便，所以較喜歡用分對數模式；但是對某些研究者來說，統計模式的基本概念和他們所研究的問題之間的相關性才是他們所考量的主要因素。舉例來說，類別依賴變項的多元方程式系統（multiple－equation system）是以機率單位模式為基礎（我們將在第九章討論）；又如，在進行個案對照研究時（case－control studies），基於取樣方式的限制，我們必須選擇分對數模式（詳情請參閱 Hosmer & Lemeshow， 1989，第六章）。

許多在本章中討論的概念都可以應用在第五章的次序依賴變項以及第六章的名義依賴變項，在討論這些不同類型的變項之前，我們必須先考慮幾個統計檢驗的重要觀念，如假設檢驗、離群值（outlier）、重要觀察值、以及適合度檢驗等等問題。

第十節　參考書目

二元反應統計法最早出現在 1860 年代（詳見 Finney ， 1971，p.38－41）的討論。後來，學者們曾利用機率單位模式從事毒素對撲滅害蟲的影響研究。這些研究都收集在 Finney 的《機率單位分析》（Probit Analysis）（1971、1947 初版）中。Berkson（1944， 1952）在 1940 年代主張分對數模式可以當作機率單位模式的替代方法。Cox（1970）的《二元資料分析法》（The Analysis of Binary Data）對分對數模式後來的應用有很大的影響。在 1950 年代，分對數模式以及機率單位模式的應用出現在經濟學的領域（Cramer， 1991， p.41）。Goldberger（1964， p.248–251）的《計量經濟學理論》（Econometric Theroy），對於促使這些模式成為經濟學的標準工具是很重要的。另外，Hanushek 和 Jackson（1977）的《社會科學研究者的統計方法》（Statistical Methods for Social Scientists）則將這些統計法推廣到經濟學以外的領域。

McCullagh 和 Nelder（1989，第四章）在一般線性模式的架構中發展出分對數模式、機率單位模式、以及其他相關的統計法。Pudney（1989，第三章）從效用最大化（utility maximization）的角度導出這些模式。Agresti（1990，第四章）把本章所討論的二元變項統計法和其他類別變項的統計法相互連接。雖然，「解釋統計結果」往往不是上列研究的主要重點，但是，本章中所討論的每一種解釋方法都可以在這些研究中找出類似的觀念。在最近的研究中，將討論的重點放在解釋上的有：Hanushek 和 Jackson（1977， pp.187–207）、King（1989a， pp.97–117）、Liao（1994）、以及 Petersen（1985）。

如果想要進一步了解數值方法，可以參閱 Judge 等人（1985， pp.951–979）以及 Greene（1993， pp.343–357）。最後，有關共變數矩陣的估計，可參閱 Cramer（1986， pp.27–29）、Greene（1993， pp.115–116）、以及 Davidson 和 Mackinnon（1993， pp.263–267）。

第四章　假設檢定與適合度檢定

在本章之中，我們將介紹如何檢驗由最大概似法（maximum likelihood）所估計出來的統計數。在我們所介紹的各種檢定法中，大部分的檢定法都適用於本書所含括的各種迴歸統計法（包括線性及非線性），但是關於離群值（outlier）和重要觀察值（influential observation）的檢定，則只能應用在線性的二元反應模式。而在本章的最後，我們將對一系列模式適合度（goodness of fit）的檢定法進行討論。

第一節　假設檢定

在前一章我們曾說明過最大概似法（ML estimator）的基本觀念：在使用最大概似法估計迴歸統計數之前，我們必須先對母群體（population）作統計分配的假設（例如說，我們假設機率單位模式的母群體呈對數分配）。但是，我們所謂的「統計分配的假設」為漸進式的（asymptotic）。也就是說，隨著樣本大小的增加，最大概似估計的抽樣分配會愈趨向常態分配。換句話說，任何一個參數的估計值的抽樣分配都以下列的方式表示：

$$\hat{\beta}_k \overset{a}{\sim} N(\beta_k, Var(\hat{\beta}_k))$$

在這裡，$\overset{a}{\sim}$ 指「 趨進式分配」。如果我們要求得的為一組參數的估計值，則，

$$\hat{\boldsymbol{\beta}} \overset{a}{\sim} N(\boldsymbol{\beta}, Var(\hat{\boldsymbol{\beta}}))$$

在這裡，$Var(\hat{\beta})$ 指 $\hat{\beta}$ 的共變數矩陣。例如：

$$Var\begin{pmatrix}\hat{\beta}_0\\ \hat{\beta}_1\\ \hat{\beta}_2\end{pmatrix}=\begin{pmatrix}\sigma^2_{\hat{\beta}_2} & \sigma_{\hat{\beta}_0,\hat{\beta}_1} & \sigma_{\hat{\beta}_0,\hat{\beta}_2}\\ \sigma_{\hat{\beta}_1,\hat{\beta}_0} & \sigma^2_{\hat{\beta}_1} & \sigma_{\hat{\beta}_1,\hat{\beta}_2}\\ \sigma_{\hat{\beta}_2,\hat{\beta}_0} & \sigma_{\hat{\beta}_2,\hat{\beta}_1} & \sigma^2_{\hat{\beta}_2}\end{pmatrix}$$

是由一組三個迴歸係數所組成的共變數矩陣。矩陣中對角線上的值指的是迴歸係數本身的變異數。對角線以外的值則為兩個迴歸係數之間的共變數。

有了這些概念之後，讓我們來看一個簡單的例子。

假定我們現在要做一個假設檢檢定，H_0：$\beta_\kappa = \beta^*$。 其中 β^* 為目標值（通常為0）。因為我們並不清楚 β_κ 的原始分配，所以也同時要估計 β_κ 的變異數。在求得 β_κ 的變異數之後，我們得到一個簡單的檢定式：

$$z=\frac{\hat{\beta}_k-\beta^*}{\hat{\sigma}_{\hat{\beta}_k}}$$

我們假設在最大概似（ML）估計法中，參數為常態分配，而且有足夠數量的樣本數。在這個假設之下，如果虛無假設 H_0 為真，那麼 z 呈現常態分配，其平均數為 0、變異數為 1。圖 4.1

說明 z 的樣本分配及不同 z 值所對應的機率（假設 H_0 為真）。其中右側的陰影部分代表 $z > 1.96$ 時所對應的機率（大約 2.5%）。同樣的，左側的陰影部分代表 $z < -1.96$ 時所對應的機率。在雙尾檢定（two–tailed test）中，當 z 值落在任何一側的陰影區域時，我們就可以拒絕 H_0，或說此項檢定達到 .05 的顯著水準。如果過去的研究或理論建議使用單尾檢定（one–tailed test），那麼在 z 值的正負所對應的位置也應列入假設檢定的考慮。

特別要指出的是，由於 t 分配和常態分配經常在最大概似法的估計中交互使用，4.1 的檢定式有時也被稱作「t 檢定」或「準 t 檢定」（quasi－t－test）。在樣本數夠大時，使用 t 分配或常態分配並沒有太大的不同。而足夠的樣本數則是使用最大概似法的主要前提，因此，坊間流行的統計套裝軟體有的使用 t 檢定，有的則使用 z 檢定，兩者的差距非常有限。

圖 4.1：z 統計數的樣本分配

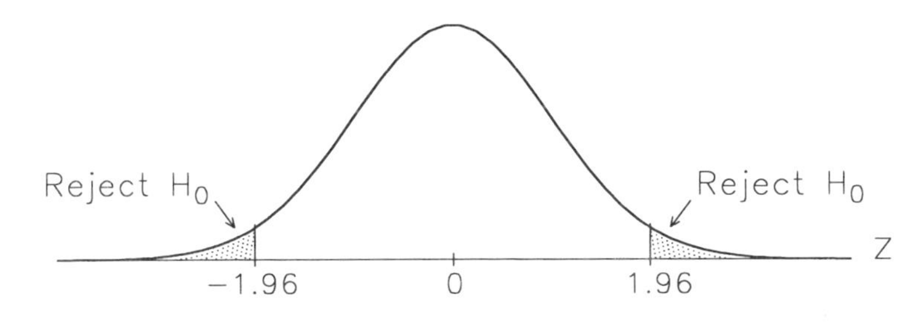

【z 檢定的例子】參與就業市場

根據表 3.3 ，我們可以檢驗孩童對女性就業的影響。由於過去的研究指出孩童對女性就業有負面影響，所以我們決定使用單尾檢定。因為表 3.3 所提供的 z 值為 -7.43，我們的結論是：

- 有孩童對女性就業有顯著的負面影響（$z = -7.43$， p <.01， 單尾檢定）。

一、沃爾德檢定（Wald）、概似比率檢定（Likelihood Ratio，簡稱 LR）以及拉格朗日乘數檢定（Lagrange Multiplier，簡稱 LM）

使用檢定法來檢驗複雜的假設是非常有用的，舉例來說，你可能希望檢驗模式中的幾個迴歸係數同時等於 0（對依賴變項沒有影響），或者檢驗其中的兩個迴歸係數是相等的（對依賴變項的影響是相等的）。像這樣的假設，我們就可以使用沃爾德、LR、 或 LM 等檢定法來檢驗。這些檢定法的檢驗方式也可以當作是在假設中有沒有限制條件（constraint）的比較，也就是說，其檢驗方式是比較模式加入條件限制之前與之後估計值的差別。圖 4.2 A 以 Buse 於 1982 年所發表的研究為基礎，進一步來說明這個觀念。

圖中的實線為 β 的對數概似函數（log likelihood function）。其中，$\hat{\beta}_U$ 所對應的是在無限制條件模式時，其對數概似函數的極大值 ln L（$\hat{\beta}_U$）。當虛無假設為 H_0：$\beta=\beta$ 時，我們令對數概似函數中的 β 為 $\beta*$（也就是說，在對數概似函數中加入 $\beta = \beta*$ 的限制條件）。在這種狀況下，限制條件模式中的 $\hat{\beta}_X$ 等於 $\beta*$。其對數概似函數的值為 ln L（$\hat{\beta}_C$）。一般而言，除非 $\hat{\beta}_U$ 剛好等於 $\beta*$，否則 ln L（$\hat{\beta}_C$）會比 ln L（$\hat{\beta}_U$）小（如圖 4.2 所示）。LR 檢定就是藉由比較無條件限制模式的對數概似值（lnL（$\hat{\beta}_U$））和條件限制模式的對數概似值（ln L（$\hat{\beta}_C$））來檢驗這兩個模式之間的差異。假如條件限制模式的對數概似值和無條件限制模式的對數概似值之間的差異達到顯著水準，那麼我們就可以拒絕虛無假設。

另一種檢定條件限制模式和無條件限制模式之間差異的方法為「沃爾德（Wald）檢定」。在進行統計檢定時，沃爾德檢定有兩個基本觀念：第一，這種檢定法不需要研究者同時估計條件限制及無條件限制統計式，就能測量 $\hat{\beta}_U$. 和 $\hat{\beta}_C$ 所對應的對數概似值之間的距離（在我們的例子中，這個距離為 $\hat{\beta}_Y - \hat{\beta}_X = \hat{\beta}_Y - \beta^*$）。距離愈大，拒絕虛無假設（假設限制條件模式為真）的可能性就愈高。第二，$\hat{\beta}_Y$ 和 $\hat{\beta}_X$ 之間的距離必須經由對數概似函數的曲率來加權。而其所謂的「曲率」在數學上就是二次微分，也就是 $\frac{\partial^2 \ln L}{\partial\beta^2}$。二次微分愈大，曲線改變速率愈快（*想想看，當二次微分等於 0 時，它在統計上代表什麼意義？*）。圖 4.2 B 進一步說明了函數形狀的重要性。由圖 4.2 B 中，我們可以知道，當曲率的值很小的時候，其對數概似函數的形狀非常平緩（如圖中虛線所示）（也就是說，其對數概似函數的二次微分較小）。在這種情況下，$\hat{\beta}_U$ 和 $\hat{\beta}_C$ 之間的距離較小。反過來

圖 4.2：沃爾德（Wald）、概似比率（LR）以及拉格朗日乘數（LM）檢定

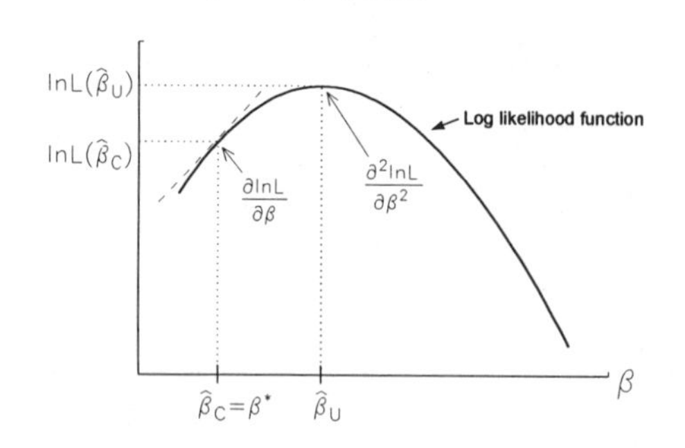

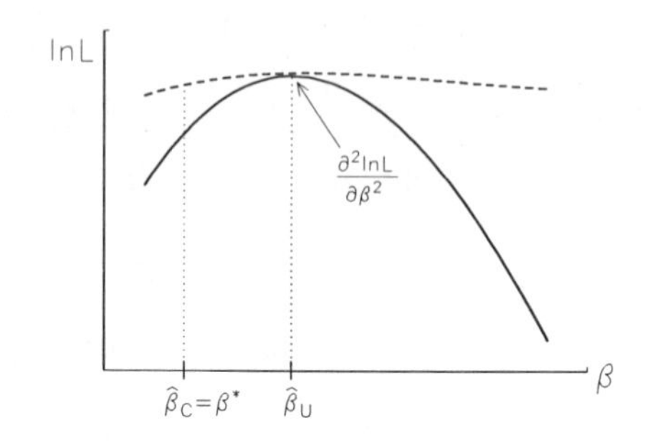

說，當曲率的值變大時，它的二次微分的值也就比較大，而其對數概似函數的改變也較為快速（如圖中實線所示）。因此，同樣的 $\hat{\beta}_U$ 和 $\hat{\beta}_C$ 所對應的對數概似值之間的距離也就比較容易達到顯著水準（*想想看，如何以增加樣本數的方式來改變對數機率方程式的曲率？*）。

第三種檢定條件限制模式和無條件限制模式之間差異的方法為「LM 檢定」，這種方法也稱為「史考爾檢定」（score test）。LM 檢定只估計條件限制模式中對數概似函數的斜率（以 $\partial \lambda \nu \Lambda / \partial \beta$ 表示）。當虛無假設為H_0：$\beta = \beta*$ 時為真時，其限制條件模式中的斜率的值非常接近 0（如圖 4.2 A中和曲線相切的切線所示）。在ΛM 檢定和沃爾德檢定這兩種方法中，對數概似函數的曲率對檢定的結果有重要的影響。

當虛無假設成立時，沃爾德、LR 以及 LM 檢定的結果大致上是一樣的。隨著樣本數的增加，這三種檢定法的取樣分配都趨近於卡方分配（chi–square distribution），其自由度等於限制條件模式中獨立變項的數量。圖 4.3 中所示為自由度等於 5

圖 4.3：自由度等於 5 的卡方統計數取樣分配

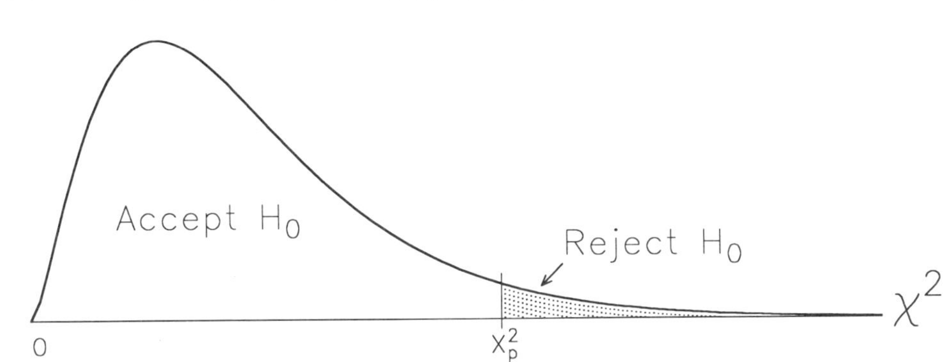

時，卡方分配的概似函數，在 $X^2{}_p$ 右邊的區域（圖中陰影的部分）等於 p。當虛無假設成立時，這個區域的大小即為統計數大於 $X^2{}_p$ 的機率。當我們所求得的卡方值大於 $X^2{}_p$ 時，我們就可以拒絕虛無假設 H_0： $\beta = \beta^*$。

值得一提的是，到目前為止，我們在統計上只能證明沃爾德、LR、 以及 LM 檢定在大樣本情況下趨近於卡方分配。至於哪一種檢定法在小樣本時也接近卡方分配則不得而知。有關使用這些檢定法需要考慮的樣本數大小的問題，請參閱第三章第五節第一段。

有了這些觀念之後，我們就可以正式討論沃爾德以及 LR 檢定，至於 LM 檢定則留待第七章再討論。

二、沃爾德檢定

雖然在絕大多數的情況下，沃爾德檢定可以用來檢驗非線性的條件限制模式，但是，在這裡，我們只考慮線性的條件限制模式的形式：

$$\mathbf{Q}\beta = \mathbf{r} \qquad [4.2]$$

其中，β 是被檢驗參數的向量，**Q** 是條件限制模式的矩陣，**r** 是常數的向量。雖然通常我們只對模式的截距和斜率有興趣，但是，在 LRM 中，β 也可以包含其他的參數（如：σ）。為了確定 **Q** 和 **r**，我們可以加入不同的線性條件來加以限制。讓我們以機率單位模式 $\Pr(y = 1 \mid \mathbf{x}) = \Phi(\beta_0 + \beta_1 x_1 + \beta_2 x_2)$ 為例來說明。為了檢驗 $\beta_1 = 0$，公式 4.2 變為：

$$(0\ 1\ 0)\begin{pmatrix}\beta_0\\ \beta_1\\ \beta_2\end{pmatrix} = (0)$$

如果要檢驗 $H_0: \beta_1 = \beta_2 = 0$，公式為，

$$\begin{pmatrix}0 & 1 & 0\\ 0 & 0 & 1\end{pmatrix}\begin{pmatrix}\beta_0\\ \beta_1\\ \beta_2\end{pmatrix} = \begin{pmatrix}0\\ 0\end{pmatrix}$$

因此，我們可以使用沃爾德檢定來檢驗虛無假設 $H_0: \mathbf{Q}\beta = \mathbf{r}$，

$$W[\mathbf{Q}\hat{\beta} - \mathbf{r}]'[\mathbf{Q}\widehat{Var}(\hat{\beta})\mathbf{Q}']^{-1}[\mathbf{Q}\hat{\beta} - \mathbf{r}]] \qquad [4.3]$$

其中，W 的卡方分配，其自由度等於條件限制的數量（如：**Q** 的行數）。沃爾德 統計數值包含兩部分：第一，$\mathbf{Q}\hat{\beta} - \mathbf{r}$。在方程式兩端的 $\mathbf{Q}\hat{\beta} - \mathbf{r}$，計算出估計值和假設值之間的距離；第二，方程式中間的 $[\mathbf{Q}\widehat{Var}(\hat{\beta})\mathbf{Q}']^{-1}$，這部分反映估計值的變異性或者是概似函數的曲率。為了更加明白這個觀念，我們舉一個簡單的例子來說明。

如果模式是 $\Pr(y = 1 \mid \mathbf{x}) = \Phi(\beta_0 + \beta_1 x_1 + \beta_2 x_2)$ 而

其虛無假設 H_0：$\beta_1 . = \beta^*$，那麼，$\mathbf{Q}\hat{\beta} - \mathbf{r}$ 可以寫成：

$$(010)\begin{pmatrix}\hat{\beta}_0\\ \hat{\beta}_1\\ \hat{\beta}_2\end{pmatrix} - (\beta^*) = \hat{\beta}_1 - \beta^*$$

$\mathbf{Q}\hat{\beta} - \mathbf{r}$ 在方程式的最後還要再重複一次，這個值為估計值和假設值之間距離的平方。因此，不管是正值或負值，檢定統計數都為正值。沃爾德統計數中間的 $[\mathbf{Q}\,V\hat{a}r\,(\hat{\beta})\,\mathbf{Q}']^{-1}$ =

$$[\mathbf{Q}V\hat{a}r(\hat{\boldsymbol{\beta}})\mathbf{Q}']^{-1} = \left[(010)V\hat{a}r(\hat{\boldsymbol{\beta}})\begin{pmatrix}0\\1\\0\end{pmatrix}\right]^{-1} = \frac{1}{\hat{\sigma}^2_{\hat{\beta}_1}}$$

也就是變異數的倒數。變異數愈大，介於假設值與估計值之間的距離愈小。同樣地，在 $\hat{\beta}_1$ 附近區域的概似函數改變愈快，$\hat{\beta}_1 - \beta^*$ 的差額就愈顯著。（*為什麼當變異數大時，我們給予信心水準較低的加權？*）接著，我們將這些結果合併起來：

$$W = \frac{(\hat{\beta}_1 - \beta^*)^2}{\hat{\sigma}^2_{\hat{\beta}_1}} = \left(\frac{\hat{\beta}_1 - \beta^*}{\hat{\sigma}_{\hat{\beta}_1}}\right)^2$$

如果虛無假設成立的話，它的分配情形為自由度等於 1 的卡方分配。值得一提的是，W 等於 z 檢定統計數（公式 4.1）的平方，換句話說，當自由度等於 1 的時候，卡方檢定統計數等於 z 檢定統計數的平方。有些程式軟體（如：SAS）只計算出自由度等於 1 的卡方檢定統計數，而並沒有 z 檢定統計數，這並不影響我們對單一統計數的檢定。

同樣的道理也可以應用在較複雜的研究假設上。例如：當我們的虛無假設是 H_0：$\beta_1 = \beta_2 = 0$ 時，它也可以寫成：

$$H_0：\begin{pmatrix}0 & 1 & 0\\0 & 0 & 1\end{pmatrix}\begin{pmatrix}\beta_0\\\beta_1\\\beta_2\end{pmatrix}=\begin{pmatrix}0\\0\end{pmatrix}$$

$\mathbf{Q}\hat{\beta}-\mathbf{r}$ 等於（$\hat{\beta}_1\ \hat{\beta}_2$）′。沃爾德檢定式中間的部分等於：

$$[\mathbf{Q}\mathrm{Var}(\hat{\boldsymbol{\beta}})\mathbf{Q}']^{-1}=\left[\begin{pmatrix}0 & 1 & 0\\0 & 0 & 1\end{pmatrix}\mathrm{Var}(\hat{\boldsymbol{\beta}})\begin{pmatrix}0 & 0\\1 & 0\\0 & 1\end{pmatrix}\right]^{-1}$$

為了方便說明，我們假定估計值都是不相關的（但是實際上，估計值是相關的）。那麼，

$$[\mathbf{Q}\widehat{\mathrm{Var}}(\hat{\boldsymbol{\beta}})\mathbf{Q}']^{-1}=\begin{pmatrix}\hat{\sigma}^2_{\hat{\beta}_1} & 0\\0 & \hat{\sigma}^2_{\hat{\beta}_2}\end{pmatrix}^{-1}=\begin{pmatrix}\dfrac{1}{\hat{\sigma}^2_{\hat{\beta}_1}} & 0\\0 & \dfrac{1}{\hat{\sigma}^2_{\hat{\beta}_2}}\end{pmatrix} \qquad [4.4]$$

變異數愈大，介於假設參數與估計參數之間的距離就愈小。因此，沃爾德檢定方程式用代數式可以寫成：

$$W=\sum_{k=1}^{2}\frac{\hat{\beta}_k^2}{\hat{\sigma}^2_{\hat{\beta}_k}}=\sum_{k=1}^{2}\left(\frac{\hat{\beta}_k}{\hat{\sigma}^2_{\hat{\beta}_k}}\right)=\sum_{k=1}^{2}z^2_{\hat{\beta}_k}$$

因為參數不相關，所以，沃爾德檢定統計數就等於 z 檢定統計數的平方和。但是，一般說來，由於參數通常都是有相關的，沃爾德檢定在實際的應用上比這個複雜，不過基本上的觀念仍是相同的。

【沃爾德檢定的實例】參與就業市場

我們以分對數模式所得的結果進行沃爾德檢定：

$$\Pr(LFP=1) = \Lambda(\beta_0+\beta_1 K5+\beta_2 K618+\beta_3 AGE+\beta_4 WC+\beta_5 HC + \beta_6 LWG+\beta_7 INC) \quad [4.5]$$

㈠**單一迴歸係數的沃爾德檢定**：為了檢驗虛無假設 H_0：$\beta_1 = 0$，我們將 Q 和 r 定義為，

$$\mathbf{Q} = (0\ 1\ 0\ 0\ 0\ 0\ 0\ 0) \quad \text{and} \quad \mathbf{r} = (0)$$

計算的結果 W ＝ 55.14，這個數值也等於表 3.3 中獨立變項 K5 的 z 值的平方。因此，我們可以將結果解釋為：

- 如果已婚婦女有孩童必須照顧，對於她們就業的影響達到.01 的顯著水準（$X^2 = 55.14$，df ＝ 1，$p < .01$）。

因為沃爾德檢定統計數是卡方分配，所以，通常我們都使用 X^2 而不用 W 來表示。

㈡**兩個迴歸係數等於 0 的沃爾德檢定**：丈夫和妻子的教育程度對妻子參與就業市場的影響等於 0 的虛無假設可以寫成：H_0：$\beta_4 = \beta_5 = 0$。為了檢驗虛無假設，我們將 Q 和 r 定義為，

$$\mathbf{Q} = \begin{pmatrix} 0 & 0 & 0 & 0 & 1 & 0 & 0 & 0 \\ 0 & 0 & 0 & 0 & 0 & 1 & 0 & 0 \end{pmatrix} \quad \text{and} \quad \mathbf{r} = \begin{pmatrix} 0 \\ 0 \end{pmatrix}$$

計算的結果 W ＝ 17.66，自由度等於 2。因此，我們的結論是：

● 丈夫和妻子的教育程度對妻子參與就業市場的影響同時等於 0 的虛無假設，在.01 的水準之下應予拒絕（$X^2 = 17.66$，df = 2，$p < .01$）。

（*定義* ***Q*** *和* ***r*** *兩個矩陣。注意，這兩個矩陣允許我們對於除了截距以外的所有迴歸係數進行檢驗。*）

㈢**兩個迴歸係數相等的沃爾德檢定**：為了檢驗虛無假設「丈夫和妻子的教育程度對妻子參與就業市場的影響相等」，我們將 Q 和 r 定義為，

$$\mathbf{Q} = (0\ 0\ 0\ 0\ 1\ -1\ 0\ 0) \quad \text{and} \quad \mathbf{r} = (0)$$

將這些矩陣代入公式 4.3，

$$W = \frac{(\hat{\beta}_4 - \hat{\beta}_5)^2}{\hat{Var}(\hat{\beta}_4) + Var(\hat{\beta}_5) - 2\hat{Cov}(\hat{\beta}_4, \hat{\beta}_5)}$$

我們得到 W = 3.54，自由度等於 1（雖然條件限制模式內有兩個參數，但是因為只有一個限制條件，所以自由度還是等於 1）。因此，我們所得的結論為：

● 在.05 的水準下，丈夫和妻子的教育程度對妻子參與就業市場的影響相同（$X^2 = 3.54$，df = 1，$p < .06$）。

三、LR 檢定（Likelihood Ratio Test）

LR 檢定也可以用來做假設檢定。雖然在本書之中所討論的是比較複雜的非線性模式，為了說明起見，我並不將討論 LR 檢

定的範圍限制在非線性模式中。以分對數模式為例：

M_1：$Pr(y = 1 | \mathbf{x}) = \Lambda(\beta_0 + \beta_1 x_1 + \beta_2 x_2)$

M_2：$Pr(y = 1 | \mathbf{x}) = \Lambda(\beta_0 + \beta_1 x_1 + \beta_2 x_2 + \beta_3 x_3)$

M_3：$Pr(y = 1 | \mathbf{x}) = \Lambda(\beta_0 + \beta_1 x_1 + \beta_2 x_2 + \beta_4 x_4)$

M_4：$Pr(y = 1 | \mathbf{x}) = \Lambda(\beta_0 + \beta_1 x_1 + \beta_2 x_2 + \beta_3 x_3 + \beta_4 x_4)$

當模式 M_2 中加入限制條件 $\beta_3 = 0$ 或當模式 M_3 中加入限制條件 $\beta_4 = 0$ 時，M_2、M_3、和 M_1 是相等的。像這樣因為加入限制條件所獲得的條件限制模式，我們可以稱它為是「非限制條件模式中的子模式」（nested in the unconstrained model）。因此，M_1 是 M_2 和 M_3 的子模式。而 M_2 則非 M_3 的子模式；M_3 也不是 M_2 的子模式。*（哪些模式是 M_4 的子模式？）*

LR 檢定可以定義為：參數等於 β_C 的條件限制模式 M_C，是參數等於 β_U 的非限制條件模式 M_U 的子模式。因此，我們虛無假設為「M_C 是成立的」。讓我們以 $L(M_U)$ 代表在非條件限制模式中的最大概似函數估計值，而 $L(M_C)$ 代表在條件限制模式中的最大概似函數估計值，那麼，概似比率統計數（此後都稱為 LR 統計數）等於：

$$G^2(M_C | M_U) = 2\ln L(M_U) - 2\ln L(M_C)$$

G^2 趨近於卡方分配，其自由度等於條件限制模式中獨立變項的數量。雖然 LR 檢定統計數可以用來比較任何一組條件限制模式，但是一般的程式軟體通常都會計算出另外兩種檢定，而且也會將使用 ML 估計的結果列在表中。

第一組模式沒有任何的條件限制，第二組模式中所有的迴歸係數都限制為 0。這種檢定通常就是我們所說的概似比率卡方

（likelihood ratio chi－square）或 LR 卡方檢定。令 M_β 模式為非條件限制模式，其中截距、迴歸係數、以及在模式中其他任何的參數（如：LRM 中的 σ）都不需加以任何限制；令 M_α 為另一個完全沒有迴歸自變數的非條件限制模式（如：只有截距 β_0 和 σ 的 LRM）。為了檢驗虛無假設「所有的迴歸係數同時都等於 0」，我們使用以下的公式：

$$G^2(M_\beta) = 2\ln L(M_\beta) - 2\ln L(M_\alpha) \qquad [4.6]$$

我們以簡單的 $G^2(M_\beta)$ 取代較複雜的 $G^2(M_\beta | M_\alpha)$。如果虛無假設成立的話，那麼，$G^2(M_\beta)$ 會呈現卡方分配且其自由度等於迴歸自變數（regressor）的數目。

第二種檢定稱為「調整偏差值」或「偏差值」（scaled deviance or deviance）（也就是觀察值平均數的平方和）。這個方法通常都使用在一般線性模式中（McCullagh & Nelder，1989， pp.33－34）。在這個方法中，我們令 M_F 為一個可以完全複製觀察值的完全模式（full model），其概似值為 1（所以對數概似值等於 0）。為了檢驗 M_F 與 M_β 的差異，我們將偏差值定義為：

$$D(M_\beta) = 2\ln L(M_F) - 2\ln L(M_\beta) = -2\ln L(M_\beta)$$
$$= G^2(M_\beta | M_F)$$

因為偏差值是條件限制模式對數概似的負二倍，所以，一般可計算出對數概似的程式軟體都可以計算出偏差值。

一般來說 $D(M_\beta)$ 是卡方分配，但是，根據 McCullagh 在 1986 年所發表的研究報告指出，當觀察值的數量增加時，$D(M_\beta)$ 趨近於常態分配，而非卡方分配。因此，McCullagh 和 Nelder（1989， pp.120－122）建議，當只有少量數據資料時（每一種獨立變項值的組合在樣本中只出現一次，最好不要用 D（M_β）來作為這個模式的適合度檢定。詳細情形可參閱 Hosmer 和 Lemeshow（1989， pp.137 – 145）。

G^2（M_β）和 D（M_β）也可以用來比較條件限制模式。令 M_U 為非條件限制模式，M_C 為條件限制模式。如果我們知道概似函數的值，那麼，我們就可以檢驗在 M_U 中的 M_C：$G^2(M_C|M_U) = 2\ \ln L(M_U) - 2\ \ln L(M_C)$。這個統計數也可以用 LR 卡方統計數計算出來：

$$G^2(M_U) = 2\ \ln L(M_U) - 2\ \ln L(M_\alpha)$$

$$G^2(M_C) = 2\ \ln L(M_C) - 2\ \ln L(M_\alpha)$$

因為 M_α 在兩個模式中都是一樣的，所以，

$$G^2(M_C|M_U) = G^2(M_U) - G^2(M_C)$$

$$= 2\ \ln L(M_U) - 2\ \ln L(M_C)$$

這也就是為什麼 $G^2(M_C|M_U)$ 經常都被指為卡方檢定的差異值（difference of chi – square test）。同樣地，偏差值（deviance）也可以用來計算出這個檢定統計數。如果，

$$D(M_U) = -2\ \ln L(M_U) \text{ 且 } D(M_C) = -2\ \ln L(M_C)$$

則，

$$G^2(M_C|M_U) = D(M_C) - D(M_U)$$

$$= -2\ \ln L(M_C) - -2\ \ln L(M_U)$$

$$= 2\ \ln L(M_u) - -2\ \ln L(M_c)$$

【LR 檢定的實例】參與就業市場

在公式 4.5 中的非條件限制模式， LR 檢定 $G^2(M_U) =$

124.48、而偏差值 $D(M_U) = 905.27$。我們用這些統計數來進行下列的檢定。

㈠**單一迴歸係數的 LR 檢定**：為了檢驗虛無假設 $H_0: \beta_1 = 0$，我們使用 $M_{[K5]}$ 代表條件限制模式（$M_{[K5]}$ 代表 K5 從非條件限制模式中刪除）來估計條件限制模式的檢定統計數。結果如下，

$$G^2(M_{[K5]}) = 58.00 \quad \text{and} \quad D(M_{[K5]}) = 971.75$$

於是，

$$\begin{aligned} G^2(M_{[K5]} \mid M_U) &= G^2(M_U) - G^2(M_{[K5]}) \\ &= 66.48 \\ &= D(M_{[K5]}) - D(M_U) \\ &= 66.48 \end{aligned}$$

因此我們得到下列的結論：

- 有小孩對已婚女性參與就業市場的影響，在 .01 的水準之下顯著（$LRX^2 = 66.5$，$df = 1$，$p < .01$）。

值得一提的是，在這裡我使用 LRX^2 而不用 G^2 表示。

㈡**數個迴歸係數的 LR 檢定**：為了檢驗虛無假設「丈夫和妻子的教育程度對妻子參與就業市場的影響同時等於 0」$H_0: \beta_4 = \beta_5 = 0$，我們需要估計模式 $M_{[WC,\ HC]}$，結果如下：

$$G^2(M_{[WC,\ HC]}) = 105.98$$

$$D(M_{[WC,\ HC]}) = 923.76$$

檢定統計數等於：

$G^2(M_{[WC,\ HC]} | M_U) = G^2(M_U)$
$- G^2(M_{[WC,\ HC]}) = 18.50$
$= D(M_{[WC,\ HC]}) - D(M_U) = 18.50$

我們得到以下結論：

● 丈夫和妻子的教育程度對妻子參與就業市場的影響同時等於 0 的虛無假設，在.01 的水準下應予拒絕（$LRX^2 = 18.5$，$df = 2$，$p < .01$）。

㈢所有的迴歸係數都等於 0 的 LR 檢定：$G^2(M_U) = G^2(M_\alpha | M_U)$ 可以用來檢驗「沒有任何一個迴歸自變數影響已婚女性參與就業市場」的虛無假設，也就是 H_0：$\beta_1 =. \beta_2 = \beta_3 = \beta_4 = \beta_5 = \beta_6 = \beta_7 = 0$。我們的結論如下：

● 所有的獨立變項對已婚女性參與就業市場的影響等於 0 的虛無假設，在.01 的水準下應予拒絕（$LRX^2 = 124.5$，$df = 7$，$p < .01$）。

雖然沃爾德檢定也可以用來檢驗這個虛無假設，但是，一般說來，我們比較常使用 LR 檢定。

四、LR 檢定和沃爾德檢定的比較

雖然 LR 檢定和沃爾德檢定的結果大致相同，但是在有限的樣本中（尤其是小樣本時），這兩種檢定的結果並不完全一樣。

表 4.1： LR 檢定和沃爾德檢定的結果比較

Hypothesis	df	LR Test		Wald Test	
		G^2	P	W	P
$\beta_1=0$	1	66.5	<0.01	55.1	<0.01
$\beta_4=0=\beta_5=0$	2	18.5	<0.01	17.7	<0.01
All slopes = 0	7	124.5	<0.01	95.0	<0.01

那麼，究竟哪一種檢定法比較有效呢？ Rothenberg（1984）認為兩種檢定各有優劣；Hauck 和 Donner（1977）則認為 LR 檢定比沃爾德檢定值得信任。一般說來，我們並沒有足夠的證據證明哪一種檢定比較可信，因此在我們選擇使用哪一種檢定法時，我們所考量的大致上是以方便為原則。雖然 LR 檢定需要估計兩個模式，但是，它的計算方式也祇是兩個模式相減而已。而沃爾德檢定雖然只需要估計一個模式，但是，它卻需要矩陣的複雜計算。因此，究竟哪一種檢定法比較方便，基本上取決於我們所使用的統計軟體。

表 4.1 是以我們「已婚女性參與就業市場」的資料所計算出來兩種檢定的結果比較。對所有的假設而言，LR 檢定和沃爾德檢定所得的結論都是一樣的。值得注意的是， LR 檢定的統計數都大於沃爾德檢定的統計數。

五、計算上需要考慮的問題

當我們計算 LR 檢定和沃爾德檢定時，有兩件事情必須注意，否則會很容易得到錯誤的結論。

(一)計算 LR 檢定時，所有統計式都需使用相同的樣本。因為 ML 的估計法必須將有遺漏值（missing cases）的資料排除於樣本之外，所以不同的分析中常出現不同大小的樣本的情況。舉例來說，如果 x_1 有三個遺漏值，但是其他變項中卻完整無缺，那麼，當 x_1 從模式中排除時，我們使用的樣本數就多了三個。因此，為了確保樣本數不會改變，在檢驗之前，我們應該仔細的檢查我們收集的數據，並審慎處理所有的遺漏值。有關遺漏值的處理，可以參考 Little 和 Rubin（1987）。

(二)計算沃爾德檢定時，如果我們沒有使用完全精確的迴歸係數以及共變數矩陣，沃爾德檢定的矩陣計算很容易因為小數的取捨而產生誤差，不斷地四捨五入後的結果經常會產生錯誤的檢定統計數。

第二節　殘差（residual）和重要觀察值（influence）

當進行統計研究分析時，應該要考慮模式對每一觀察值的適合度以及每一觀察值對參數估計的影響。殘差為預測值與觀察值之間的距離。如果兩者之間的距離很大，我們就稱它為離群值（outlier）。重要觀察值指的是一個特定的觀察值對模式參數的估計或適合度測量有特別重要的影響。在第二章中，我們已大致討論了殘差和重要觀察值的觀念（可參閱 Fox，1991，和 Weisberg，1980，第五章），在這一節中，我們將這些觀念（Pregibon，1981）延伸到 BRM 中。

在 BRM 中，我們定義 $\pi_i = E(y_i | \mathbf{x}_i) = Pr(y_i = 1 | \mathbf{x}_i)$。因為 y_i 是一個二元依賴變項，所以，離差（deviation）$y_i - \pi_i$ 具有不等變異的特性（heteroscedastic），其變異數為 $Var(y_i | \mathbf{x}_i) = \pi_i(1 - \pi_i)$。這又稱為皮爾遜殘差（Pearson residual）：

$$r_i = \frac{y_i - \hat{\pi}_i}{\sqrt{\hat{\pi}_i(1-\hat{\pi}_i)}}$$

一個大的 r_i 值代表這個模式對一特定觀察值的適合度很差。皮爾遜殘差也可以用來測量適合度，也就是皮爾遜統計數：

$$X^2 = \sum_{i=1}^{N} r_i^2$$

一般來說，X^2 呈卡方分配。McCullagh（1986）進一步證明 X^2 在只有少量數據資料時呈常態分配，而其平均數和變異數則難以計算。因此，McCullagh 和 Nelder（1989，pp.112 – 122）建議將 X^2 列為參考的統計檢定。Hosmer 和 Lemeshow（1989，pp.140 – 145）主張用其他的檢定法來檢驗小樣本模式。

另外，雖然 $Var(y_i - x_i) = \pi_i(1 - \pi_i)$，但是，$Var(y_i - \hat{\pi}_i) \neq \hat{\pi}_i(1 - \hat{\pi}_i)$。這使得 r_i 的變異數不等於 1。為了正確計算殘差的變異數，我們需要知道赫特矩陣（hat matrix）。赫特矩陣這個名字的源由，主要是因為它在 LRM 中

將觀察值 y 轉變成 $\hat{y}$。在 BRM 中，Pregibon（1981）將赫特矩陣進一步發展為：

$$\mathbf{H}=\hat{\mathbf{V}}\mathbf{X}(\mathbf{X}'\hat{\mathbf{V}}\mathbf{X})^{-1}\mathbf{X}'\hat{\mathbf{V}}$$

其中，$\hat{V}$ 是對角線為根號 $\hat{\pi}_i$（1 − $\hat{\pi}_i$）的矩陣。因為我們只需要 H 對角線上的值，我們可以使用較簡單的計算式：

$$h_{ii}=\hat{\pi}_i(1-\hat{\pi}_i)\mathbf{x}_i \hat{Var}(\hat{\boldsymbol{\beta}})\mathbf{x}_i'$$

其中，x_i 是獨立變項中第 i 個觀察值的向量，且 $\hat{Var}$（$\hat{\beta}$）是 ML 估計值 $\hat{\beta}$ 的共變數。如果用 1 − h_{ii} 來估計 r_i 的變異數，那麼，標準化皮爾遜殘差（standardized Pearson residual）就是：

$$r_i^{Std}=\frac{r_i}{\sqrt{1-h_{ii}}}$$

雖然一般來說 r^{Std} 較為常見，實際上，這兩種殘差計算式所求得的結果是十分類似的。

我們可以使用標準化殘差與觀察數之間的相關圖來找出離群值。圖 4.4 就是「已婚女性參與就業市場」的標準化殘差圖。為了使圖看起來更清楚，我們只使用一半的觀察值。從圖中我們可以看出有兩個離群值（圖中在正方形內的黑點），一個的殘差是 3.2，另一個是 −2.7。如果我們進一步分析這些離群值，經常會發現這些離群值是在我們整理資料時所造成的錯誤。因此，當我們發現離群值時，應該找出出現這些值的原因，而不應該只是簡單地將它排除掉就算了。

雖然較大的殘差值代表其觀察值的適合度較差，但是，這並不就表示此一觀察值對 β 的估計或整體的適合度會有很大的影響。舉例來說，如果 x_i 非常接近數據資料的中心（接近樣本中獨立變項的平均數），那麼，第 i 個觀察值即使有很大的殘差也不會影響 β 的估計值（也就是說，將第 i 個觀察值排除，對 β 的估計值也不會有太多的影響）。因為當一個觀察值接近數據資料的「中心」時，這個值便很接近樣本中獨立變項的平均數，所以從另一個角度來看，即便它沒有較大的殘差，極端的觀察值也有可能會影響估計值。想要找出像這種觀察值的有效方法是：將第 i 個觀察值被刪除之後 $\hat{\beta}$ 的改變計算出來。這種方法叫做高槓桿點（high leverage point）。因為這種方法在每次觀察值被刪除之後都要重新估計模式，所以這種需要計算 N 次來估計模式的方法並不切合實際，因此，Pregibon（1981）衍生出一種只需估計模式一次的計算法。

圖 4.4：標準化皮爾遜殘差

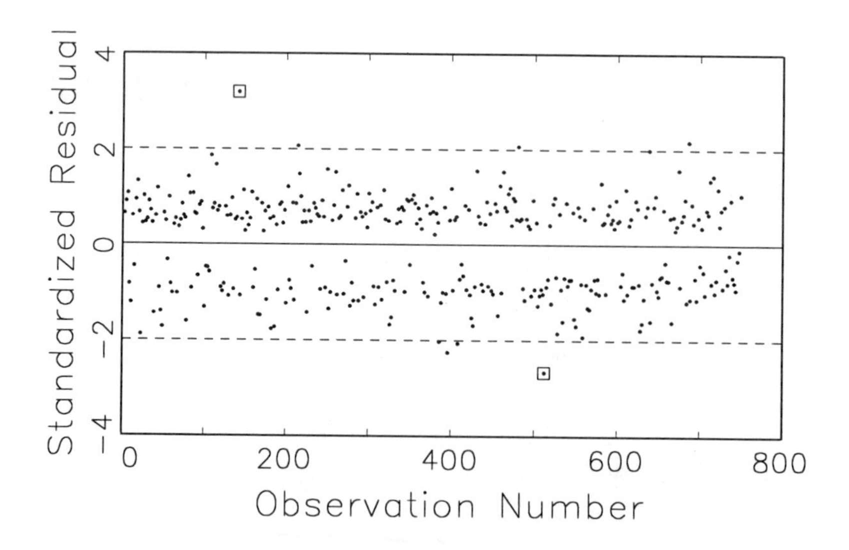

$$\Delta_i\hat{\boldsymbol{\beta}} = \hat{Var}(\hat{\boldsymbol{\beta}})\mathbf{x}_i' \frac{y_i - \hat{\pi}_i}{1 - h_{ii}}$$

上述方程式所代表的意義是第 i 個觀察值被刪除之後的 $\hat{\beta}$ 估計值的改變。刪除 x_i 後，β_k 的標準化改變（也就是 DFBETA）為：

$$DFBETA_{ik} = \frac{\Delta_i\hat{\beta}_k}{\sqrt{\hat{Var}(\hat{\beta}_k)}}$$

$DFBETA_{ik}$ 的值愈大，第 i 個觀察值對 β_k 的影響愈大。

第二種方法是計算將第 i 個觀察值從的向量 $\hat{\beta}$ 中刪除之後的影響，這種方法和 Cook's distance 相當類似：

$$C_u = (\Delta_u\hat{\boldsymbol{\beta}})'\hat{Var}(\hat{\boldsymbol{\beta}})(\Delta_i\hat{\boldsymbol{\beta}}) = \frac{r_i^2 h_{ii}}{(1 - h_{ii})^2}$$

除此之外，我們也可以計算出將第 i 個觀察值刪除之後 X^2 的改變：

$$\Delta_i X^2 = \frac{r_1^2}{1 - h_{ii}}$$

圖 4.5 所呈現的是 Cook 重要觀察值。比較圖 4.4 和 4.5，我們可以發現離群值和重要觀察值之間的不同。在這兩個圖當中，第 142 個觀察值非常突出（較大的標準化殘差和 Cook's distance）；然而，雖然第 554 個觀察值的殘差很大，但是它的 C 只有 .06。這個比較說明了離群值和重要觀察值的不同。除了圖 4.4 和 4.5 之外，還有很多種其他的方法可以診斷殘差和離群值（例如：在 SAS 和 Stata 中，就有針對分對數和機率單位模式的繪圖方式），想要進一步了解詳細的內容可以參考 Landwehr 等人（1984）以及 Hosmer 和 Lemeshow（1989，

圖 4.5： Cook 重要觀察值分佈圖

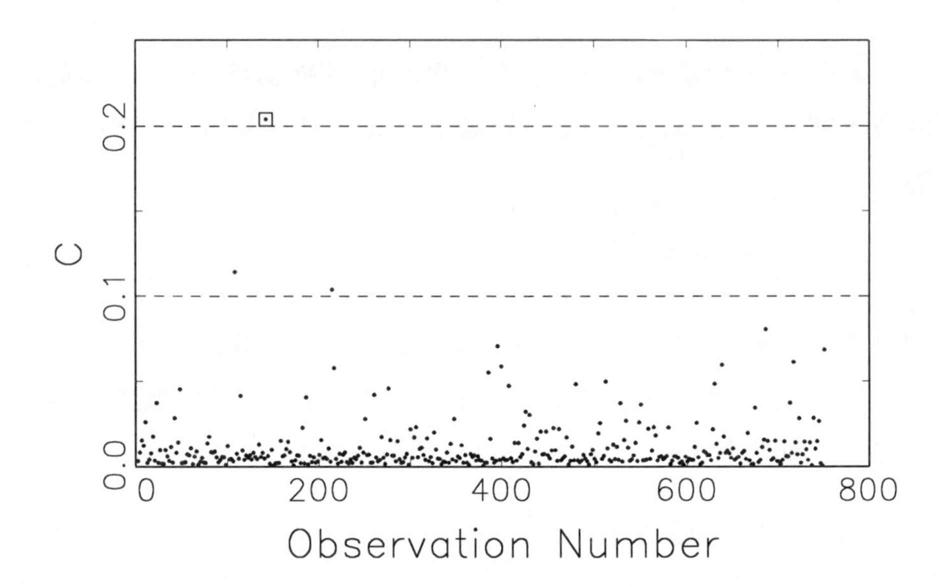

pp.149 – 170）。在多元名義分對數模式中，Lesaffre 和 Albert（1989）曾經提出繪製離群值和重要觀察值診斷圖的方法，但是這些方法在標準的統計軟體中並不常見。

第三節　適合度的純量測量（Scalar Measures of Fit）

除了估計每一個觀察值的適合度以外，對模式整體的適合度的了解也是很有用的。這個過程容許我們在眾多的統計模式中，選擇較佳的一個，同時也提供一個參考的指標，讓我們可以和其他已發表的研究做比較。舉例來說，如果先前「已婚女性參與就業市場」的研究其機率單位模式的適合度等於 .4，那麼我們將會期待類似的研究的適合度也接近 .4，假如新模式的適合度大於或小於 .4 太多，那麼，我們必須更仔細檢查我們新研究的統計結果。

雖然統計適合度的用途十分清楚，但是在實際使用上仍有一些問題存在。第一，雖然統計適合度能夠提供我們一些訊息，但是，這些訊息只是全部研究所得訊息的一部份。在研究的過程中，我們必須參考的訊息很多，諸如理論背景、已發表的相關研究、以及統計迴歸係數等等。第二，在 LRM 中，R^2 是適合度測量的標準方法，但是，對於類別變項模式，我們並沒有一個單一的方法來測量適合度。雖然許多統計學者嘗試著發展和 R^2 類似的統計適合度，但到目前為止，並沒有哪一個方法真正具有在 LRM 中可解釋變異量（explained variation）所具有的優點。一般說來，學者們普遍同意說 AIC 和 BIC 的方法來測量適合度。整體上來說，雖然我對適合度的測量抱持些許懷疑的態度，但是由於它們的普及度，適度的了解仍是必要的。

一、在 LRM 中的 R^2

有很多針對類別變項模式所發展的統計適合度都是以 LRM 中的 R^2。一般說來， R^2 的定義為「可解釋變異量佔總變異量中的比例」，但是，R^2 也可以有其他不同的定義方式，在 LRM 中，不管使用哪一個定義為基礎，所計算出來的 R^2 都是相等的。然而，類似這種「一以貫之」的情況，在類別變項模式中並不存在。更進一步說，在類別變項模式中，依照不同定義所計算出來的統計適合度彼此之間是不相等的。

令 $y = \mathbf{x}\beta + \varepsilon$ 為線性迴歸模式，迴歸自變數等於 K，觀察值等於 N。y 的期望值為 $\hat{y} = x\hat{\beta}$，$\hat{\beta}$ 為最小平方（OLS）的估計值。那麼，決定係數 R^2 的定義有下列幾種不同的方式［請參閱 Judge 等人（1985，p.29 – 31）、Goldberger（1991，p.176 – 179）、以及 Pindyck 和 Rubinfeld（1991，p.61、76 – 78、98 – 99）］。

㈠**可解釋變異量的百分比**（The Percentage of Explained Variation）：若 $RSS = \Sigma^{N}_{i=1}(y_i - \hat{y}_i)^2$ 是殘差平方和（sum of squared residuals），$TSS = \Sigma^{N}_{i=1}(y_i - \bar{y})^2$ 是離均差平方和（total sum of sqaures），則 R^2 等於殘差平方和和離均差平方和的比值：

$$R^2 = \frac{TSS - RSS}{TSS} = 1 - \frac{RSS}{TSS} = 1 - \frac{\sum_{i=1}^{N}(y_i - \hat{y}_i)^2}{\sum_{i=1}^{N}(y_i - \bar{y})^2} \quad [4.7]$$

㈡ R^2 **的第二種定義為** Var（$\hat{y}$）和 Var（y）的比率：

$$R^2 = \frac{\hat{Var}(\hat{y})}{\hat{Var}(y)} = \frac{\hat{Var}(\hat{y})}{\hat{Var}(\hat{y}) + \hat{Var}(\hat{\varepsilon})} \quad [4.8]$$

㈢**概似比率的轉換**（A Transformation of the Likelihood Ratio）：如果誤差值為常態分配，那麼，R^2 可以寫成：

$$R^2 = 1 - \left[\frac{L(M_\alpha)}{L(M_\beta)}\right]^{2/N} \quad [4.9]$$

其中，L（M_α）為沒有任何獨立變項的迴歸模式的概似值[1]，L（M_β）為完整模式的概似值。

㈣ **F 檢定的轉換**：虛無假設 $H_0：\beta_1 = \ldots = \beta_K = 0$ 也可以用 F 檢定而得 F 統計數。因此，R^2 可以寫成：

$$R^2=\frac{FK}{FK+(N-K-1)}$$

其中，K 代表獨立變項的數目。

二、在 LRM 中以 R^2 為基礎的「類 R^2」（Pseudo－R^2's）

㈠**可解釋變異量的百分比**（The Percentage of Explained Variation）：對二元變項而言，Efron（1978）的類 R^2 將 $\hat{y}$ 定義為 $\hat{\pi} = \hat{\Pr}(y \mid \mathbf{x})$，其公式為，

$$R^2_{Efron}=1-\frac{\sum_{i=1}^{N}(y_i-\hat{\pi}_i)^2}{\sum_{i=}^{N}(y_i-\bar{y})^2}$$

（證明在二元變項的情況下，$\Sigma_{i=1}^{N}(y_i-\bar{y})=(n_0n_1)/N$，$n_0$ 為 y ＝ 0 的樣本數，n_1 為 y ＝ 1 的樣本數。）

MxFadden（1973）所發展出來的「概似比率指數」（likelihood ratio index），頗受歡迎。在這個方法中，

---

[1] 當迴歸模式中沒有任何獨立變項時，研究者所關心的往往只是依賴變項y的平均數及變異數的大小。這種研究在變異數分析之中是極為常見的。而在迴歸分析之中，沒有獨立變項的迴歸模式通常被研究者當成一個「參考點」，用來比較迴歸模式中獨立變項對依賴變項y的預測及解釋能力。

M_α 代表模式中除了截距以外，沒有任何一個獨立變項的概似值，也就是離均差平方和；而 M_β 則為完整模式的概似值，也就是殘差平方和。將這個觀念應用在公式 4.7 的結果：

$$R^2_{McF} = 1 - \frac{\ln \hat{L}(M_\beta)}{\ln \hat{L}(M_\alpha)}$$

如果 $M_\alpha = M_\beta$（例如，斜率都等於 0），那麼，R^2_{McF} 等於 0，和 R^2 不同的是，R^2_{McF} 絕對不會等於 1。

R^2_{McF} 就和 LRM 中的 R^2 一樣，當模式中加入新的變項時，它的值也會隨著增加。為了不讓 R^2_{McF} 隨著每一新加入的變項而改變，Ben – Akiva 和 Lerman（1985，p.167）建議修正 R^2_{McF}（就像 LRM 中修正後的 R^2 一樣）：

$$\bar{R}^2_{McF} = 1 - \frac{\ln \hat{L}(M_\beta) - K}{\ln \hat{L}(M_\alpha)}$$

Ben – Akiva 和 Lerman（1985，p.167）曾經討論過 R^2_{McF} 的邏輯和限制。如果在其他條件都相等的情形下，模式的對數概似愈大，適合度愈好，從這個角度來看，R^2_{McF} 提供了一個比較不同模式的對數概似的適當方式。只可惜，R^2_{McF} 只適用於二元名義模式中，也沒有一個標準可以告訴我們，多大的 R^2_{McF} 值才算夠大。

㈡ **Var（y^*）和 Var（$\hat{y}^*$）的比率**：針對潛在變項模式 $y^* = \mathbf{x}\beta + \varepsilon$，McKelvey 和 Zavoina（1975，pp.111–112）提出類似公式 4.8 的方法來計算類 R^2：

$$R^2_{M\&Z}=\frac{\widehat{Var}(\hat{y}^*)}{\widehat{Var}(y^*)}=\frac{Var(\hat{y}^*)}{Var(\hat{y}^*)+Var(\varepsilon)}$$

這個公式和在 LRM 中所使用的不同。第一，我們所使用的是潛在變項 y^* 的估計變異數，而不是可觀察到的 y。第二，誤差值的變異數是根據假設（assumption）而非估計所得，對分對數模式來說，我們假定其誤差值的變異數 Var（ε）＝ $\pi^2/3$；而對機率單位模式來說，。我們假定其誤差值的變異數 Var（ε）＝ 1。因此，$\hat{y}^*$ 的變異數計算如下：

$$\widehat{Var}(\hat{y}^*)=\hat{\boldsymbol{\beta}}'\widehat{Var}(\mathbf{x})\hat{\boldsymbol{\beta}}$$

其中，$\widehat{Var}$（**x**）是 **x** 的共變數矩陣。

MxCelvey 和 Zavoina（1975，pp.111－112）最初建議將 $R^2_{M\&Z}$ 應用在次序模式中，不過，$R^2_{M\&Z}$ 適用於二元依賴變項模式以及設限依賴變項模式（Laitila，1993）。Hagle 和 Mitchell（1992）也做了類似的研究，他們發現在潛在變項迴歸模式中，$R^2_{M\&Z}$ 最接近 R^2。

㈢概似比率的轉換（A Transformation of the Likelihood Ratio）：如果我們將 M_α 定義為沒有任何獨立變項的模式，M□ 定義為含所有獨立變項的迴歸模式。那麼根據公式 4.9，類 R^2 可以定義為：

$$R^2_{ML}=1-\left[\frac{L(M_\alpha)}{L(M_\beta)}\right]^{2/N} \qquad [4.10]$$

Maddala（1983，p.39）指出， R^2_{ML} 可以視為概似比率

卡方 $G^2 = -2\ln[L(M_\alpha)/L(M_\beta)]$ 的轉換：

$$R^2_{ML} = 1 - \exp(-G^2/N)$$

這些例子說明了適合度的測量經常都和統計學家所定的假設有關。有關以沃爾德檢定和 LM 檢定為基礎所發展出來的統計適合度，請參閱 Magee（1990）。

當 M_β 和 M_α 的適合度愈接近，R^2_{ML} 就會接近 0。其最大值為 $1 - L(M_\alpha)^{2/N}$。Cragg 和 Uhler（1970）指出：

$$R^2_{C\&U} = \frac{R^2_{ML}}{\max R^2_{ML}} = \frac{1-[L(M_\alpha)/L(M_\beta)]^{2/N}}{1-L(M_\alpha)^{2/N}}$$

由於 R^2_{ML} 和 $R^2_{C\&U}$ 都是由概似函數所計算，所以，它們可以適用於任何一個由 ML 估計的統計模式中。

【類 R^2 的實例】已婚女性參與就業市場

為了說明上述各種類 R^2 的適合度測量，我們以 M_1 代表原始的模式，獨立變項為 K5、K618、 AGE、 WC、 HC、 LWG、 以及 INC；在 M_2 中，我們刪除 K618、 HC、 和 LWG，並增加 AGE^2（年齡的平方）。從表 4.2 得知，在 LPM 中， M_1 和 M_2 所得的 類 R^2 十分類似，這種現象在分對數模式中卻沒有出現。讀者如果有興趣的話，可以進一步使用完整模式和限制模式來比較這些統計值。

三、使用觀察值和預測值的類 R^2

另外一種測量類別限制依賴變項模式適合度的方法，是比較

表 4.2：分對數模式和 LPM 的各種「類 R^2」測量

Measure	LPM M_1	LPM M_2	Logit M_1	Logit M_2
$\ln L_\beta$	478.086	486.426	452.633	461.653
$\ln L_\alpha$	539.410	539.410	514.873	514.873
R^2_{Efron}	0.150	0.131	0.155	0.135
R^2_{McF}	0.114	0.098	0.121	0.103
$R^2_{M\&Z}$	0.150	0.131	0.217	0.182
R^2_{ML}	0.150	0.131	0.152	0.132
$R^2_{C\&U}$	0.197	0.172	0.205	0.177

觀察值和預測值。雖然它是針對二元依賴變項模式所發展出來，我們也可以將它應用到次序或名義變項模式中。

假設可觀察到的 y 等於 0 或 1，那麼，y ＝ 1 的預測機率就等於：

$$\hat{\pi}_i = \hat{\Pr}(y=1|\mathbf{x}_i) = F(\mathbf{x}_i\hat{\boldsymbol{\beta}}) \qquad [4.11]$$

其中，F 在機率單位模式中代表常態分配的累積機率函數（cdf），在分對數模式中則為對數分配的累積機率函數（cdf）。我們所預測的 $\hat{y}$ 值為：

$$\hat{y}_i = \begin{cases} 0 & \text{if } \hat{\pi} \le 0.5 \\ 1 & \text{if } \hat{\pi} > 0.5 \end{cases}$$

Cramer（1991，p.90）稱它為「最大機率法則」（maximum probability rule）。這個法則可以讓我們計算出表 4.3 的結果，像這樣的表，有時候也叫做分類表（classification table）。

表 4.3：觀察值和預測值的分類表（以二元模式為例）

Obesrved Outcome	Predicted Outcome $\hat{y}=1$	$\hat{y}=0$	Row Total
y＝1	n_{11}::correct	n_{12}::incorrect	n_{1+}
Y＝0	n_{21}::incorrect	n_{22}::correct	n_{2+}
Column Total	n_{+1}	n_{+2}	N

(一)**計數** R^2（Count R^2）：這個方法計算觀察值和統計模式所得的預測值「一致」的比例。例如說，在一百個觀察值 y 之中，我們的統計模式正確「猜中」了八十次，則其正確預測的比例為百分之八十。計數 R^2 的公式為：

$$R^2_{Count}=\frac{1}{N}\sum_j n_{jj}$$

其中，n_{jj} 為正確預測結果 j 的次數（如表 4.3 中「correct」之處）。

(二)**修正計數** R^2（Adjusted Count R^2）：在二元模式中，依賴變項 y 只有兩種觀察值，因此，即使完全沒有任何獨立變項，我們的正確預測值至少也有 50%。由於這樣的原因，計數 R^2 很容易讓人產生統計模式「正確預測的比例很高」的錯誤印象。舉例來說，如果樣本中有 57% 的女性在就業市場，那麼我們預測女性參與就業市場的最低正確度為 57% 。這種正確預測值「膨脹」的現象可以經由下列的公式來修正：

$$R^2_{AdjCount}=\frac{\sum_j n_{jj}-\max_r(n_{r+})}{N-\max_r(n_{r+})}$$

其中 n_{r+} 為表中最右邊的數目，$\max_r$（n_{r+}）則是在同一行中所有數目的最大值。 $R^2_{AdjCount}$ 的解釋如下：

- 有了實際獨立變項的數據資料之後，我們就可以增加 100 × $R^2_{AdjCount}$ % 正確的預測比例。

$R^2_{AdjCount}$ 與 Goodman 和 Kruskal 應用在分類表中的 λ 極為類似（Bishop 等人 1975，pp.388）。更進一步的說明，請參考 Menard（1995，pp.24 – 36）。

【計數 R^2 的實例】已婚女性參與就業市場

表 4.4 所列的是「已婚女性參與就業市場」分對數模式的觀察值和預測值的次數，其獨立變項為 K5、K618、AGE、WC、HC、LWG、以及 INC。由表中得知，我們的統計模式對觀察值為 0 的正確預測比例（正確度 80%）較對觀察值為 1 的正確預測比例為高（正確度 50%）。在這個例子中，R^2_{Count} 等於：

$$R^2_{Count} = (180 + 342) / 753 = .69$$

和沒有任何獨立變項的情況比較，我們的統計模式有較高的預測度。

另一方面，$R^2_{AdjCount}$ 等於：

$$R^2_{AdjCount} = [(180 + 342) - 428]/(753 - 428) = .29$$

也就是說，我們的統計模式使我們對依賴變項結果預測的錯誤機會減少了 29%。

表 4.4：「已婚女性參與就業市場」分對數模式的觀察值與預測值

Observed outcome	Predicted Outcome $\hat{y}=0$	$\hat{y}=1$	Row Total
y=0	180	145	325
Row %	55.4	44.6	
y=1	86	342	428
Row%	20.1	79.9	
Column Total	266	487	753
Row%	35.3	64.7	

四、訊息測量（Information Measures）

另外一種估計模式適合度的方法是以訊息測量為基礎。在此，我們介紹 Akaike 所提出的 AIC 以及 Bayesian 所提出的 BIC。Judge 等人（1985，pp.870－875）對此有更進一步的說明。

㈠ Akaike's Information Criterion(AIC)

AIC 的公式為：

$$AIC=\frac{-2\ln\hat{L}(M_\beta)+2P}{N} \qquad [4.12]$$

其中，$\hat{L}$（M_β）是模式的概似，P 是模式中參數的數量（例如：在二元迴歸模式中，K ＋ 1 的 K 代表獨立變項的數量）。

$\hat{L}$（M_β）指的是模式中數據資料的概似，它的值愈大，表示模式的適合度愈好。另外，$-2\ ln\,\hat{L}$（M_β）的全距在 0 和 ＋

∞ 之間，它的值愈小，適合度愈好。如果模式中的獨立變項愈來愈多，$-2\ ln\hat{L}$（M_β）的值就會愈來愈小，因為獨立變項愈多，預測觀察值的能力愈高。公式中的 2P 就是為了平衡因獨立變項的增加所造成愈來愈小的 $-2\ ln\hat{L}$（M_β）值。因為觀察值的數量會影響 $-2\ ln\hat{L}$（M_β），所以，我們將所得的值除以 N 來修正 $-2\ ln\hat{L}$（M_β）。同樣地，AIC 的值愈小，適合度愈好。

通常，AIC 較常用在比較不同樣本，或者是在 LR 檢定中無法比較的非互含模式（nonnested model）的統計結果。它的值愈小，適合度愈好。

㈡ The Bayesian Information Criterion (BIC)

BIC 是由 Raftery 在 1996 年所提出。這個方法不但適用於互含模式（nested model；例如，統計式 A 中所有的獨立變項全部出現在統計式 B 中，但統計式 B 中有些獨立變項並未出現在統計式 A 中，則我們可以說統計式 A「包含於」統計式 B 中），也適用於非互含模式（nonnested model；統計式 A 及統計式 B 中各有互不重複的獨立變項）。事實上，只要研究者的目的在於比較不同的統計式對觀察資料的適合度，都可以使用 BIC。在這裡，我們簡單的介紹 Raftery（1996）所提出的觀念：

假定有兩個統計模式 M_1 和 M_2，M_2 的事後機率比（posterior odds）等於：

$$\frac{Pr(M_2|\text{Observed Data})}{Pr(M_1|\text{Observed Data})}$$

假如 M_2 的機率大於 M_1 的機率，那麼，M_2 的適合度較好。如

果模式 M_1 和 M_2 的事前機率比（prior odds）[Pr（M_2）/ Pr（M_1）]等於 1，則模式 M_1 和 M_2 之間沒有明顯的優劣，反過來說，假如 M_2 的機率大於 M_1 的機率，則 M_2 的適合度較好。注意， BIC 並不能證明 M_1 或 M_2 是否為最佳的統計式。所有由 BIC 所得的結果都是相對性的。利用 Bayes 理論，我們可以證明事後機率比等於 Bayes 變因（Bayes factor）：

$$\frac{\Pr(\text{Observed Data}|M_2)}{\Pr(\text{Observed Data}|M_1)}$$

計算 BIC 的方法非常簡單。以 M_k 和 M_s 為例。D（M_k）代表 M_k 的偏差值（deviance）；自由度 df_k 等於 M_k 中樣本數減參數的數量；N 代表觀察值的數量；M_s 代表飽和模式（saturated model）[2]。因此， M_k 的 BIC 等於：

$$BIC_k = D(M_k) - df_k \ln N \qquad [4.13]$$

因為飽和模式 M_s 的 BIC_s 等於 0 *（為什麼？）*，所以，當 BIC_k 大於 0 時，M_s 的預測能力較好。但是，相反的，當 BIC_k 小於 0時，M_k 的預測能力較好，而且 BIC_k 愈小，預測能力愈好。

第二種計算 BIC 的方法是根據公式 4.6 的 LR 卡方（LR chi－square），其自由度 df'_k 等於模式中自變數（regressor）的數[illegible]：

[illegible]$'_k = -G^2(M_k) + df'_k \ln N \qquad [4.14]$

假如 M_α 為沒有任何獨立變項的統計式，那麼，BIC'_α 等於 0。當 BIC'_k 大於 0 時， M_α 的預測能力較好。當 BIC'_k 小於 0 時，M_k 的預測能力較好，BIC'_k 愈小， M_k 的預測能力愈好。

---

[2] 飽和模式（saturated model）指統計模式中包含所有的獨立變項。

基本上，BIC'_k 能夠將模式所使用的參數數量列入考慮，並評估出 M_k 是否為較佳的統計模式。

不管是不是互含模式（nested model），BIC_k 或 BIC'_k 都可以用來做統計適合度的比較。Rafery（1996）指出，

$$2\ln\left[\frac{\Pr(\text{Observed Data}|M_2)}{\Pr(\text{Observed Data}|M_1)}\right] \approx BIC_1 - BIC_2 \qquad [4.15]$$

因此，兩模式在 BIC 之間的不同顯示出其中一個模式較符合所觀察的數據資料。兩模式在 BIC 之間的不同為：

$$BIC_1 - BIC_2 = BIC'_1 - BIC'_2$$

上述的等式說明了不同的 BIC 的選擇通常只在其是否方便而已，並不影響其檢驗結果。

另一個關於 BIC 的問題是，雖然我們知道，當模式的 BIC 或 BIC′ 的值愈小時，其預測能力愈好。但是，究竟怎麼樣的預測能力才算好呢？Raftery（以 Jeffreys（1961）為基礎）提供了一些根據兩模式 BIC 或 BIC′ 之間差異的絕對值，來決定使用模式選用的指導方針（參閱表 4.5）。因為模式的 BIC 或 BIC′ 的值愈小，其預測能力愈好，所以，當 $BIC_1 - BIC_2 < 0$ 時，第一個模式的預測能力優於第二個模式。相反的，當 $BIC_1 - BIC_2 > 0$ 時，第二個模式的預測能力優於第一個模式。

最後，為了了解 BIC 和其他統計適合度之間的相關，我們可以參考 Raftery（1996，p.19）所提出的公式：

$$BIC'_k = N\ln(1 - R^2_k) + df_k \ln N$$

這個方法也可以用在其他類別限制變項模式中，唯一的不同是，公式 4.10 中的 R^2_{ML} 必須以 R^2_k 代替。

表 4.5：兩模式 BIC 或 BIC′ 絕對值相差的大小及其選擇使用的強度

Absoluted Difference	Evidence
0-2	Weak
2-6	Positive
6-10	Strong
>10	Very Strong

【訊息測量的實例】已婚女性參與就業市場

為了說明 AIC 和 BIC，我們估計兩個模式，M_1 和 M_2。M_1 包含原始的獨立變項：K5、K618、AGE、WC、HC、LWG、以及 INC。M_2 則增加一個變項 AGE2（年齡的平方）並刪除原始模式的三個變項：K618、HC、和 LWG。表 4.6 為統計結果。注意，雖然有些統計軟體不計算 AIC 和 BIC，研究者仍然可以用公式 4.12、4.13 以及 4.14 來求得表 4.6 的結果。

表 4.6：「已婚女性參與就業市場」分對數模式的 AIC 和 BIC

Measure	M_1	M_2
$\ln L_\beta$	−452.633	−461.653
$\ln L_\alpha$	−514.873	−514.873
G2	124.481	106.441
D	905.266	923.306
df	745	747
df'	7	5
P	8	6
AIC	1.223	1.242
BIC	−4029.663	−4024.871
BIC’	−78.112	−73.321

根據表 4.6 所列 AIC、 BIC、和 BIC′ 的結果，我們可以知道 M_1 的預測能力較好。M_1 和 M_2 的差異為：

$$BIC_1 - BIC_2 = -4,029.66 - (-4,024.87) = -4.79$$

$$BIC'_1 - BIC'_2 = -78.11 - (-73.32) = -4.79$$

將此結果與表 4.5 互相對照，我們發現，因為 M_1 和 M_2 的 BIC 差異絕對值在 2 到 6 之間，所以，M_1 的預測能力只是比 M_2 略強而已。

第四節　結　論

假設檢定在實證研究中非常普遍。大致上，這一章所介紹的各種方法大多都能適用於各種名義變項的統計模式。但是，Pregibon 所發展出來檢查離群值（outlier）和重要觀察值（influential observation）的方法只能應用在二元依賴變項模式中；除此之外，有一些適合度的測量方法也只能應用在二元依賴變項模式；其他方法只要稍加修改就都能應用在任何一種使用 ML 估計的模式了。

第五節 參考書目

本章之中所討論的各種統計檢定法都已經有很長的歷史了。R. A. Fisher 在 1920 年代即介紹 LR 檢定，沃爾德（Wald）則在 1940 年代提出沃爾德檢定。之後，我們可以在大部分經濟計量學（econometrics）的文獻中發現研究者詳細討論這些檢定法。Godfrey（1988，pp.8－20）和 Cramer（1986，pp.30－42）對這些檢定法的基礎有詳細的討論。而 Maddala（1992，p.118－124）在他介紹線性迴歸模式時，對假設檢定法提出了一些有趣的討論。Pregibon（1981）發展出二元迴歸模式的迴歸診斷（regression disgnostic）。Amemiya（1981）和 Windmeijer（1995）對於適合度測量的研究加以綜整評論。Hosmer 和 Lemeshow（1989，第五章）進一步詳細討論各種適合度的診斷和檢定。Akaike（1973）提出 AIC。Raftery 發表了一系列的學術論文為 BIC 廣為宣傳（收集於他 1996 年的書中），這些關於 BIC 的觀點主要是由 Schwarz（1978）和 Jeffreys（1996）的研究發來的。Judge 等人（1985，pp.870－875）則對於這些以及相關的檢定法則有詳細的討論。

第五章　次序依賴變項——次序分對數以及次序機率單位分析

當變項的類別可以依高低順序排列，這個變項就叫做次序變項。一般而言，次序變項類別之間的距離並不固定。在社會科學領域中，次序依變項非常普遍。McKelvey 和 Zavoina（1975）研究 1965 年美國國會議員對醫療保險法案（Medicare bill）的態度，並將這些國會議員對醫療保險法案的態度分為三類：「反對」、「稍反對」、以及「強烈反對」。Marcus 和 Greene（1985）分析影響海軍徵募新兵的因素，並將新兵分為「中等技能」、「高等技能」、以及「高科技人才」三類。Winship 和 Mare（1984）研究教育成就（educational attainment）時，將受訪者的教育程度分類為「八年以下」、「八到十年」、「十到十二年」、以及「十二年以上」。此外，許多研究將職業（occupational status）以次序結果來分類，例如：Hartog 等人（1994）分析雇員所喜歡的工作等級；Meng 和 Miller（1995）研究工廠受雇員工的職業成就，將受訪者分類為「領班」、「中等雇員」、以及「普通雇員」；Hedstom（1994）研究瑞典的工作組織，將受訪者分類為「有較低的組織責任」、「第一線的監督責任」、「中等管理責任」、以及「高階管理責任」。某些研究將受訪者的年收入分為「少於 $15, 000 美元」、「介於 $15, 000 到 $30, 000 之間」等類別。最後許多調查研究將受訪者對問題的態度分類為「非常同意」、「同意」、「沒意見」、「不同意」、以及「非常不同意」。

研究者經常將次序依賴變項當作是等距（interval）變項，將其依照順序以號碼排列，並使用線性迴歸來估計。這種方法假設依變項的相鄰類別與類別之間是等距的。舉例來說，當依變項的類別為「非常同意」、「同意」、「沒意見」、「不同意」、「非常不同意」時，使用線性迴歸的研究者必須接受「非常同意」到「同意」的距離等於「同意」到「沒意見」的距離的統計假定。在 Winship 和 Mare（1984）的書中，列舉了關於這種統計假設是否合理的辯解。McKelvey 和 Zavoina（1975，p.117）以及 Winship 和 Mare（1984，pp.521 – 523）說明使用 LRM 來估計次序依賴變項所產生的問題。為了避免產生錯誤的結果，我們應該盡量使用適合不同次序依賴變項特質的統計方法。

在討論適用次序依賴變項的統計方法之前，我想先提醒讀者：同樣的一個次序變項，在研究目的不同時，可能會按照不同的方式來排列或分類。雖然顏色可以根據電磁光譜依序分類，但是這並不代表所有的研究者都必須以這樣的顏色順序來分類。當消費者購買汽車時，我們沒有任何理由可以相信他們所喜歡的顏色會根據紅、橙、黃等等依序排列。 以次序迴歸模式來分析不同分類方式的次序變項時，會產生不同的結論。另一個同時以兩個面向來分類的例子則是在問卷調查中，除了「意見」以外，同時也考慮意見的「強度」。如果同時以「意見」和意見的「強度」來分類，那麼，依賴變項類別的順序應是「非常同意」或

「非常不同意」、「同意」或「不同意」、「沒意見」。綜合以上所述，如果一個變項的類別順序模糊不清時，我們或許應該考慮使用第六章的名義變項模式來取代次序變項模式。

這一章主要討論的重點為次序分對數模式與次序機率單位模式。因為這兩個模式之間的相關性很高，所以我將它們統稱為「次序迴歸模式」（ordered regression model，縮寫為ORM）。在社會科學領域中，次序迴歸模式最先是由McKelvey和Zavoina（1975）以一個可觀察到的、有次序類別的潛在變項的形式開始介紹。在同一時期，次序迴歸模式也在生物統計學領域中發展，在生物統計學中，次序迴歸模式叫做比例差異模式（proportional odds model）、平行迴歸模式（parallel regression model）、或分組連續模式（grouped continuous model）。比例差異模式（proportional odds model）強調次序分對數模式中「比例差異」（proportional odds）的特質，這和我們在第三章所討論過以差異比率（odds ratio）來解釋的觀念十分類似，我們將在第四節中討論。平行迴歸模式（parallel regression model）強調機率曲線結構的統計假設，我們將在第五節中討論。分組連續模式（grouped continuous model）強調介於潛在連續變項和可觀察到的、分組的變項之間的關係。我們先從這個觀念開始討論。

第一節　潛在次序變項模式（A Latent Variable Model for Ordinal Variables）

ORM 可以從測量模式（measurement model）中推演出來。因為測量模式中的潛在變項（範圍從 $-\infty$ 到 ∞）是無法直接測量的，所以它必須藉由可觀察到的 y 來測量。值得注意的是，雖然潛在變項可以藉由可觀察到的 y 來測量，但是測量的結果還是不夠完整。y 和 y^* 之間的關係如下：

$$y_i = m \quad \text{if } \tau_{m-1} \leq y^*_i < \tau_m \quad \text{for } m = 1 \text{ to } J \qquad [5.1]$$

τ 稱為臨界值（threshold）或分界點（cutpoint）。由於潛在變項的範圍從 $-\infty$ 到 ∞，所以 y^*最上及最下端兩個類別 J 和 1 屬於開放區間（open – ended interval），其上、下分界點分別是 $\tau_0 = -\infty$ 和 $\tau_J = \infty$。當 $J = 2$ 時，公式 5.1 和第三章 BRM 中的公式 3.1 是一樣的。

為了說明公式 5.1，在本章中我們都以同一個依賴變項為例，此一依賴變項是問卷調查中受訪者對下列這個問題所作的回答：「職業婦女也可以和家庭主婦一樣，和自己的孩子建立溫暖安全的關係」，回答的類別為：「非常不同意」（Strongly Disagree，縮寫為 SD）、「不同意」（Disagree，縮寫為 D）、「同意」（Agree，縮寫為 A）、以及「非常同意」（Strongly Agree，縮寫為 SA）。假定這個次序依賴變項（y）和連續性的潛在變項（y^*）（填答者對此一問題所抱持的支持程度）有關。那麼，y 和 y^* 的關係如下：

$$y_i=\begin{cases}1\Rightarrow SD & \text{if} \quad \tau_0=-\infty\le y_i^*<\tau_1\\ 2\Rightarrow D & \text{if} \quad \tau_1\le y_i^*<\tau_2\\ 3\Rightarrow A & \text{if} \quad \tau_2\le y_i^*<\tau_3\\ 4\Rightarrow SA & \text{if} \quad \tau_3\le y_i^*<\tau_4=\infty\end{cases}$$

這樣的關係可以圖示成：

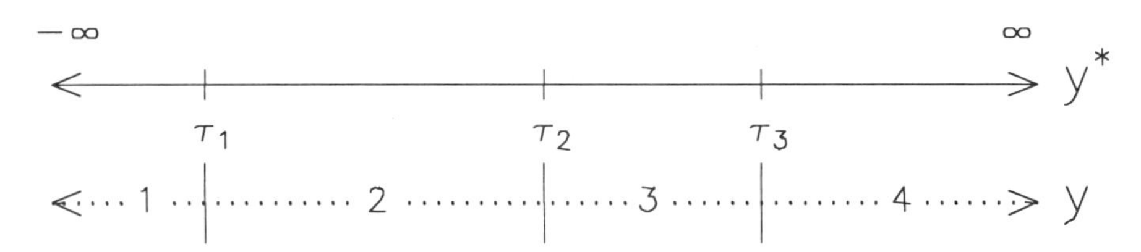

圖中實線代表潛在變項 y^*，τ_1、τ_2、和 τ_3 代表臨界值。虛線則代表次序依賴變項 y。

潛在變項 y^*的結構模式和二元反應模式一樣：

$$y^*_i = \mathbf{x}_i\beta + \varepsilon_i$$

其中，x_i 為 i 列向量所形成的矩陣，其第一行的值為 1，而第 k ＋ 1 行為變項 x_k 的觀察值。β 是由迴歸係數所組成的行向量（column vector），在行向量中第一行的值為 β_0，也就是截距。一般來說，當我們討論統計數定位時，都會把截距包含在內。

如果只有一個獨立變項的話，其結構模式為：

$$y^*_i = \alpha + \beta x_i + \varepsilon_i$$

圖 5.1 A 即為潛在變項 y^* 的迴歸模式。τ_1、τ_2、和 τ_3 代表臨界值（圖中虛線），它們分別將 y^* 分成四個可觀察到的 y 值（$y = 1$、$y = 2$、$y = 3$、$y = 4$）。$\tau_0 = -\infty$ 位在圖的最下方，$\tau_4 = \infty$ 位於圖的最上方。$\alpha = 1$ 以及 $\beta = .1$ 的迴歸 $E(y^* | x) = \alpha + \beta x$ 如圖中實線所示。因為 y^* 是觀察不到的，所以，α 和 β 無法由 y^* 對 x 的迴歸統計式求得。

圖 5.1： y^* 和 y 的迴歸比較

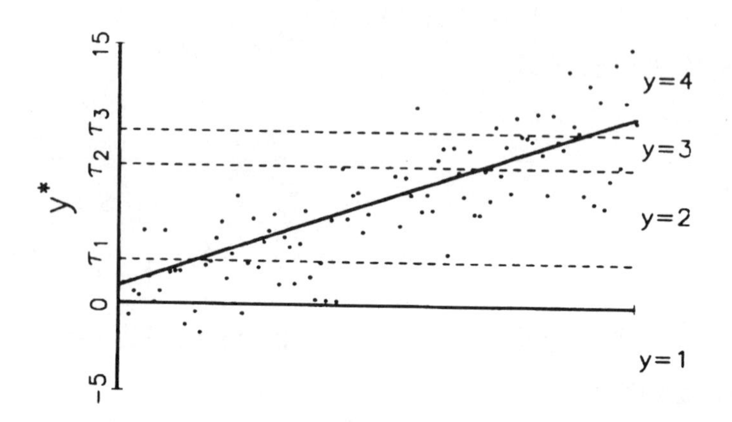

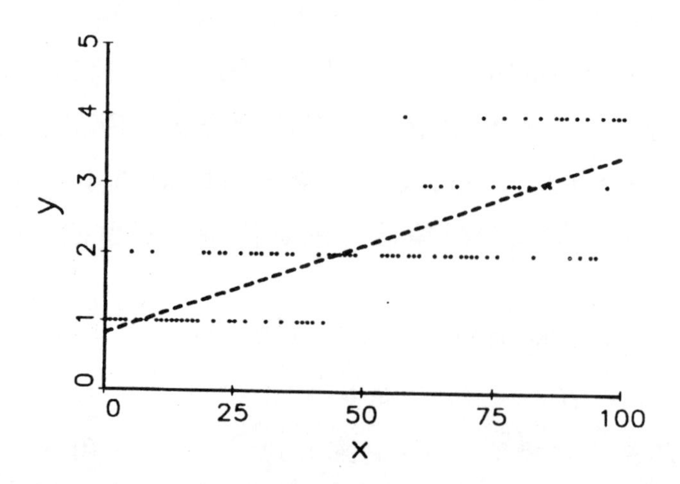

圖 5.1 B 中所表示的為可觀察到的依賴變項 y 的迴歸圖示。將 A 圖與 B 圖相對照，我們可以看出 B 圖的建構方式是以 A 圖為基礎，y^* 在 τ_3 之上的歸類為 4（$y = 4$），y^* 在 τ_2 和 τ_3 之間的歸類為 3（$y = 3$），y^* 在 τ_1 和 τ_2 之間的歸類為 2（$y = 2$），y^* 在 τ_1 之下的歸類為 1（$y = 1$）。y 的最小平方估計

（OLS）如 B 圖中虛線所示（斜率等於 .026），相對的，將 y^* 和 x 用最小平方法所求得的迴歸係數和 x 對 y 的迴歸係數並不相等，它的斜率的比例大約是 4:1。值得一提的是，從圖 5.1 中我們看不出它們之間有這麼大的差別。這是因為 A、B 兩圖縱軸的單位尺度（scale）是不一樣的。如果 B 圖的 y 軸和 A 圖的 y^* 軸尺度相同，那麼，x 對 y 的迴歸線就幾乎是水平線了。另外一點必須注意的是，在 y 的迴歸中，誤差值是不等變異的（heteroscedastic）而且不是常態分配的。一般說來，只有在臨界值的距離相同的情況下，LRM 和 ORM 的結果才會相同。因此，在臨界值的距離不同的情況下，使用 LRM 就很容易產生誤導。

圖 5.1 也說明了 ORM 的一個很重要的特色。在 A 圖中，我們可以任意增加（或刪除）另一個分界點而完全不需要改變其結構模式。例如：如果我們在 τ_1 和 τ_2 之間增加一條水平線（把它想像成是在「不同意」和「同意」之間增加了一個「沒意見」類別），y^* 迴歸的結果並不會受到影響。但是，在 B 圖中，增加或刪除一個類別都將會影響 y 迴歸的結果。

一、有關分配的假設（Distributional Assumptions）

和 BRM 一樣，ML 也可以用來估計 y^* 的迴歸。在使用 ML 之前，我們必須先假定誤差值的分配形式。一般來說，在次序變項迴歸上，我們都使用常態分配或對數分配，其他形式的誤差值分配並不常用，有興趣的讀者可以參考 McCullagh

（1980，p.115）。

在次序機率單位模式中，誤差值為常態分配，且平均數等於 0、變異數等於 1。其機率密度函數是：

$$\phi(\varepsilon)=\frac{1}{\sqrt{2\pi}}\exp\left(-\frac{\varepsilon^2}{2}\right)$$

而累積機率函數是：

$$\phi(\varepsilon)\int_{-\infty}^{\varepsilon}\frac{1}{\sqrt{2\pi}}\exp\left(-\frac{t^2}{2}\right)dt$$

另外，在次序分對數模式中，誤差值為對數分配，其平均數等於 0、變異數等於 $\pi^2/3$。其機率密度函數是：

$$\lambda(\varepsilon)=\frac{\exp(\varepsilon)}{[1+\exp(\varepsilon)]^2}$$

而累積機率函數是：

$$\Lambda(\varepsilon)=\frac{\exp(\varepsilon)}{1+\exp(\varepsilon)} \qquad [\ 5.2\ ]$$

在以下的章節中，F 代表 Φ 或 Λ；f 代表 ϕ 或 λ。

雖然選擇使用機率單位模式或分對數模式的標準大致上和 BRM 一樣，還是以方便為原則。但是有些研究者強調誤差值為常態分配，因此使用次序機率單位模式（詳見第九章）；某些研究者則因為習慣用機率比（odds）來解釋統計結果，因此必須使用次序分對數模式。不過，通常研究者會選擇使用在自己的研究領域內較常見的模式。

二、觀察值的機率（The Probabilities of Observed Values）

一旦誤差值的形式確定了之後，我們就可以計算不同觀察值的機率了（如圖 5.2 所示）。圖 5.2 是相對於特定三個 x 值（x_1、x_2、x_3）對 y^* 分配情形，而這三個 x 的誤差值不是常態分配便是對數分配，且都在迴歸線 $E(y^* | x = \alpha + \beta x)$ 附近。第 m 個類別的機率等於介於分界點 τ_m 和 τ_{m-1} 之間誤差值分配曲線的面積。這面積的計算方式如下：

首先，當 y^* 在分界點 $\tau_0 = -\infty$ 和 τ_1 之間時，我們觀察到 $y = 1$。其機率公式為，

$$\Pr(y_i = 1 | \mathbf{x}_i) = \Pr(\tau_0 \leq y_i^* < \tau_1 | \mathbf{x}_i)$$

將 y^* 以 $\mathbf{x}\boldsymbol{\beta} + \varepsilon$ 代入，

$$\Pr(y_i = 1 | \mathbf{x}_i) = \Pr(\tau_0 \leq \mathbf{x}_i\boldsymbol{\beta} + \varepsilon_i < \tau_1 | \mathbf{x}_i)$$

然後，在不等式中分別減去 $\mathbf{x}\boldsymbol{\beta}$，

$$\Pr(y_i = 1 | \mathbf{x}_i) = \Pr(\tau_0 - \mathbf{x}_i\boldsymbol{\beta} \leq \varepsilon < \tau_1 - \mathbf{x}_i\boldsymbol{\beta} | \mathbf{x}_i)$$

所以，任何介於兩個分界點之間的機率就等於相對於這兩個分界點的累積機率函數的差。因此，

$$\begin{aligned}\Pr(y_i = 1 | \mathbf{x}_i) &= \Pr(\varepsilon_i < \tau_1 - \mathbf{x}_i\boldsymbol{\beta} | \mathbf{x}_i) \\ &\quad - \Pr(\varepsilon_i \leq \tau_0 - \mathbf{x}_i\boldsymbol{\beta} | \mathbf{x}_i) \\ &= F(\tau_1 - \mathbf{x}_i\boldsymbol{\beta}) - F(\tau_0 - \mathbf{x}_i\boldsymbol{\beta})\end{aligned}$$

這些步驟可以推論到任何一個依變項類別（$y = m$）的機率計算：

$$\begin{aligned}\Pr(y_i = m | \mathbf{x}_i) &= F(\tau_m - \mathbf{x}_i\boldsymbol{\beta}) \\ &\quad - F(\tau_{m-1} - \mathbf{x}_i\boldsymbol{\beta})\end{aligned} \qquad [5.3]$$

當我們計算 Pr（y ＝ 1｜ $\mathbf{x}$）時，因為 F（$\tau_0 - \mathbf{x}\beta$）＝ F（$-\infty - \mathbf{x}\beta$）＝ 0，所以 Pr（$y$ ＝ 1｜$\mathbf{x}$）＝ F（$\tau_1 - \mathbf{x}\beta$）；當我們計算 Pr（y ＝ J｜$\mathbf{x}$）時，因為 F（$\tau_J - \mathbf{x}\beta$）＝ F（$\infty - \mathbf{x}\beta$）＝ 1，所以 Pr（y ＝ J｜$\mathbf{x}$）＝ 1－ F（$\tau_0 - \mathbf{x}\beta$）。因此，如果模式有四個可觀察的依變項類別（如圖 5.2），那麼，這四個類別的機率（依次序分對數模式）分別是：

$$\Pr(y_i = 1 | x_i) = \Phi(\tau_1 - \alpha - \beta x_i)$$

$$\Pr(y_i = 2 | x_i) = \Phi(\tau_2 - \alpha - \beta x_i) - \Phi(\tau_1 - \alpha - \beta x_i)$$

$$\Pr(y_i = 3 | x_i) = \Phi(\tau_3 - \alpha - \beta x_i) - \Phi(\tau_2 - \alpha - \beta x_i)$$

$$\Pr(y_i = 4 | x_i) = 1 - \Phi(\tau_3 - \alpha - \beta x_i)$$

圖 5.2：相對於 x_1、x_2、以及 x_3 的 y^* 分配情形（以次序迴歸模式為例）

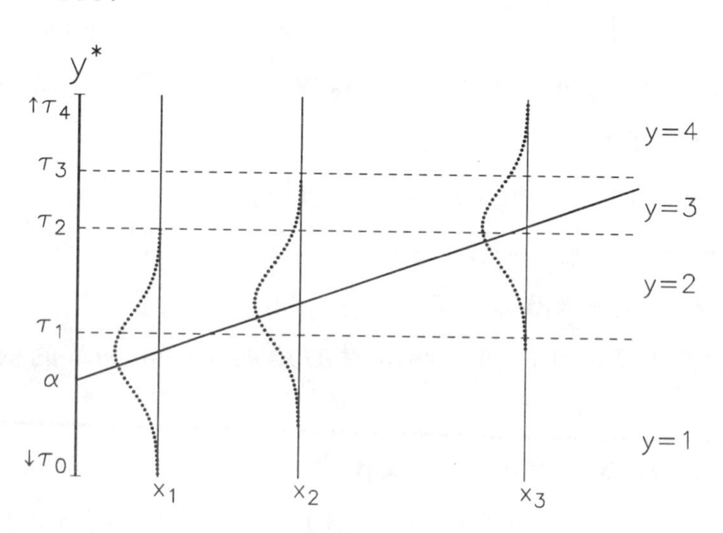

舉例來說，如果 $\alpha = -.50$、$\beta = .052$、$\tau_1 = .75$、$\tau_2 = 3.5$、$\tau_3 = 5.0$，那麼，$x = 15$、40、80 的機率分別如下：（*試試看自己計算下表所有的值*）

Predicted Probability	x＝15	x＝40	x＝80
Pr(y＝1 | x)	0.68	0.20	0.00
Pr(y＝2 | x)	0.32	0.77	0.44
Pr(y＝3 | x)	0.00	0.03	0.47
Pr(y＝4 | x)	0.00	0.00	0.09

公式 5.3 是根據潛在變項的假設而推演而來的。雖然這對統計式的推演是一個很有用的方法，但是，有時候潛在變項的觀念並不為某些研究者所接受。舉例來說，在大學中教授的等級是可以依照順序排列的（教授、副教授、助理教授），但是在這些等級之中，我們就很難想像有潛在變項的存在。像這樣的例子，我們就可以將公式 5.3 當作是 x 和結果機率關係的機率模式。沒有了潛在變項的假設，唯一的損失就是無法使用 y^* 的「偏微分改變」（partial change）來解釋。

第二節　統計數定位（Identification）

因為 y^* 是潛在變項，所以我們無法計算出它的平均數及變異數，但是，我們可以藉由假設來定義 y^* 的變異數。例如，在

次序分對數模式中，我們假定 y^* 的變異數等於 $Var(\varepsilon|\mathbf{x})=\pi^2/3$，而在次序機率單位模式中，我們假定 y^* 的變異數等於 $Var(\varepsilon|\mathbf{x})=1$。雖然藉由這些假設可以讓我們確定 y^* 的變異數，但是我們仍無法確定 y^* 的平均數。以下，我們針對這個部分作簡單的說明。

假設現在有一個模式 $y^*=\alpha+\beta x+\varepsilon$，其分界點（cutpoint）等於 τ_m。模式中的 α 和 τ 必須想像成可以用來產生觀察值的真正參數。接下來，我們就可以將參數定義為：

$$\alpha^*=\alpha-\delta\text{，}\tau^*_m=\tau_m-\delta \qquad [5.4]$$

其中，δ 是絕對常數（arbitrary constant）。不管我們所使用的是真正的參數或是虛擬的參數（如公式 5.4），$y=m$ 的機率都是相同的：

$$\begin{aligned}\Pr(y=m|x)&=F(\tau_m-\alpha-\beta x)\\&\quad-F(\tau_{m-1}-\alpha-\beta x) \qquad [5.5]\\&=F([\tau_m-\delta]-[\alpha-\delta]-\beta x)\\&\quad-F([\tau_{m-1}-\delta]-[\alpha-\delta]-\beta x)\\&=F(\tau^*_m-\alpha^*-\beta x)-F(\tau^*_{m-1}-\alpha^*-\beta x)\end{aligned}$$

因為不管我們所使用的是真正的參數或是虛擬的參數（如公式 5.4），對同樣一個觀察值來說，其所產生的機率都是一樣的，

所以，我們並不需要使用觀察數據資料來作為選擇使用哪一個參數的依據；也就是說，在結構模式中，當截距改變時，其相對的臨界值也會跟著改變，在這樣的統計模式中，我們是無法完全界定其平均數的值。

雖然，統計數定位的假設可以有無限多種，但是，最廣為使用的只有兩種：

1. **假設** $\tau_1 = 0$：這也包含在公式 5.4 中設定 $\delta = \tau_1$。（這就是我們在第三章 BRM 中所使用的假設。）
2. **假設** $\alpha = 0$：這也包含在公式 5.4 中設定 $\delta = \alpha$。

上述這兩種統計數定位的假設是藉由對統計式中的參數加上一個限制條件（constraint）而得。（*想想看，有沒有其他的方法可以使模式定位化？*）不同的假設，會導致不同的模式參數化（parameterization）。所謂的「參數化」指的是我們對統計式中的某一個參數加上特定限制條件（或假設），並因而對統計式中其他的參數產生影響。例如說，當我們使用假設 1 時，統計結果中會出現α的迴歸係數，使用假設 2 時。統計結果中會出現 τ_1 的估計值，但沒有α 的迴歸係數。至於應該使用哪一個參數化的模式，則沒有強制性的要求，而且也不會影響除了 β_0 以外的 β 值或相關檢定的顯著水準。另外，機率也不會受到統計數定位假設的影響（如公式 5.5 所示）。儘管如此，了解不同的模式參數化卻是很重要的，因為不同的統計軟體經常使用不同的參數化來計算統計結果（詳見第五章第三節）。

第三節　估計（Estimation）

讓我們將 β 當作結構模式中參數的向量，其截距 β_0 在第一列；$\boldsymbol{\tau}$ 為包含臨界值參數的向量。不管是 β_0 或 τ_1，我們都將它限制在 0，以便達到統計數定位的目的。從公式 5.3 中，

$$\Pr(y_i=m \mid \mathbf{x}_i, \boldsymbol{\beta}, \boldsymbol{\tau}) = F(\tau_m - \mathbf{x}_i\boldsymbol{\beta}) - F(\tau_{m-1} - \mathbf{x}_i\boldsymbol{\beta}) \qquad [5.6]$$

任何一個 y 觀察值的機率，實際上是第 i 個觀察值的機率：

$$P_I \begin{cases} \Pr(y_i=1 \mid \mathbf{x}_i, \boldsymbol{\beta}, \tau) & \text{if } y=1 \\ \vdots & \vdots \\ \Pr(y_i=m \mid \mathbf{x}_i, \boldsymbol{\beta}, \tau) & \text{if } y=m \\ \vdots & \vdots \\ \Pr(y_i=J \mid \mathbf{x}_i, \boldsymbol{\beta}, \tau) & \text{if } y=J \end{cases} \qquad [5.7]$$

如果觀察值是獨立的，那麼，其概似方程式等於：

$$L(\boldsymbol{\beta}, \tau \mid \mathbf{y}, \mathbf{X}) = \prod_{i=1}^{N} p_i \qquad [5.8]$$

將公式 5.6 到 5.8 合併起來，

$$L(\boldsymbol{\beta}, \tau \mid \mathbf{y}, \mathbf{X}) = \prod_{j=1}^{J}\prod_{y_i=j} \Pr(y_i=j \mid \mathbf{x}_i, \boldsymbol{\beta}, \boldsymbol{\tau})$$

$$= \prod_{j=1}^{J}\prod_{y_i=j} \left[F(\tau_j - \mathbf{x}_i\boldsymbol{\beta}) - F(\tau_{j-1} - \mathbf{x}_i\boldsymbol{\beta})\right]$$

其中，$\Pi_{y_i=j}$ 指的是將觀察到的 y 值為 j 的所有樣本相乘。然後，取對數，它的對數概似就等於：

$$\ln L(\boldsymbol{\beta}, \boldsymbol{\tau} \mid \mathbf{y}, \mathbf{X}) = \sum_{j=1}^{J}\sum_{y_i=j} \ln\left[F(\tau_j - \mathbf{x}_i\boldsymbol{\beta}) - F(\tau_{j-1} - \mathbf{x}_i\boldsymbol{\beta})\right]$$

這個數學式可以用數值方法（numerical method）來估計。在

Maddala（1983，pp.48 – 49）中，讀者可以找到利用牛頓－拉夫遜估計（Newton – Raphson estimation）計算斜度（gradient）、赫賽矩陣（Hessian）、以及估計極大機率的方法。一般來說，由這樣的數值方法所求得的結果是一致而且趨近常態分配的。此一結果是一致的、趨近常態、而且有效的。

一、軟體的問題

當我們估計 ORM 時，有一些與軟體相關的問題值得注意。

㈠模式的參數化（Parameterizations of the Model）：當我們估計模式時，第一個需要注意的問題便是我們所使用的統計軟體是使用什麼樣的模式參數化。例如：LIMDEP 假定 $\tau_1 = 0$，估計 β_0；而 Markov、SAS 的 LOGISTIC、以及 Stata 均假定 $\beta_0 = 0$，估計 τ_1。雖然選擇使用那一種參數化並不會影響斜率的估計值，但是，卻會影響 β_0 以及 τ。在 SAS 的 LOGISTIC 中，我們必須選擇使用 DESCENDING 的選項，以便使得估計出來的斜率都有相同的正負號。如果沒有選擇這一個選項，LOGISTIC 所估計的模式為 $y^* = -\mathbf{x}\beta + \varepsilon$。

㈡極大化數值方法（Methods of Numerical Maximization）：雖然不同的程式軟體使用不同的極大化數值方法，不同統計軟體所求得的迴歸係數應該至少有五位小數的值相同。但是其求得的標準差及檢定統計數則可能因為所採用的方法不同而有比較大的差異值。這種情形在樣本數很小，或是樣本中有遺漏值的情況下特別常見。

㈢**無法產生收斂**（Failure to Converge）：在本書所介紹的統計法中，ORM 比其他模式需要執行更多的遞迴運算（iteration）來達到收斂（converge）。當資料的樣本大小適當，沒有遺漏值，而且依變項之中各類別的分配合理時，大約需要五次到十次的遞迴運算。如果某一個類別所分配到的次數過低時，ORM 可能產生無法收斂的問題。當這種情形發生時，我們可以將依變項中相鄰的類別合併並重新進行估計。這種方法唯一的缺點是，我們會因無法完全使用樣本所提供的資訊而損失某種程度的「效率性」（efficiency）（McCullagh，1980）。關於這個部分，我們將在第五節中繼續討論。

㈣**二元結果**（Binary Outcome）：當 $J = 2$ 且假設 $\tau_1 = 0$ 時，ORM 和 BRM 除了符號不同化，是完全相等的。不過，現在有些新的統計軟體所設計的 ORM 對 $J = 2$ 有反應。在 $J = 2$ 的情況下，必須用 BRM 才能對資料進行分析。

二、【ORM 和 LRM 的實例】

在 1977 和 1989 年時，美國社會調查問卷調查有關人們對於「職業婦女是否能和沒有工作的母親一樣，也能和她們的小孩建立溫暖安全的親子關係」這個問題同意的程度，並將反應的類別分為：1 ＝ 非常不同意（Strongly Disagree，縮寫為 SD）、2 ＝ 不同意（Disagree，縮寫為 D）、3 ＝ 同意（Agree，縮寫為 A）、4 ＝ 非常同意（Strongly Agree，縮寫為 SA）。其總樣本數有 2293 人，各反應類別結果的百分比依次分別是 13%、32%、37%、18%。調查分析的變項如表 5.1 示。有興趣的讀者，可以參考 Clogg 和 Shihadeh（1994，pp.158 – 162）對相同的資料所作的不同的分析。

表 5.2 包含了四種模式的統計結果。表中的第一列是由最小平方法所求得的 LRM 的估計值。

$$\text{WARM} = \beta_0 + \beta_1\text{YR89} + \beta_2\text{MALE} + \beta_3\text{WHITE} + \beta_4\text{AGE} + \beta_5\text{ED} + \beta_6\text{PRST} + \varepsilon$$

表中的第二列是由次序機率單位模式所求得的值，其中 τ_1 的值設為 0；表中的第三列也是從次序機率單位模式中估計得出，但其限制條件是 $\beta_0 = 0$； 表中的第四列是從次序分對數模式中估計得出，其限制條件為 $\beta_0 = 0$。

表 5.1：描述性統計分析（以職業婦女為例）

Name	Mean	Standard Deviation	Minimum	Maximum	Description
WARM	2.61	0.93	1.00	4.00	1=SD; 2=D; 3=A; 4=SA
YR89	0.40	0.49	0.00	1.00	Survey year:1=1989; 0=1977
MALE	0.47	0.50	0.00	1.00	1=male; 0=female
WHITE	0.88	0.33	0.00	1.00	1=white; 0=nonwhite
AGE	44.94	16.78	18.00	89.00	Age in years
ED	12.22	3.16	0.00	20.00	Years of education
PRST	39.59	14.49	12.00	82.00	Occupational prestige

NOTE: N=2293

表 5.2：線性迴歸模式與不同參數化的次序迴歸模式的比較

Variable		LRM	Ordered Probit $\tau_1=0$	Ordered Probit $\beta_0=0$	Ordered Logit $\beta_0=0$
YR89	β	0.262	0.319	0.319	0.524
	z	6.94	6.56	6.56	6.33
MALE	β	−0.336	−0.417	−0.417	−0.733
	z	−9.17	−9.06	−9.06	−9.23
WHITE	β	−0.177	−0.227	−0.227	−0.391
	z	−3.17	−3.23	−3.23	−3.27
AGE	β	−0.010	−0.012	−0.012	−0.022
	z	−8.70	−8.17	−8.27	−8.52
ED	β	0.031	0.039	0.039	0.067
	z	4.14	4.17	4.17	4.20
PRST	β	0.003	0.003	0.003	0.006
	z	1.73	1.71	1.71	1.84
	β_0	2.780	1.429	—	—
	z	25.26	10.26	—	—
	τ_1		—	−1.429	−2.465
	z		—	−10.26	−10.26
	τ_2		1.068	−0.361	−0.631
	z		30.70	−2.60	−2.66
	τ_3		2.197	0.768	1.262
	z		50.54	5.55	5.32
	−2 ln L		5697.2	5697.2	5689.8
	G^2		294.3	294.3	301.7
	df		6	6	6
	p		<0.001	<0.001	<0.001

在我們開始討論如何解釋這些結果之前，有幾點值得注意：

1. 一般來說，由 LRM 和 ORM 所估計的 β值的顯著水準是十分接近的。而 LRM 估計出來的迴歸係數的大小和次序分對數模式的估計結果大致上有一定的比例。另外，由LRM和次序機率單位模式所得的相關係數也十分接近。為什麼這些結果會這麼接近呢？我們可以看看表中 τ 的估計。分界點與分界點之間的距離幾乎完全相同，且在次序機率單位模式中，分界點之間的距離幾乎等於 1。雖然在這個範例中，LRM 對次序類別的假設（分界點間的距離 ＝ 1）大致上可以被接受。但這並不表示在其他的例子中這個假定也能成立。

2. 斜率的大小在次序分對數模式和次序機率單位模式中不同，是因為兩個模式對誤差值所設的變異數不一樣的緣故。從另一個角度來說，兩個統計法所得的迴歸係數的大小比例非常接近，這主要是因為迴歸係數的大小比例並不受到誤差值變異數假定的影響。
3. 雖然，兩個不同參數化的次序機率單位模式所估計出來的斜率係數和 z 值都是一樣的，但是，它們的截距與臨界值卻是不相同的。這說明了我們對截距和臨界值的限制條件並不會影響模式中其他係數的估計。

下一節，我們將討論如何解釋這些潛在變項係數以及如何使用這些係數來計算可觀察類別變項的機率。

第四節 結果的解釋

如果我們能接受潛在變項的觀念，那麼我們就可以用非常簡單的方式來解釋次序迴歸模式的統計結果。只要我們將潛在變項的單位重新設定到有一個單位的變異數，並且計算出 y^* 標準化係數（y^*–standardized coefficient）以及完全標準化係數（fully standardized coefficient），那麼我們就可以使用一般線性迴歸對 β 的解釋方式來解釋 ORM。如果我們的研究所關心的是可觀察到的類別結果，那麼，我們可以用我們在第三章所學到的方法來解釋 ORM 。以圖表呈現出可觀察結果的預測機率，或檢查在機率中的偏微分改變（partial change）和間距改變（discrete change）。除此之外，次序分對數模式還可以用差異比率（odds ratio）的方法來解釋。因為 ORM 的結果機率是非線性的，所以，如果只靠單一種方法是無法完全描述出一個獨立變項和結果機率之間的關係的。因此，在決定使用哪些解釋方法之前，我們應該試著用每一種方法來解釋我們的結果。

一、y^* 的偏微分改變

在次序迴歸模式中，

$$y^* = \mathbf{x}\boldsymbol{\beta} + \varepsilon$$

x_k 在 y^* 的偏微分改變為，

$$\partial y^* / \partial x_k = \beta_k$$

因為 x 對 y^* 的關係為線性的，所以，x_k 對 y^* 的偏微分改變可以解釋成：

● 在其他變項保持不變的情況下，每增加一個單位的 x_k，y^* 的期望值就會改變 β_k 個單位。

然而，因為 y^* 的變異數是無法觀察的，所以我們並不清楚「y^* 改變了 β_k 個單位」究竟代表什麼意義。因此，就像 McKelvey 和 Zavoina（1975，pp.114 – 116）以及 Winship 和 Mare（1984，pp.517）所說的，在這種情形下，我們應該使用 y^* 標準化係數（y^*－standardized coefficient）或完全標準化係數（fully standardized coefficient）來解釋統計結果。如果 σ_{y*} 是潛在變項 y^* 的無條件標準差（unconditional standard deviation），那麼，x_k 的 y^* 標準化係數是，

$$\beta_k^{Sy^*}=\frac{\beta_k}{\sigma_{y*}}$$

其解釋的方式是：

● 在其他變項保持不變的情況下，每增加一個單位的 x_k，y^* 的期望值就會改變 β_k^{Sy*} 個單位。

這個解釋指的是一個獨立變項在它原始測量單位下對 y^* 的影響。在某些研究上，使用 y^* 標準化係數來解釋是比較適合的，特別當獨立變項為二元名義變項的時候。

除此之外，完全標準化係數也和 y^* 標準化係數一樣，都將獨立變項標準化。如果 σ_k 是 x_k 的標準差，那麼完全標準化係數為，

$$\beta_K^S = \frac{\sigma_k \beta_k}{\sigma_{y^*}} = \sigma_k \beta_k^{Sy^*}$$

它的解釋為：

- 在其他變項保持不變的情況下，每增加一個標準差的 x_k，y^* 的期望值就會改變 $\beta_k{}^S$ 個單位標準差。

和 BRM 一樣，我們也可以計算 y^* 的變異數：

$$\hat{\sigma}_{y^*}^2 = \hat{\boldsymbol{\beta}}\,\hat{Var}(x)\,\hat{\boldsymbol{\beta}} + Var(\varepsilon) \qquad [\ 5.9\ ]$$

其中，*Vâr*（x）是從可觀察到的數據資料計算得出的 x 的共變數矩陣；$\hat{\beta}$ 為 ML 的估計值；在次序機率單位模式中，Var（ε）＝ 1；在次序分對數模式中，Var（ε）＝ $\pi^2/3$。

表 5.3 中的係數是從表 5.2 中的斜率係數以及表 5.1 的描述性統計計算得出。y^* 的變異數可由公式 5.9 計算出來。在次序分對數模式中，其變異數等於 3.77，在次序機率單位模式中，其變異數等於 1.16。值得一提的是，若我們將兩個變異數相除，其結果（1.16 / 3.77 ＝ 3.25）和我們所假定的這兩個模式變異數的比率非常接近［Var（ε_p）/ Var（ε_L）＝ $\pi^2/3 \approx$ 3.29］。兩個模式 y^* 變異數的不同反映在未標準化係數（unstandardized β）的大小上。次序分對數模式的未標準化係數大約是次序機率單位模式的 1.6 到 1.8 倍。然而，兩模式的完全標準化係數和 y^* 標準化係數則幾乎完全相同，這是因為 y^* 的單位已經藉由除上 $\hat{\sigma}_{y^*}$ 而被標準化了。（*想想看，為什麼它們的值並不完全相等呢？*）

表 5.3：次序迴歸模式的標準化係數

	Ordered Logit			Ordered Probit		
Variable	β	β^{Sy^*}	β^{S}	β	β^{Sy^*}	β^{S}
YR89	0.524	0.270	—	0.319	0.296	—
MALE	−0.733	−0.378	—	−0.417	−0.388	—
WHITE	−0.392	−0.202	—	−0.227	−0.210	—
AGE	−0.022	−0.011	−0.187	−0.012	−0.011	−0.191
ED	0.067	0.035	0.109	0.039	0.036	0.114
PRST	0.006	0.003	0.045	0.003	0.003	0.044

以人們對於「職業婦女是否能和沒有工作的母親一樣，也能和她們的小孩建立溫暖安全的親子關係」的態度為例，完全標準化係數和 y^* 標準化係數可以解釋如下：

- 在其他變項保持不變的情況下，1989 年比 1977 年的同意程度高 .27 個標準差。
- 在其他變項保持不變的情況下，受訪者的年齡每增加一歲，同意度便減少 .01 個標準差。換句話說，在其他變項保持不變的情況下，受訪者的年齡每增加十歲，同意度便減少 .11 個標準差。
- 在其他變項保持不變的情況下，受訪者的教育程度每增加一個標準差，同意度便增加 .109 個標準差。

如果研究的興趣並不在於潛在變項，或者研究者只對某特定的反應類別感到興趣（如：「非常同意」），那麼我們便可以使用以預測機率為基礎的各種方法來解釋。

二、預測機率(Predicted Probabilities)

當 x 固定時,y = m 的預測機率是,

$\hat{\Pr}(y = m \mid x) = F(\hat{\tau}_m - \mathbf{x}\hat{\beta}) - F(\hat{\tau}_{m-1} - \mathbf{x}\hat{\beta})$

像這樣的預測機率可以讓我們找出獨立變項和依賴變項任一類別之間的關係。

(一)預測機率的平均數(Mean)和全距(Range)

計算預測機率的平均數、最小值、以及最大值是非常有用的:

$$\text{mean}\,\hat{\Pr}(y=m|\mathbf{x})=\frac{1}{N}\sum_{i=1}^{N}\hat{\Pr}(y_i=m|\mathbf{x}_i)$$

$$\min\,\hat{\Pr}(y=m|\mathbf{x})=\min_i\,\hat{\Pr}(y_i=m|\mathbf{x}_i)$$

$$\max\,\hat{\Pr}(y=m|\mathbf{x})=\max_i\,\hat{\Pr}(y_i=m|\mathbf{x}_i)$$

其中 $\min_i$ 指的是所有觀察值中的最小預測機率,而 $\max_i$ 指的是所有觀察值中的最大預測機率(參見表 5.4)。在樣本中,「非常不同意」的最小預測機率是 .02,最大預測機率是 .47,因此,全距等於 .45(同樣的計算方法也可以應用在其他的類別上)。在我們的例子中,每一個類別的預測機率的變化都很大,值得作更進一步的探討。如果全距太小,我們就不需要作更進一步的分析了。

表 5.4：反應結果類別的預測機率（次序分對數模式）

	Probability of Outcome			
	SD	D	A	SA
Minimum	0.02	0.07	0.13	0.03
Mean	0.13	0.32	0.37	0.18
Maximum	0.47	0.43	0.44	0.61
Rage	0.45	0.36	0.31	0.58

㈡預測機率的圖示

如果模式中只有一個獨立變項，那麼，我們可以畫出整個機率曲線；如果模式中有多個獨立變項，那麼，要畫出單一獨立變項的影響時，我們必須考慮其他變項的變化。舉例來說，如果我們想要知道受訪者的年齡對次序依賴變項的影響，那麼，我們必須在其他變項保持不變的情況下才能看出不同的年齡對次序依賴變項的影響。還記得我們在第三章中所討論的「理想型」（ideal type）嗎？在這個例子中，我們可以將變項 YR89 固定為 1、變項 MALE 固定為 0、除了年齡這個變項以外，其他的變項則固定在它們的平均數，如此一來，我們就可以看出在 1989 年的調查中，不同的女性受訪者的年齡對於「職業婦女是否能和沒有工作的母親一樣，也能和她們的小孩建立溫暖安全的親子關係」的反應態度上的影響。這種方法（「理想型」（ideal type））確實是可以根據研究者的興趣，迅速地得到主要變項對預測機率的影響。計算預測機率的公式為，

$$\hat{\Pr}(\mathrm{WARM}=m \mid \mathbf{x}_*) = F(\hat{\tau}_m - \mathbf{x}_*\hat{\boldsymbol{\beta}}) - F(\hat{\tau}_{m-1} - \mathbf{x}_*\hat{\boldsymbol{\beta}})$$

圖 5.3 是 1989 年調查女性受訪者對「職業婦女是否能和沒有工作的母親一樣，也能和她們的小孩建立溫暖安全的親子關係」反

應態度的機率圖。以圖中「非常同意」（Strongly Agree）的類別為例，當受訪者的年齡為 20 歲時，其預測機率為 .39，隨著年齡不斷的增加，其預測機率漸漸減少，在 50 歲時，其預測機率降低到 .25，在 80 歲時，其預測機率降低到 .15。同樣的，我們可以來看看「不同意」（Disagree）這一個類別，其預測機率恰好與非常同意（Strongly Agree）的預測機率相反。隨著受訪者年齡不斷的增加，其預測機率也慢慢增加。在 20 歲時，其預測機率為 .16，當受訪者的年齡為 80 歲時，其預測機率為 .34。接下來，我們可以看出在「非常不同意」（Strongly Disagree）的類別中，預測機率雖也隨著年齡而逐漸增加，但增加的速度十分緩慢；在 20 歲時，預測機率為 .04；當受訪者的年齡為 80 歲時，預測機率為 .12。最後，在「同意」（Agree）這一個類別中，我們可以看出它的預測機率曲線和其他三個類別不大一樣。其預測機率在 20 歲時為 .42，其後慢慢增加到 .44，然後又從 .44 慢慢減少到 .38。可見，受訪者年齡在「同意」（Agree）類別中的影響剛開始是正的，然後慢慢又變成負的。這是因為隨著年齡的增加，受訪者傾向選擇「非常同意」或「不同意」，而且選擇「非常同意」的比例比選擇「不同意」的高，這相對增加了「同意」的預測概率。當受訪者年齡繼續增加時，選擇「不同意」的比選擇「非常同意」的來得多，因此其預測機率也變小。（*仔細想想我們對圖 5.3 的解釋，直到你自己可以接受這個解釋方法為止。*）

圖 5.3：1989 年女性受訪者反應結果的預測機率以及累積機率

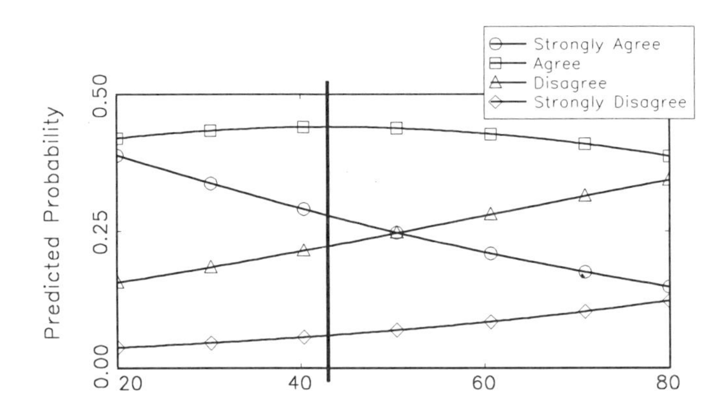

Panel B: Cumulative Probability

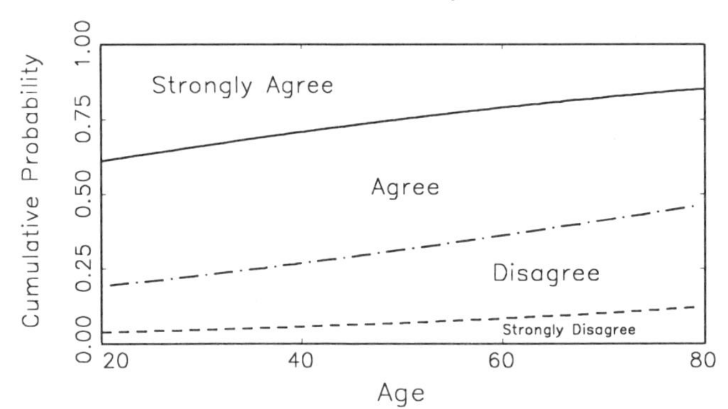

㈢累積機率的圖示

累積機率指的是一個或多個反應結果類別機率的總和（所有反應結果類別的機率總和等於 1）。舉例來說，小於或等於 m 的累積機率為：

表 5.5：1977 年和 1989 年男女性態度反應的預測機率

1977	SD	D	A	SA
Men	0.19	0.40	0.32	0.10
Women	0.10	0.31	0.41	0.18
Men-Women	0.09	0.09	0.09	0.08
1989	**SD**	**D**	**A**	**SA**
Men	0.12	0.34	0.39	0.15
Momen	0.06	0.23	0.44	0.27
Men-women	0.06	0.11	0.05	0.12
Change from 1977 to 1989	**SD**	**D**	**A**	**SA**
Men	0.07	0.06	0.07	0.05
women	0.04	0.08	0.03	0.09

$$\Pr(y \le m|\mathbf{x}) = \sum_{j=1}^{m} \Pr(y=j|\mathbf{x}) = F(\tau_m - \mathbf{x}\boldsymbol{\beta}) \qquad [5.10]$$

*（證明此一等式）*在我們的例子中，「非常不同意」的累積機率等於 Pr（y ≤ 1 | x）；「非常不同意」或「不同意」的累積機率等於 Pr（y ≤ 2 | x）；以此類推。值得一提的是，圖 5.3 的 B 圖與 A 圖是相關的，也就是說，B 圖的累積機率是由 A 圖中的預測機率累積起來的。從圖 5.3 B（累積機率圖）中，我們可以看出整體的機率曲線走向：隨著受訪者年齡的增加，對「職業婦女是否能和沒有工作的母親一樣，也能和她們的小孩建立溫暖安全的親子關係」反應態度持負面看法的人也變多。

㈣製表

製表也是顯示預測機率的一種方法。表 5.5 是所有男性與女性受訪者在 1989 年和 1977 年的調查結果。在這一個表中，我們比較同一年的調查中男女反應的差異，同時，我們也比較了

1977 年和 1989 年之間男女態度反應的不同。值得一提的是，男性比較傾向選擇「不同意」和「非常不同意」，而女性則比較傾向選擇「同意」和「非常同意」。另外，從 1977 年和 1989 年之間的變化情形看來，近年來男女性對職業婦女都逐漸採取比較正面的態度。

三、預測機率的偏微分改變（Partial Change in Predicted Probabilities）

第三種解釋 ORM 的方法是計算出預測機率的偏微分改變。之前我們曾提過，

$$\Pr(y = m \mid \mathbf{x}) = F(\tau_m - \mathbf{x\beta}) - F(\tau_{m-1} - \mathbf{x\beta})$$

取 x_k 的偏微分（partial derivative），

$$\frac{\partial \Pr(y=m \mid \mathbf{x})}{\partial x_k} = \frac{\partial F(\tau_m - \mathbf{x\beta})}{\partial x_k} - \frac{\partial F(\tau_{m-1} - \mathbf{x\beta})}{\partial x_k}$$

$$= \beta_k f(\tau_{m-1} - \mathbf{x\beta}) - \beta_k f(\tau_m - \mathbf{x\beta})$$

$$= \beta_k [f(\tau_{m-1} - \mathbf{x\beta}) - f(\tau_m - \mathbf{x\beta})]$$

其預測機率的偏微分改變，或邊際效應（marginal effcct）就是在其他變項保持不變的情況下，x_k 和 $\Pr(y = m \mid \mathbf{x})$ 機率曲線的改變係數。由於 $f(\tau_{m-1} - \mathbf{x\beta}) - f(\tau_m - \mathbf{x\beta})$ 可能是負數，所以，邊際效應和迴歸係數的正負符號並不一定相同。事實上，x_k 的邊際效應是有可能隨著 x_k 的改變而改變它的正負符號的。這就如同圖 5.3 A 中「同意」的機率曲線一樣，機率曲線的改變剛開始是正的（隨著年齡的增加，傾向「同意」的機率也隨著慢慢增加）。但是大約到了 40 歲之後，傾向「同意」的預

測機率就慢慢降低，也就是說，改變的方向變成負的。

因為邊際效應必須由模式中所有變項的值共同決定，所以，當我們要計算邊際效應時，必須先決定要使用的變項的值。其中一種方法是計算出所有觀察值的平均數：

$$\text{mean}\frac{\partial \Pr(y=m|\mathbf{x})}{\partial x_k}=\frac{1}{N}\sum_{i=1}^{N}\beta_k\left[f(\tau_{m-1}-\mathbf{x\beta})-f(\tau_m-\mathbf{x\beta})\right]$$

另一種常用的方法是將所有獨立變項固定在它的平均值上來計算邊際效應：

$$\frac{\partial \Pr(y=m|\bar{\mathbf{x}})}{\partial x_k}=\beta_k\left[f(\tau_{m-1}-\bar{\mathbf{x}}\boldsymbol{\beta})-f(\tau_m-\bar{\mathbf{x}}\boldsymbol{\beta})\right]$$

當然，我們也可以將所有獨立變項固定在其他的值上來計算邊際效應。舉例來說，表 5.6 是 1989 年女性受訪者預測機率的邊際效應，這些結果是由將模式中的變項 MALE 固定在 0、YR89 固定在 1、而其他所有變項固定在其平均數的情況下計算得出。

一般說來，邊際效應和我們所能觀察到 x_k 一個單位的改變相對所形成的機率改變並不相等。然而，如果一個獨立變項的分配是在機率曲線趨近於直線的區域，那麼我們就可以使用邊際效應來解釋獨立變項一個單位的改變對預測機率的影響。以圖 5.3 A 為例，因為受訪者的年齡和「不同意」的反應類別呈線性關係，所以我們可以下這樣的結論：

表 5.6：1989 年女性受訪者預測機率的邊際效應

Variable	SD	D	A	SA
AGE	0.00124	0.00321	−0.00018	−0.00427
ED	−0.00385	−0.00996	0.00056	0.01325
PRST	−0.00035	−0.00090	0.00005	0.00120

- 在 1989 年，女性受訪者的年齡每增加 10 歲，傾向選擇「不同意」的預測機率就會增加 .032。

這個 .032 所代表的意義是年齡（每增加 10 歲）對選擇「不同意」類別的邊際效應。再次提醒讀者，像這樣的邊際效應只有在獨立變項的分配是在機率曲線趨近於直線時才可以使用。

四、間距改變（Discrete Change）

當機率曲線的曲率很大或當獨立變項是虛擬變項時，使用邊際效應就很容易產生誤導。在這種情況下，使用間距改變來解釋 ORM 是比較適合的方法。

間距改變是 x_k 從起始值（x_S）到終點值（x_E）的改變所造成在預測機率上的改變（例如：從 0 到 1 的改變）：

$$\frac{\Delta \Pr(y=m|\mathbf{x})}{\Delta x_k}=\Pr(y=m|\mathbf{x},x_k=x_E)-\Pr(y=m|\mathbf{x},x_k=x_S)$$

其中，$\Pr(y=m|\mathbf{x}, x_k)$ 指的是 $x=x_k$ 時相對應 $y=m$ 的預測機率。這個間距改變可以解釋如下：

- 在其他變項保持在 x 值的情況下，當 x_k 從 x_S 改變到 x_E 時，其結果類別 m 的預測機率改變為 $\Delta\Pr(y=m|\mathbf{x})/\Delta x_k$。

因為次序依變項模式是非線性的，所以，間距改變的值取決於以下三個因素：（1）模式中其他所有變項的固定值；（2）x_k 的起始值；以及（3）x_k 改變的多寡。最常見的情況是，除了 x_k 以外，其他每一個連續變項均保持在它的平均數，而如果是虛擬變項時，通常我們都會計算出從 0 到 1 的改變。舉例來說，如果虛擬變項是性別的話，那麼，我們就可以分別計算出年齡對男性受訪者以及女性受訪者的間距改變。

如何決定 x_k 的起始值和 x_k 改變的間距呢？一般說來，須視研究的目的而定。以下幾種選擇提供給讀者作為參考：

1. 讓 x_k 從最小值（minimum）改變到最大值（maximum），那麼，我們就可以找出 x_k 可能的影響的全距。
2. 讓 x_k 從 0 改變到 1，那麼，我們就可以找出二元變項的影響。
3. 讓 x_k 從 x_k 的平均數改變到 x_k 的平均數加 1，那麼，我們就可以找出 x_k 一個單位改變的影響。或者，以 x_k 的平均數為中心，上下加減 1/2（也就是讓 x_k 從 x_k 的平均數加 1/2 改變到 x_k 的平均數減 1/2），那麼，我們就可以找出 x_k 的中心間距改變（centered discrete change）。
4. 讓 x_k 從 x_k 的平均數改變到 x_k 的平均數加一個標準差（s_k），那麼，我們就可以找出 x_k 一個標準差改變的影響。或者，以 x_k 的平均數為中心，上下加減 ½ 個標準差（$s_k/2$），那麼，我們也可以找出 x_k 的另一種中心間距改變。

表 5.7 是使用次序分對數模式所計算出來的間距改變。其

中，x_k 的改變從 0 到 1 ，可以解釋為，

- 在其他變項保持在其平均數的情況下，男性受訪者選擇「非常不同意」的預測機率比女性受訪者高 .08。

至於模式中其他變項的間距改變，我們則可以使用上述第一、第三、及第四種方法來計算。解釋的範圍如下，

- 在其他變項保持在其平均數的情況下，受訪者教育程度每增加一年，其選擇「非常同意」的預測機率便增加 .01。
- 在其他變項保持在其平均數的情況下，受訪者年齡每增加一個標準差，其選擇「不同意」的預測機率便增加 .05。
- 在其他變項保持在其平均數的情況下，受訪者職業聲望從最小改變到最大，其選擇「非常同意」的預測機率便增加 .06。

表 5.7：受訪者反應結果預測機率的間距改變（次序分對數模式）

Variable	Change	$\overline{\Delta}$	SD	D	A	SA
Overall	Probability	—	0.11	0.33	0.40	0.16
YR89	0→1	0.06	−0.05	−0.08	0.05	0.07
MALE	0→1	0.09	0.07	0.10	−0.08	−0.10
WHITE	0→	0.05	0.03	0.06	−0.04	−0.06
AGE	Δ1	0.00	0.00	0.00	−0.00	0.00
	Δσ	0.04	0.04	0.05	−0.04	−0.05
	ΔRange	0.18	0.18	0.19	−0.18	−0.19
ED	Δ1	0.01	−0.01	−0.01	0.01	0.01
	Δσ	0.03	−0.02	−0.03	0.02	0.03
	ΔRange	0.16	−0.15	−0.17	0.16	0.17
PRST	Δ1	0.00	−0.00	−0.00	0.00	0.00
	Δσ	0.01	−0.01	−0.01	0.01	0.01
	ΔRange	0.05	−0.04	−0.06	0.04	0.06

將每一結果類別間距改變的絕對值加起來再平均之後（稱為「間距改變的平均絕對值」；average absolute discrete change），我們就可以看出一個變項的整體影響。取絕對值是為了避免離差和等於 0 的狀況。間距改變的平均絕對值（average absolute discrete change）等於：

$$\overline{\Delta}=\frac{1}{J}\sum_{j=1}^{J}\left|\frac{\Delta \Pr(y=j|\overline{\mathbf{x}})}{\Delta x_K}\right|$$

在我們的例子中，「間距改變的平均絕對值」的結果列在表 5.7 的第三行。由表中可以看出受訪者的性別、教育程度、和年齡對範例中的依賴變項有強烈的影響。

間距改變的觀念可以根據目的的不同而加以延伸。例如：如果獨立變項的分配情形是高度偏斜（highly skewed），那麼，使用平均數來計算間距改變就很容易成誤導。在這種情況下，使用中數（median）來計算間距改變就會比較適合。又如：如果一個獨立變項特定值的改變是很重要的（如：再增加四年的學校教育），我們就可以使用除了 1 和標準差以外的間距來計算其改變。另外，如果模式中有多個二元獨立變項時，我們可能會希望分別計算出每一個二元獨立變項的間距改變。

五、在次序分對數模式中使用機率比

次序分對數模式在生物統計學中叫做比例差異模式（proportional odds model）（請參閱 Agresti，1990，p.322；McCullagh 和 Nelder，1989，p.151－155），一般說

來，它都是使用差異比率（odds ratios）來解釋其累積機率（cumulative probability）。其累積機率等於，

$$\Pr(y \le m|\mathbf{x}) = \sum_{j=1}^{J} \Pr(y=j|\mathbf{x}) \quad \text{for } m = 1, J-1$$

小於或等於 m 的結果機率與大於 m 的結果機率兩者相比，其比率等於：

$$\Omega_m(\mathbf{x}) = \frac{\Pr(y \le m|\mathbf{x})}{1-\Pr(y \le m|\mathbf{x})} = \frac{\Pr(y \le m|\mathbf{x})}{\Pr(y > m|\mathbf{x})}$$

舉例來說，我們可以計算出「不同意」或「非常不同意」的累積機率（m ≤ 2）以及「同意」或「非常同意」的累積機率，將兩者相除所得的結果就是其機率比。

在次序分對數模式中，我們有更簡單的公式可以計算出兩個累積機率的機率比（*你能自己導出下列的公式嗎？*）：

$$\Omega_m(\mathbf{x}) = \frac{\Pr(y \le m|\mathbf{x})}{\Pr(y > m|\mathbf{x})} = \exp(\tau_m - \mathbf{x}\boldsymbol{\beta})$$

取對數，

$$\ln\Omega_m(\mathbf{x}) = \tau_m - \mathbf{x}\boldsymbol{\beta}$$

這個公式經常被部分統計學家拿來作為導出次序分對數模式的基礎。它的優點是可以避開潛在變項的觀念。當統計學家由這個角度出發時，他們便將次序分對數模式稱為累積分對數模式（cumulative logit model）。

為了計算出 x 改變所造成的影響，讓我們以 x 的兩個值（$x = x_i$ 和 $x = x_\ell$）為例來說明。x_i 和 x_ℓ的差異比率等於：

$$\frac{\Omega_m(\mathbf{x}_i)}{\Omega_m(\mathbf{x}_\ell)} = \frac{\exp(\tau_m - \mathbf{x}_i\boldsymbol{\beta})}{\exp(\tau_m - \mathbf{x}_\ell\boldsymbol{\beta})} = \exp([\mathbf{x}_\ell - \mathbf{x}_i]\boldsymbol{\beta})$$

當模式中只有一個變項改變時，這個公式是非常有用的。舉例來說，假如 x_k 改變 δ，那麼，

$$\frac{\Omega_m(\mathbf{x}, x_k+\delta)}{\Omega_m(\mathbf{x}, x_k)} = \exp(-\delta \times \beta_k) = \frac{1}{\exp(\delta \times \beta_k)}$$

解釋為，

- 在其他變項保持不變的情況下，x_k 每增加 δ，機率比的期望值就會改變 $\exp(-\delta \times \beta_k)$ 倍。

如果 x_k 增加 1，那麼，差異比率等於：

$$\frac{\Omega_m(\mathbf{x}, x_k+1)}{\Omega_m(\mathbf{x}, x_k)} = \exp(-\beta_k) \qquad [5.11]$$

值得一提的是，差異比率的倍數改變等於 $\exp(-\beta_k)$，這和我們在第三章二元變項模式中所討論過的觀念十分類似。兩者之所以不同是因為次序分對數模式的統計式為 $\ln\Omega_m(\mathbf{x}) = \tau_m - \mathbf{x}\beta$，而二元分對數模式的統計式為 $\ln\Omega(\mathbf{x}) = \mathbf{x}\beta$。

為了說明如何使用差異比率來解釋統計結果，我們以表 5.3 性別的迴歸係數（$\beta_2 = -.73$）為例。因為 $\beta_2 = -.73$，所以，$\exp(-\beta_2) = 2.1$。它的解釋如下：

- 在其他所有變項保持不變的情況下，「非常不同意」與其他三個選項的機率比，男性受訪者是女性受訪者的 2.1 倍。同樣地，「非常不同意」和「不同意」與其他兩個選項的機率比，男性受訪者是女性受訪者的 2.1 倍。另外，「非常不同意」、「不同意」和「同意」這三項與「非常同意」的機率比，男性受訪者也是女性受訪者的

2.1 倍。

我們再舉另外一個例子來作說明。表 5.3 中年齡的迴歸係數（β_4）等於 －.02，標準差（s_4）等於 16.8。因此，100 [exp（－ $s_4 \times \beta_4$）－ 1] ＝ 44，它的解釋如下：

- 在其他所有變項保持不變的情況下，受訪者的年齡每增加一個標準差，「非常不同意」與其他三個選項的機率比就會隨著增加 44%。同樣地，受訪者的年齡每增加一個標準差，「非常不同意」和「不同意」與其他兩個選項的機率比，就會隨著增加 44%。另外，受訪者的年齡每增加一個標準差，「非常不同意」、「不同意」和「同意」這三項與「非常同意」的機率比就會隨著增加 44%。

由上述的例子中我們發現，不管 m 的值是多少，由公式 5.11 所計算出來的差異比率都是一樣的。由這樣的例子中，我們不禁要問：為什麼受訪者年齡的增加，在回答「非常不同意」與其他三個選項的機率比與回答「非常不同意」、「不同意」和「同意」這三個選項與「非常同意」的機率比都是一樣的？這就是我們下一節所要討論的比例差異假設（proportional odds assumption），也叫做平行迴歸假設（parallel regression assumption）。

第五節　平行迴歸假設（Parallel Regression Assumption）

在次序分對數模式中的比例差異假設的觀念，在整體上和次序變項模式（含次序分對數模式以及次序機率單位模式）中平行迴歸的觀念是一樣的。為了要清楚的了解平行迴歸的觀念，我們必須將公式 5.10 稍加變化，

$$\Pr(y \le m \mid \mathbf{x}) = F(\tau_m - \mathbf{x}\beta) \qquad [5.12]$$

也就是說，累積機率的值等於在 $y \le \tau_m - \mathbf{x}\beta$ 時，累積分配函數（cumulative distribution function）的值。因為不管 m 的值是多少，β 的值都是一樣的，所以，公式 5.12 等於是一連串二元反應模式的統計式，這些二元反應模式之間唯一的不同之處是其截距不同。這是因為，

$$\tau_m - \mathbf{x}\boldsymbol{\beta} = (\tau_m - \beta_0) - \sum_{k=1}^{k} \beta_k x_k$$

所以，$y \le 1$ 的機率為，

$$\Pr(y \le 1 \mid \mathbf{x}) = F\left((\tau_1 - \beta_0) - \sum_{k=1}^{K} \beta_k x_k\right)$$

其截距等於 $\tau_1 - \beta_0$。$y \le 2$ 的機率為，

$$\Pr(y \le 2 \mid \mathbf{x}) = F\left((\tau_2 - \beta_0) - \sum_{k=1}^{K} \beta_k x_k\right)$$

在式子中，其截距為 $\tau_2 - \beta_0$，而 x_k 的迴歸係數並沒有改變。

就像我們在第三章第七節（圖 3.8）中討論過的一樣，隨著截距慢慢增加，機率曲線也跟著由右邊慢慢偏向左邊，但是迴歸係數並沒有因此而受到影響。舉例來說，圖 5.4 所代表的模式

圖 5.4：平行迴歸假定的解釋

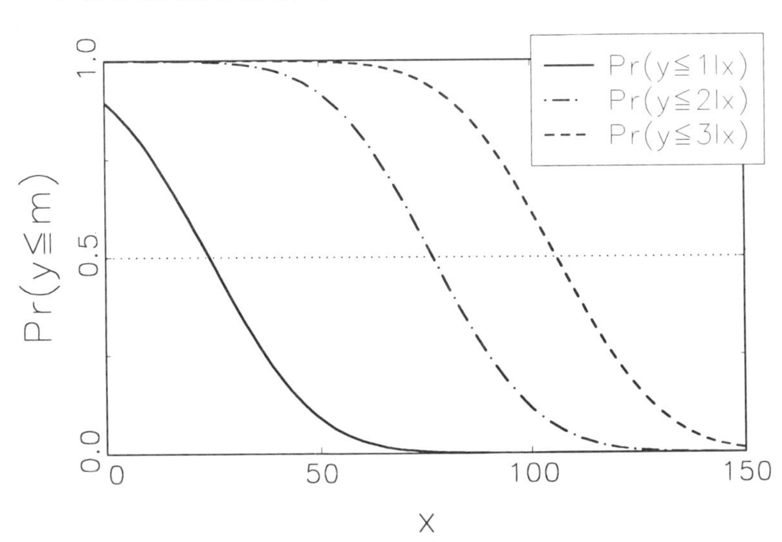

是四個次序結果類別的累積機率曲線圖，因為模式中有四個次序結果類別，所以，累積機率曲線只有三條，其截距分別為 $\tau_1 - \beta_0$、$\tau_2 - \beta_0$、以及 $\tau_3 - \beta_0$。

從圖中我們可以發現這三條機率曲線都是平行的。為了證明這三條機率曲線都是平行的，我們可以任意選擇一個機率值來檢查每一條機率曲線的斜率。例如說，當 $p = .5$ 時，三條曲線的斜率為，

$$\frac{\partial \Pr(y \le 1|x)}{\partial x} = \frac{\partial \Pr(y \le 2|x)}{\partial x} = \frac{\partial \Pr(y \le 3|x)}{\partial x}$$

因此，這三條迴歸曲線是相互平行的。

㈠平行迴歸假設非正式檢定（An Informal Test）：

我們可以用二元迴歸來檢驗平行迴歸假設：

$$\Pr(y \le m \mid \mathbf{x}) = F(\tau_m - \mathbf{x}\beta_m)$$

在第一個二元迴歸中，當 $y \le 1$ 時，依變項為 1，反之為 0。在

第二個二元迴歸中，當 $y \leq 2$ 時，依變項為 1 ，其餘為 0。其他的二元迴歸式以此類推，一直到 $y \leq J-1$ 為止。根據這樣的設定，我們會得到 J－1 組的 $\hat{\beta}_m$ 值。如果平行迴歸假設是真，則，

$$\beta_1 = \beta_2 = \ldots = \beta_{J-1} = \beta$$

而且每一個 $\hat{\beta}_m$ 和公式 5.12 的 β 是一致的（Clogg & Shihadeh，1994，p.159－160）。藉由比較由一組二元反應模式所得的 $\hat{\beta}_m$ 和次序分對數模式所得的 $\hat{\beta}$ 之間的差異，我們可以用非正式的檢定來判斷平行迴歸假設是否成立。

表 5.8 中的第一行是我們以次序分對數迴歸模式所計算出來的估計值，緊接著的三行則是三個二元分對數模式所估計出來

表 5.8：次序分對數以及累積分對數迴歸

Variable		Ordered Logit	Cumulative Logits		
			m≤1	m≤2	m≤3
YR89	β	0.524	0.965	0.565	0.319
	z	6.33	6.26	6.09	2.80
MALE	β	0.733	0.305	0.691	1.084
	z	9.23	2.36	7.68	8.88
WHITE	β	0.391	2.40	2.24	2.49
	z	3.27	2.40	2.24	2.49
AGE	β	0.022	0.016	0.025	0.019
	z	8.52	4.06	8.84	4.94
ED	β	0.067	0.105	0.053	0.058
	z	4.20	4.14	2.86	2.27
PRST	β	0.006	0.001	0.010	0.006
	z	1.84	0.25	2.50	1.14

的估計值。從表中可知，雖然有些變項的估計值十分類似（如：WHITE），但是，有些變項的估計值卻有很大的差異（如：MALE）。我們可以用比較正式的檢定來繼續驗證這個假設。

㈡**史考爾檢定（A Score Test）：**

SAS 的 LOGISTIC 程序提供了平行迴歸假定的分數檢定（或稱為 LM 檢定）（SAS Institute，1990b，p.1090）。在第四章中，我們曾經討論用史考爾檢定來檢定估計限制條件模式（constrained model）及無限制條件的模式（unconstrained model）兩者之間概似函數的改變。為了了解如何用史考爾檢定來檢驗平行迴歸假設，我們首先將 ORM 當作是一組有 J − 1 個二元累積分對數迴歸的統計式：

$$\Pr(y \leq m \mid \mathbf{x}) = F(\tau_m - \mathbf{x}\beta_m)$$

在這些累積分對數迴歸模式中，我們加入一個限制條件，這個條件假設每個模式的迴歸係數（β_m）都相等。

$$\beta_1 = \beta_2 = \ldots = \beta_{J-1} = \beta \qquad [5.13]$$

因此，我們所要估計的模式是：

$$\Pr(y \leq m \mid \mathbf{x}) = F(\tau_m - \mathbf{x}\beta) \qquad [5.14]$$

分數檢定所檢定的就是 ORM 的對數概似在加入與刪除限制條件（如公式 5.13）之後的改變情形。其檢定統計數呈卡方分配（chi−square），自由度等於 K（J − 1）（*試試看，驗證這個結果*）。在我們的例子中，我們所得出的分數檢定等於 48.4、自由度為 12（$p \leq .001$）。這樣的結果告訴我們，在我們的例子中，平行迴歸假設是不成立的。

㈢**沃爾德檢定（A Wald Test）：**

史考爾檢定是一個總括性的檢定，它無法告訴我們哪些獨立變項違反了平行迴歸的假設。Brant（1990）所提出的沃爾德檢定可以同時檢驗整個模式所有的 β_m 是否都相等，以及檢驗某些獨立變項的迴歸係數是否相等。雖然這個檢定法在一般坊間的統計軟體中並不常見，但是它的觀念卻是非常簡單。儘管計算過程有些繁複，具有計算矩陣功能的統計軟體卻可以很容易地計算出它的結果。這個檢定的建構方式如下：

1. 首先，估計 β_m 和 Var（$\hat{\beta}_m$）的值。求出下面公式定義的（J － 1）個二元分對數模式，

$$z_m \begin{cases} 1 & y > m \\ 0 & y \le m \end{cases}$$

當 z_{im} ＝ 1 且 $\mathbf{x}_i$ 為固定的值時，其機率如下：

$$\hat{\pi}_m(x_i) = F(\hat{\pi}_m + \mathbf{x}_i \hat{\boldsymbol{\beta}}_m)$$

2. 計算 $\hat{\beta}_m$ 及 $\hat{\beta}_l$ 的共變數。令

$$w_{iml} = \hat{\pi}_l(\boldsymbol{x}_i) - \hat{\pi}_m(\boldsymbol{x}_i)\hat{\pi}_l(\boldsymbol{x}_i)$$

然後將 $\mathbf{W}_{ml}$ 設定為 K × K 的對角線矩陣。其對角線上的值為 $W_{im\ell}$。令 $\mathbf{X}$ 為 N ×（K ＋ 1）的矩陣。第一行為 1，餘下各行分別為各個獨立變項的值。根據 Brant 的計算，不同二元分對數模式的 $\hat{\beta}$ 值之間的共變數為，

$$\hat{Var}(\hat{\boldsymbol{\beta}}_m, \hat{\boldsymbol{\beta}}_\ell) = (\mathbf{X}'\mathbf{W}_{mm}\mathbf{X})^{-1}(\mathbf{X}'\mathbf{W}_{m\ell}\mathbf{X})(\mathbf{X}'\mathbf{W}_{\ell\ell}\mathbf{X})^{-1}$$

3. 將所有的估計值含在一起。令 $\hat{\boldsymbol{\beta}}^* = (\hat{\boldsymbol{\beta}}_1' \hat{\boldsymbol{\beta}}_2' .. \hat{\boldsymbol{\beta}}_{J-1}')'$ 且

$$\hat{Var}(\hat{\boldsymbol{\beta}}^*) = \begin{pmatrix} \hat{Var}(\hat{\boldsymbol{\beta}}_1) & \cdots & \hat{Var}(\hat{\boldsymbol{\beta}}_1, \hat{\boldsymbol{\beta}}_{J-1}) \\ \vdots & \ddots & \vdots \\ \hat{Var}(\hat{\boldsymbol{\beta}}_{J-1}, \hat{\boldsymbol{\beta}}_1) & \cdots & \hat{Var}(\hat{\boldsymbol{\beta}}_{J-1}) \end{pmatrix}$$

在對角線上的 $V\hat{a}r(\hat{\beta}_m)$ 為各個二元迴歸式之間的共變矩陣。對角線以外的矩陣如步驟二所定義。

4. 設沃爾德檢定的虛無假設為 $H_0：\beta_1 = \ldots = \beta_{J-1}$，這個虛無假設和 $H_0：\mathbf{D}\beta^* = 0$ 一致。其中，

$$\mathbf{D} = \begin{pmatrix} \mathbf{I} & \mathbf{I} & \mathbf{0} & \mathbf{0} & \mathbf{0} \\ \mathbf{I} & \mathbf{0} & -\mathbf{I} & -\mathbf{I} & \mathbf{0} \\ \vdots & \vdots & \vdots & \vdots & \vdots \\ \mathbf{I} & \mathbf{0} & \mathbf{0} & \cdots & -\mathbf{I} \end{pmatrix}$$

I 為（K＋1）×（K＋1）的單位矩陣。**0** 是值為 0 的（K＋1）×（K＋1）矩陣。（*驗證看看，這個矩陣運算的結果是否和我們要檢驗的虛無假設一致*）沃爾德統計數以我們在第四章所提出的標準式顯示，

$$W = (\hat{\mathbf{D}}^*)'\left[\mathbf{D}V\hat{a}r(\hat{\boldsymbol{\beta}}^*)D'\right]^{-1}(\mathbf{D}\hat{\boldsymbol{\beta}}^*)$$

自由度為（J － 2）× K。

5. 設定對個別獨立變項的檢定：為了檢驗 $H_0：\beta_{k1} = \ldots = \beta_{k,J-1}$，我們必須選擇和我們所要檢驗的 β 相對應的 **D**、$\hat{\beta}^*$、及 $V\hat{a}r(\hat{\beta}^*)$ 矩陣的行與列。其自由度為 J － 2。

表 5.9 是我們使用沃爾德檢定所得到的結果。從表中可以看出總體 Wald 檢定（omnibus Wald test）和史考爾檢定的結果十分接近（S ＝ 48.4）。另外，從每一個獨立變項迴歸係數檢驗的結果看來，我們可以發現有些獨立變項是強烈違反平行迴歸假定的，正如表 5.8 所呈現的結果一樣。根據我的經驗，不管是用非正式或正式的統計檢定，平行迴歸假設經常都無法成立。當這個假設不成立時，我們應該使用其他的統計方法。我們在下一章中會詳細地討論這些方法。

表 5.9：平行迴歸假設的沃爾德檢定

Test for	X^2	df	Probability
Omnibus	49.18	12	<0.01
YR	13.01	2	<0.01
MALE	22.24	2	<0.01
WHITE	1.27	2	0.53
AGE	7.38	2	0.03
ED	4.31	2	0.12
PRST	4.33	2	0.12

第六節　其他和次序變項有關的統計法

雖然在社會科學領域中，次序依賴變項最常使用次序分對數模式以及次序機率單位模式（當然，也有很多人誤用 LRM），但是，我們仍然有很多其他的模式可以使用。

一、分組迴歸模式（The Grouped Regression Model）

在 ORM 中，可觀察到的變項定義為：

當 $\tau_{m-1} \leq y^* < \tau_m$ 時，$y = m$，m 為由 1 到 J 的整數其中分界點（cutpoint）為未知的參數。但是，當一個連續變項是以已知的方式來分組，其所產生的變項型態也是類似的。舉例來說，「收入」可以這樣分組：

$$y=\begin{cases}1 & \text{if } y^* < \$10{,}000 \\ 2 & \text{if } \$10{,}000 \le y \le \$20{,}000 \\ \vdots & \vdots \\ J & \text{if } y^* \ge \$100{,}000\end{cases}$$

像這樣的變項，我們在分析時經常會以每組間隔距離的中點（midpoint）來代表它們的值，但是某些變項也許還會有最高值和最低值的組別。問題是，我們並沒有強烈的證據可以證明這樣的分組是正確的。因此，像這樣的變項，我們有時會將它視為次序變項而使用 ORM（如 Anderson，1984）。然而，因為我們已經知道分界點的值，所以並不需要再進一步去估計。另外，因為分界點為已知，所以我們可以計算確實的 Var（ε）。這在 ORM 中只能以假設的方式界定。因此，Stewart（1983）建議像這樣的模式應該當作 tobit 模式（請參閱第七章）的延伸，同時，他也發展出兩階段估計法（two – stage estimator）以及 ML 估計法來計算這樣的統計式。

二、其他模式

相鄰類別模式（adjacent categories model）的定義公式為，

$$\ln\left[\frac{\Pr(y=m|\mathbf{x})}{\Pr(y=m+1|\mathbf{x})}\right]=\tau_m-\mathbf{x\beta}$$

依變項為類別 m 除以類別 m＋1 之後（機率比），再取其對數。這個模式和 ORM 不一樣，它是我們即將在下一章中討論的多元名義分對數模式中的一種。Fienberg（1980，p.110）提出連續比率模式（continuation ratio model）：

$$\ln\left[\frac{\Pr(y=m|\mathbf{x})}{\Pr(y>m|\mathbf{x})}\right]=\tau_m-\mathbf{x}\boldsymbol{\beta}$$

依變項為類別 m 和大於類別 m 的機率比的對數。在這個模式中，如果我們合併相鄰類別的樣本資料，估計值就會有所不同。Anderson（1984）提出安德生（Anderson）模式（又稱 stereotype model）[1]：

$$\ln\left[\frac{\Pr(y=j|\mathbf{x})}{\Pr(y=m|\mathbf{x})}\right]=\tau_m-\mathbf{x}\boldsymbol{\beta}_j$$

其中，依賴變項類別之間的次序性由兩個條件限制來定義：（1）τ 值的大小；（2）與各類別相互對應的迴歸係數 β。另外，由於條件（2）中 β 的值並沒有嚴格的限制（$\beta p > \beta q$ 或 $\beta q > \beta p$），因此，平行迴歸假設在無形中就不存在了。這個模式和多元名義分對數模式十分接近，我們將在下一章中討論。

這些模式在 Fienberg（1980，第六章）、Agresti（1990，pp.318－336）以及 Clogg 和 Shihadeh（1994，第七章）的書中均有探討。另外，Greenwood 和 Farewell（1988）利用醫學數據資料比較了幾種模式，讀者也可以加以參考。

---

[1] 在Anderson所發表的論文「迴歸統計與次序變項」（*Regression and Ordinal Categorical Variables*）中，他將自己所提出的統計模式命名為Stereotype Model，並為後來的學者們沿用至今。然而，對於這個統計模式被命名為Stereotype的原因，學者們並沒有一致的看法。為避免混淆，本書中採用這個統計模式的作者的名字為譯名。有興趣的讀者可以參考 Scott Long 和鄭旭智在 2001年所發表的論文「名義依賴變項的迴歸統計」（*Regression Models for Categorical Outcomes*）。

第七節　結　論

次序依賴變項如果使用線性迴歸模式來估計，很容易會產生錯誤的結果。次序迴歸模式是特別針對次序依賴變項而設計的。然而，雖然我們可以將次序迴歸模式的結果很容易地估計出來，其蘊藏在獨立變項和預測機率間的非線性關係，卻使得結果的解釋非常困難。除此之外，我們也必須確定依賴變項是單一向度的、有次序的、而且它的平行迴歸假設可以被接受。在應用上，像這樣的依賴變項，我們可以同時使用次序迴歸模式以及名義迴歸模式（將在第六章討論）來分析。

第八節　參考書目

次序機率單位模式是從 Aitchison 和 Silvey（1957）的研究中發展出來的。在他們的研究中，潛在連續變項是一個生物體對某些物質的容忍度（如：毒藥）。雖然容忍度無法觀察得到，但是卻可以藉由生物體的狀態測量出來，如：無影響、輕微影響、垂死的、或死亡。這個早期研究的迴歸模式中只有單一的獨立變項。次序分對數模式的起源可以在 Snell（1964）的研究中發現。McKelvey 和 Zavoina（1975）將 Aitchison 和 Silvey 的研究延伸應用到有多元獨立變項的模式中，並且發展出一個有效的估計方法。McCullagh（1980）獨立發展出次序分對數模式以及次序機率單位模式，但他主要的重點是次序分對數模式。在他的研究中，他將次序分對數模式稱為「比例差異模式」（proportional odds model），不過他的模式也只有單一的獨立變項。McCullagh 的研究刺激了很多生物統計學的發展，而這些發展在早期 McKelvey 和 Zavoina 的研究中並沒有發現。

另外，還有一些學者對次序變項模式提供了不同程度的介紹。Agresti（1990，pp.318－336）以及 Clogg 和 Shihadeh（1994，第七章）在討論次序變項模式時，特別將注意力集中在這些次序變項模式和對數線性模式（log－linear model）之間的關係。McCullagh 和 Nelder（1989，第五章）則在一般的線性迴歸模式中討論了幾個這樣的模式。Winship 和 Mare（1984）除了介紹次序變項模式以外，並討論了如何將這些模式應用到社會學的領域中。

第六章　名義依賴變項——多元名義分對數及其相關模式

名義變項是指它的類別無法以次序來分類的。在社會科學領域中，Schmidt 和 Strauss（1975）以名義分對數模式來研究職業成就；Meng 和 Miller（1995）用名義分對數模式研究中國大陸性別的差異對職業的影響；Arum 和 Shavit（1995）則將它用於研究高中職業教育對職業成就的影響。在其他的領域中也可以找到類似的例子，如：Hoffman 和 Duncan（1988）用婚姻和接受社會福利補助的例子來比較條件分對數（conditional logit）和多元名義分對數模式之間的差異（multinomial logit model）；Spector 和 Mazzeo（1980）也用名義分對數模式來研究實驗教學課程對班級成就的影響。其他有關於這個模式的研究還包括：離開父母親家庭的理由（Goldscheider 和 DaVanzo，1989）；科學工作的組織情境（Long 和 McGinnis，1981），以及在多元語言社會中語言的選擇（Stevens，1992）等等。

有時候，當依賴變項是次序變項時，研究者會使用名義依賴變項模式來分析資料，這種分析方法可以避免違反次序迴歸模式中的平行迴歸假定。也有時候，當研究者並不能確定依賴變項是否能夠以次序變項來歸類時，也會使用名義依賴變項模式。另外，研究者也許只是因為對多元名義分對數模式較為熟悉而決定使用名義依賴變項模式。如果依賴變項是次序變項而研究者卻以名義變項模式來分析資料，那麼研究者在某種程度上會喪失了資料所提供的資訊，因此無法對資料作最有效的運用。相對地，如果依賴變項是名義變項，而研究者卻以次序變項模式來分析資料，那麼結果便會有所偏差或者根本就沒有意義。如果研究者對於依賴變項的次序性有任何疑問時，我們應該使用多元名義分對數模式。雖然在這樣的狀況之下，我們對於資料的應用會比較沒有效率，但是比起使用次序分對數模式所產生偏差的估計，這樣的犧牲還是值得的。

在這一章中，我們將把重點放在兩個關係極為接近的模式上：多元名義分對數模式以及條件分對數模式（conditional logit model）。多元名義分對數模式最常使用在名義依賴變項中，研究者可以檢查獨立變項對於各個名義依賴變項類別的影響。而在條件分對數模式中，研究者的興趣經常是獨立變項如何影響受訪者在依變項各類別中的選擇。雖然多元名義分對數模式所能分析的問題多半也可以用機率單位模式來分析，但是多元機率單位模式在計算上卻是相當的麻煩。

第一節　多元名義分對數模式簡介

多元名義分對數模式（縮寫為 MNLM）就像二元分對數模式一樣，研究者可以同時在結果類別中作各種可能的組合比較。

事實上，二元分對數模式和 MNLM 所求得的統計值經常是非常一致的（Begg 和 Gray，1984）。因此，嚴格說來，多元名義分對數模式可視為二元分對數模式的一個延伸，只不過多元名義分對數模式中包含了較多的依變項類別。例如：當依賴變項有三個類別時，我們可以分別使用三個二元分對數模式一樣，來比較類別一和類別二、類別二和類別三、以及類別一和類別三。如果依賴變項有四個類別時，研究者就必須再多加上三組比較：類別一和類別四、類別二和類別四、以及類別三和類別四。如此一來，單就是要記住各組比較的符號及結果，就已經是一大挑戰。為了盡可能地說明 MNLM，我以三個結果類別和單一個獨立變項的模式為例子。如同我之前所說的，在這種情況下的 MNLM 和同時估計三組二元分對數模式是十分類似的。因此，在我們開始介紹多元名義分對數模式之前，讀者也可以先複習一下第三章第四節。

假設我們有一個名義依賴變項 y，其類別為 A、B 和 C，每一個類別中的樣本大小為 N_A、N_B、和 N_C。而我們的單一獨立變項為 x。首先，我們可以用一系列的二元分對數模式來分析 x 和 y 之間的關係。為了檢查 x 對於 A 相對於 B 的差異比率的影響，我們選擇 $N_A + N_B$ 個觀察值、類別為 A 或 B 的樣本來估計二元分對數模式：

$$\ln\left[\frac{\Pr(A|\mathbf{x})}{\Pr(B|\mathbf{x})}\right]=\beta_{0,A|B}+\beta_{1,A|B}x \qquad [\ 6.1\ ]$$

其中，依賴變項為 A 和 B 的機率比的對數（log），β 底下的下標符號 A|B 代表β 是 A 和 B 的機率比對數的迴歸係數。係數 $\beta_{1,A|B}$ 可以解釋成：每增加一個單位的 x，A 和 B 的機率比就

會改變 exp（$\beta_{1,\ A|B}$）倍（見第三章）。

對於其他組類別之間的比較也可以使用相同的方式來分析解釋，例如：為了了解 x 對於 B 和 C 機率比的影響，我們選擇 $N_B + N_C$ 個樣本來進行二元分對數模式的估計：

$$\ln\left[\frac{\Pr(B|\mathbf{x})}{\Pr(C|\mathbf{x})}\right]=\beta_{0,B|C}+\beta_{1,B|C}x \qquad [\ 6.2\ ]$$

接下來，我們選擇 $N_A + N_C$ 個樣本來進行最後一組二元分對數模式的分析：

$$\ln\left[\frac{\Pr(A|\mathbf{x})}{\Pr(C|\mathbf{x})}\right]=\beta_{0,A|C}+\beta_{1,A|C}x \qquad [\ 6.3\ ]$$

在了解了上述三組二元分對數模式的分析之後，我們必須進一步思考一下，有沒有必要同時估計三組二元分對數方程式呢？如果我們知道 x 如何影響 A 和 B 的機率比以及 x 如何影響 B 和 C 的機率比，那麼，從這樣的關係當中，我們似乎可以找出 x 是如何影響 A 和 C 的機率比。因此，在這三組二元分對數模式中似乎存在一個必然的數學關係。這個「關係」為，

$$\ln\left[\frac{\Pr(A|\mathbf{x})}{\Pr(B|\mathbf{x})}\right]+\ln\left[\frac{\Pr(B|\mathbf{x})}{\Pr(C|\mathbf{x})}\right]+\ln\left[\frac{\Pr(A|\mathbf{x})}{\Pr(C|\mathbf{x})}\right] \qquad [\ 6.4\ ]$$

上述的式子可以用下列的等式來證明：ln（a/b）＝ lna － lnb（*你能不能導出這個等式嗎？*）因為公式 6.1 和公式 6.2 的左側相加等於公式 6.3 的左側；它們右側的值也應該有同樣的等式關係：

$$(\beta_{0,A|B}+\beta_{1,\ A|B}x) + (\beta_{0,B|C}+\beta_{1,B|C}x) = (\beta_{0,A|C}+\beta_{1,A|C}x)$$

它們的截距和斜率分別為，

$$\beta_{0,A|B}+\beta_{0,B|C}=\beta_{0,A|C} \qquad [6.5]$$
$$\beta_{1,A|B}+\beta_{1,B|C}=\beta_{1,A|C}$$

由以上的邏輯來看，上述的三組二元分對數模式至少有一組是多餘的。也就是說，如果我們知道 A 對 B 二元分對數模式的結果及 B 對 C 二元分對數模式的結果，那麼，我們便可以推測出 A 對 C 二元分對數模式的結果。

然而，這樣的方式卻出現了一個複雜的問題：雖然從公式 6.5 中我們知道這三個二元分對數模式之間的關係，但是這三個二元分對數模式所使用的樣本是不一樣的（*用你自己的樣本試試看*）。在第一組比較中有 $N_A + N_B$ 個觀察值；第二組比較有 $N_B + N_C$ 個觀察值；第三組比較有 $N_A + N_C$ 個觀察值。在多元名義分對數模式中，為了要使資料的使用更有效率，同時也為了規範統計參數彼此之間的關係，所有的分對數模式以及樣本必須同時考慮。儘管如此，將多元名義分對數模式想像成一系列的二元分對數模式至少在邏輯上是正確的。

第二節　多元名義分對數模式

在這一節中，我們將由介紹每一個結果類別發生的機率和 x 之間的非線性關係開始，然後說明統計數定位的問題。接下來，我們由機率和 x 之間的非線性關係導出機率比的對數和 x 之間的線性關係。對於結果的解釋，我則提出以下兩種方法：機率的間距改變（discrete change in the probabilities）以及機率比的改變（factor change in the odds）。雖然這些方法基本上和在二元分對數模式中的解釋是一樣的，但是多元名義分對數模式所產生大量的統計結果，使得我們必須用圖解的方式來解釋。為了讓我們的討論更為具體，以下我們以職業成就的資料為例來作簡單的說明。

【MNLM 的實例】職業成就

在一份 1982 年的美國社會調查問卷中，填答者必須列出他們的職業。然後，我們將這些職業按照 Schmidt 和 Strauss（1975）所作的研究來編碼。在 377 份調查問卷中（皆為男性），所有填答者的職業分類如下：勞力工人（9%）、藍領階級（21%）、技工（25%）、白領階級（12%）、專業人士（33%）。三個獨立變項分別為種族（白人等於 1，其他種族則編碼為 0）、受教育的年數、以及工作經驗的長短（以年為單位）。表 6.1 為這些變項的描述性統計及縮寫。

表［6.1］：職業成就的描述性統計

Name	Mean	Standard Deviation	Minimum	Maximum	Description
OCC	–	–	–	–	Occupation:M＝menial; B＝blue collar; C＝craft; W＝white collar; P＝professional
WHITE	0.92	0.28	0.0	1.0	Race: 1＝white; 0＝nonwhites
ED	13.09	2.95	3.0	20.0	Education; number of years of Formal education
EXP	20.50	13.96	2.0	66.0	Possible years of work experience; age minus years of education minus 5

一、MNLM 的機率模式

讓我們以 y 代表名義依賴變項，其中，y 有 J 個類別（1 到 J），而且類別和類別之間沒有次序的關係。另外，$Pr(y=m|\mathbf{x})$ 為觀察值 m 的機率。y 的機率模式可以用下列的邏輯發展出來：

1. 令 $Pr(y=m|\mathbf{x})$ 為 $\mathbf{x}\boldsymbol{\beta}_{\mathbf{m}}$ 的線性函數。其中，x_k 對 m 的影響為向量 $\boldsymbol{\beta}_{\mathbf{m}}=(\beta_{0m}\ldots\beta_{km}\ldots\beta_{Km})'$。這個向量 $\boldsymbol{\beta}_{\mathbf{m}}$ 中包含截距 β_{0m} 以及斜率 β_{km}。在次序分對數模式中，$\boldsymbol{\beta}_{\mathbf{m}}$ 在每一類別的值是相同的。而在名義分對數模式中，$\boldsymbol{\beta}_{\mathbf{m}}$ 則因類別不同而各異。舉例來說，藍領階級教育年數的係數和技職人員教育年數的係數是不會相同的。
2. 為了確定機率不會是負數，我們取 $\mathbf{x}\boldsymbol{\beta}_{\mathbf{m}}$ 的指數：$\exp(\mathbf{x}\boldsymbol{\beta}_{\mathbf{m}})$。雖然這個步驟保證我們的預測機率為正值，但其總和 $\sum_{j=1}^{J}\exp(\mathbf{x}\boldsymbol{\beta}_{\mathbf{j}})$ 不等於 1。在理論上，我們必須找到一個方式使預測機率的總和等於 1。
3. 為了讓機率的總和等於 1，我們將 $\exp(\mathbf{x}\boldsymbol{\beta}_{\mathbf{m}})$ 除以 $\sum_{\mathbf{j}=1}^{\mathbf{J}}\exp(\mathbf{x}\boldsymbol{\beta}_{\mathbf{j}})$ 的總和：

$$Pr(y_i=m|\mathbf{x}_i)=\frac{\exp(\mathbf{x}_i\boldsymbol{\beta}_m)}{\sum_{j=1}^{J}\exp(\mathbf{x}_i\boldsymbol{\beta}_j)} \qquad [6.6]$$

（*你能由公式 6.6 來證明機率總和等於 1 嗎？*）

現在，我們可以確定機率的總和等於 1 了，但是公式 6.6

是一個有多組解的方程式。也就是說，即使是等號右側的值不同，我們仍能在等號左側求得相同的答案。例如說，我們可以將公式 6.6 乘以 exp（$\mathbf{x}\tau$）/exp（$\mathbf{x}\tau$）。由於 exp（$\mathbf{x}\tau$）/exp（$\mathbf{x}\tau$）＝1，在公式中加入 exp（$\mathbf{x}\tau$）/exp（$\mathbf{x}\tau$）對機率不會有影響：

$$\Pr(y_i=m|x_i)=\frac{\exp(\mathbf{x}_i\boldsymbol{\beta}_m)}{\sum_{j=1}^{J}\exp(\mathbf{x}_i\boldsymbol{\beta}_j)}\times\frac{\exp(\mathbf{x}_i\tau)}{\exp(\mathbf{x}_i\tau)}$$

$$=\frac{\exp(\mathbf{x}_i\boldsymbol{\beta}_m+\mathbf{x}_i\tau)}{\sum_{j=1}^{J}\exp(\mathbf{x}_i\boldsymbol{\beta}_j+\mathbf{x}_i\tau)}$$

$$=\frac{\exp(\mathbf{x}_i[\boldsymbol{\beta}_m+\tau])}{\sum_{j=1}^{J}\exp(\mathbf{x}_i[\boldsymbol{\beta}_j+\tau])}$$

由以上的數學式可以看出，雖然機率的值沒有改變，但是原來的參數 $\boldsymbol{\beta}_m$ 已經變成 $\boldsymbol{\beta}_m + \boldsymbol{\tau}$ 了。因此，在 $\boldsymbol{\beta}_m$ 加上任一個不等於 0 的 $\boldsymbol{\tau}$，我們都可以得到完全相同的預測機率。由此，我們可以知道，我們必須在公式 6.6 中加入其他的條件限制才能使名義分對數模式的統計式完全定位。

為了使名義分對數模式的統計式定位（identified），我們必須在 β 加入限制條件（constraint）。例如說：我們可以令 $\boldsymbol{\tau} = 0$。在此我們介紹兩種常用的條件假設：第一，我們可以假定 $\Sigma^{J}_{j=1}\ \beta_j = 0$。這個假設經常使用在層系對數線性模式（hierarchical log－linear model）中（Agresti，1990，頁 132）。第二，我們可以令 β 之中的一組係數等於 0。例如：$\boldsymbol{\beta}_1 = \mathbf{0}$ 或 $\boldsymbol{\beta}_J = \mathbf{0}$。這個假設經常使用在 MNLM 中。由於選擇這些假設並沒有一定的標準，在這裡我們就選擇一個比較常被使用的限制條件。令，

$$\boldsymbol{\beta}_1 = \mathbf{0}$$

很明顯的，如果我們在 β_1 中加入一組不等於 0 的 τ，也就是 β^*_1 不等於 **0**，那麼我們就違反了 $\beta_1 = 0$ 的假定。

當我們將上述的假設列入考慮後，公式 6.6 就變成了，

$$\Pr(y_i = m|\mathbf{x}_i) = \frac{\exp(\mathbf{x}_i\boldsymbol{\beta}_m)}{\sum_{j=1}^{J}\exp(\mathbf{x}_i\boldsymbol{\beta}_j)} \quad \text{where } \beta_1 = \mathbf{0} \qquad [6.7]$$

因為 exp（$\mathbf{x}_i\beta_1$）= exp（$\mathbf{x}_i\mathbf{0}$）= 1，所以公式 6.7 可以寫成：

$$\Pr(y_i = 1|\mathbf{x}_i) = \frac{1}{1+\sum_{j=2}^{J}\exp(\mathbf{x}_i\boldsymbol{\beta}_j)}$$

$$\Pr(m = 1|\mathbf{x}_i) = \frac{\exp(\mathbf{x}_i\boldsymbol{\beta}_m)}{1+\sum_{j=2}^{J}\exp(\mathbf{x}_i\boldsymbol{\beta}_j)} \quad \text{for } m>1$$

二、MNLM 的機率比模式（Odds Model）

我們也可以用機率比的觀念來說明 MNLM 的邏輯。就像我們在本章第一節中討論的一樣。觀察值 m 和 n 的機率比（以 $\Omega_{m|n}$（**x**）表示）等於，

$$\Omega_{m|n}(\mathbf{x}_i) = \frac{\Pr(y_i = m|\mathbf{x}_i)}{\Pr(y_i = n|\mathbf{x}_i)} = \frac{\dfrac{\exp(\mathbf{x}_i\boldsymbol{\beta}_m)}{\sum_{j=1}^{J}\exp(\mathbf{x}_i\boldsymbol{\beta}_j)}}{\dfrac{\exp(\mathbf{x}_i\boldsymbol{\beta}_n)}{\sum_{j=1}^{J}\exp(\mathbf{x}_i\boldsymbol{\beta}_j)}} = \frac{\exp(\mathbf{x}_i\boldsymbol{\beta}_m)}{\exp(\mathbf{x}_i\boldsymbol{\beta}_n)}$$

將上述數學式等號右邊的指數簡化，便形成了機率比方程式：

$$\Omega_{m|n}(\mathbf{x}_i) = \exp(\mathbf{x}_i[\beta_m - \beta_n])$$

取對數之後，我們便得到 MNLM，

$$\ln\Omega_{m|n}(\mathbf{x}_i) = \mathbf{x}_i(\beta_m - \beta_n)$$

我們將 $\beta_m - \beta_n$ 稱為對比（contrast），它是 **x** 在分對數模式中

對觀察值 $\ln\Omega_{m|n}$ 的效果。

因為模式是線性的，所以計算偏微分（partial derivative）便比較容易：

$$\frac{\partial \ln\Omega_{m|n}(\mathbf{x})}{\partial x_k}=\frac{\partial x(\boldsymbol{\beta}_m-\boldsymbol{\beta}_n)}{\partial x_k}=\frac{\partial \mathbf{x}\boldsymbol{\beta}_m}{\partial x_k}-\frac{\partial \mathbf{x}\boldsymbol{\beta}_n}{\partial x_k}=\beta_{km}-\beta_{kn}$$

這樣，我們便可以解釋 $\beta_{km}-\beta_{kn}$：

- 在其他變項保持不變的情況下，每改變一個單位的 x_k，觀察值 m 對比觀察值 n 的分對數便改變（$\beta_{km}-\beta_{kn}$）個單位。

因為 $\boldsymbol{\beta}_1=0$，所以觀察值 m 對觀察值 1 的方程式為：

$\ln\Omega_{m|1}(\mathbf{x}_i)=\mathbf{x}_i(\boldsymbol{\beta}_m-\boldsymbol{\beta}_1)=\mathbf{x}_i\boldsymbol{\beta}_m$

因此，加入限制條件 $\boldsymbol{\beta}_1=\mathbf{0}$ 之後，β_{km} 就是 x_k 在分對數模式中對觀察值 *m* 和觀察值 1 之機率比的對數的影響：

- 在其他變項保持不變的情況下，每改變一個單位的 x_k，觀察值 m 對比觀察值 1 的分對數便改變 β_{km} 個單位。

像這樣的解釋還蠻簡單的，這主要是因為 x_k 對依變項的影響並不因 x_k 本身的值或模式中其他變項的值而有所變化。不過，像這樣的解釋卻無法令人十分滿意，因為在分對數中機率比的單位改變所代表的意義並不是十分清楚。因此，在本章第六節中我們將會再介紹另一種不同的解釋方法。

上述所介紹的多元名義分對數模式是由 Theil（1969）所提出的。在本章之中我介紹 MNLM 的方式和 Theil 的方式十分類似。多元名義分對數模式也可以由類別選擇模式（discrete choice model）的角度來介紹。我們接下來將對此加以討論。

三、MNLM 的個別選擇模式

在 McFadden（1973）所發表的一篇非常有影響力的研究論文中，他指出， Luce（1959）的選擇行為的統計理論可以作為發展許多經濟計量學模式的基礎。這些模式包括多元名義以及條件分對數模式。在這一部份我們僅探討個別選擇模式的基本觀念，讀者若有興趣深入探討，可以參考 Ben – Akive 和 Lerman（1985，第三到第五章）或者 Pudney（1989，第一到第三章）。

個別選擇模式發展的理論基礎為「個人利益的極大化」。也就是說，當個人在面對各種不同的選擇時，他會選擇對自己最有利的選項。為了簡單起見，我們假定有兩種選擇：一和二。選擇一的利益為 μ_1；選擇二的利益為 μ_2。當 $\mu_1 > \mu_2$ 時，我們選擇一；當 $\mu_2 > \mu_1$ 時，我們選擇二（在此假定沒有相等的情況出現）。選擇時必須根據「個人利益的極大化」的基本原則。

由這樣的邏輯出發，個體 i 選擇 m 選項所得到的利益為，

$$u_{im} = u_{im} + \varepsilon_{im}$$

其中，μ_{im} 是個體 i 選擇 m 的平均利益；ε_{im} 為其誤差值。因此，選擇一的機率就等於選擇一超過選擇二的利益：

$$\begin{aligned}\Pr(y_i = 1) &= \Pr(\mu_{i1} > \mu_{i2})\\ &= \Pr(u_{i1} + \varepsilon_{i1} > u_{i2} + \varepsilon_{i2})\end{aligned}$$

$$= \Pr(\varepsilon_{i1} - \varepsilon_{i2} > u_{i2} - u_{i1})$$

當我們有 J 個選項時，選擇 m 的機率就變成：

$$\Pr(y = m) = \Pr(\mu_m > \mu_j \text{ for all } j \neq m)$$

舉例來說，擔任技職人員的機率，等於從技職業所獲得的利益超過從其他職業得到的利益的機率。

類別選擇模式的形式取決於研究者對誤差值的假定分配以及 μ_m 和所估計變項的相關情形。為了導出 MNLM 的公式，令平均利益值為個人特質的一個線性函數，

$$\mu_{im} = \mathbf{x}_i\boldsymbol{\beta}_m$$

McFadden（1973）證明只有在誤差值是獨立的而且有類型 I 極值分配（type I extreme – value distribution）的情況下，MNLM 才是合理的：

$$f(\varepsilon) = \exp[-\varepsilon - \exp(-\varepsilon)]$$

類型 I 極值分配的形狀和一個右偏的常態分配十分類似。它的眾數等於 0、平均數等於 .58、標準差等於 1.28。統計學家之所以選擇這個分配函數的原因，是因為它簡單、容易處理，而且使得導出來的公式易於使用。

第三節 ML 估計

不論我們以什麼樣的理論來導出 MNLM，其結果類別機率的公式都是一樣的。這個共通的公式為 ML 估計的基礎。令公

式 6.7 的 $\Pr(y_i = m \mid \mathbf{x}_i, \beta_2, \ldots, \beta_J)$ 為 $y_i = m$ 的機率（其參數從 β_2 到 β_J）；令 p_i 為 y_i 的預測機率。假如樣本彼此之間是獨立的，那麼其概似方程式（likelihood equation）就等於：

$$L(\boldsymbol{\beta}_2,\cdots,\boldsymbol{\beta}_J \mid \mathbf{y},\mathbf{X})=\prod_{i=1}^{N} p_i$$

將 p_i 所代表的式子代入，

$$L(\boldsymbol{\beta}_2,\cdots,\boldsymbol{\beta}_J \mid \mathbf{y},\mathbf{X})=\prod_{m=1}^{J}\prod_{y_i=m}\frac{\exp(\mathbf{x}_i\boldsymbol{\beta}_m)}{\sum_{j=1}^{J}\exp(\mathbf{x}_i\boldsymbol{\beta}_j)}$$

其中，$\prod_{y_i=m}$ 是所有 $y_i = m$ 的樣本的乘積。取對數之後，我們得到它的對數概似方程式，這個方程式可以由數值方法來求得 MNLM 中的 β 值。在實際的使用上，MNLM 收斂（convergence）的速度很快，而所求得的估計值在樣本數大時趨近於常態分配，並且傾向於和真正參數的值一致，另外，它利用資料的效率也很不錯。Amemiya（1985，pp. 295－296）指出，因為 MNLM 的概似方程式的整個曲線只有一個極值，所以由 ML 所求得的值是唯一的。

一、軟體的應用

讀者常常不了解為什麼不同的統計軟體所求得的 MNLM 的估計值往往互不相等。這一點可以由以下的方程式來說明：

$$\Omega_{m|n}(\mathbf{x}_i) = \mathbf{x}_i(\beta_m - \beta_n)$$

不同的統計軟體估計不同組合的 $(\beta_m - \beta_n)$。而不管是哪一種軟體，都以估計最小數量的 $(\beta_m - \beta_n)$ 組合為原則。在實際上，這樣的差異並不影響 MNLM 的結果。這是因為所有未被估計的（β_m － β_n）都可以由已知的（β_m － β_n）的值來求得。LIMDEP 和 Stata 估計（J － 1）組（β_m － β_n）的值。（*試試看，由這些已知的值，你可以算出所有未知的* β_m － β_n *值*）。Markov 則計算所有（β_m － β_n）的對比（contrast）。

比較麻煩的是，有些軟體對所計算的是哪些組的（β_m － β_n）並沒有清楚的說明。如果我們不知道所使用的程式軟體究竟是不是估計我們所要的對比，那麼我們對結果的解釋很容易產生錯誤。因此我們必須小心地比較每個統計軟體所估計出來的結果。這裡有一種簡單的檢查方式，可以提供讀者參考。令 $\mathbf{y}'$ ＝（1 2 3 1 2 3）、$\mathbf{x}'$ ＝（1 2 3 4 5 7）（請注意，最後一個數字是 7，不是 6）。那麼，估計值便是：

$\hat{\beta}_{xm}-\hat{\beta}_{xn}$		Outcome n		
		1	2	3
Outcome	1	—	−0.3791	−0.8237
m	2	0.3791	—	−0.4445
	3	0.8237	0.4445	—

第四節　計算並檢驗其他對比

統計軟體一般只估計最低數量的對比組別。舉例來說，你所使用的統計軟體可能以類別 r 為對照組，只提供（J － 1）組

（$\beta_m - \beta_n$）：

$$\beta_{km} - \beta_{kr} = \beta_{k,m|r} \quad \text{for all } m \neq r \qquad [6.8]$$

其中，$\beta_{k \cdot m|r}$ 是新的符號，代表 $\beta_{km} - \beta_{kr}$ 的對比。（*在你繼續往下看之前，請先確定你的軟體是以哪一個類別為對照組。*）其實，不管你的軟體估計的是哪些對比，你都可以利用軟體所算出來的估計值來計算你有興趣的其他對比。底下，我們用職業成就的例子來作說明。

【MNLM 的實例】職業成就

6.2 中的迴歸係數是從一個估計 MNLM 的標準統計軟體估計得出。其統計結果所列出的對比包含和類別 m 的所有可能的比較。和這些迴歸係數所相關的方程式如下：

$$\Omega_{B|M}(\mathbf{x}_i) = \beta_{0,B|M} + \beta_{1,B|M}\text{WHITE} + \beta_{2,B|M}\text{ED} + \beta_{3,B|M}\text{EXP}$$

$$\Omega_{C|M}(\mathbf{x}_i) = \beta_{0,C|M} + \beta_{1,C|M}\text{WHITE} + \beta_{2,C|M}\text{ED} + \beta_{3,C|M}\text{EXP}$$

$$\Omega_{W|M}(\mathbf{x}_i) = \beta_{0,W|M} + \beta_{1,W|M}\text{WHITE} + \beta_{2,W|M}\text{ED} + \beta_{3,W|M}\text{EXP}$$

$$\Omega_{P|M}(\mathbf{x}_i) = \beta_{0,P|M} + \beta_{1,P|M}\text{WHITE} + \beta_{2,P|M}\text{ED} + \beta_{3,P|M}\text{EXP}$$

如果我們所感興趣的對比並沒有經由程式軟體計算出來［例如：種族對於「技工對應白領階級」的影響，（$\beta_{1,C|M}$）］，那麼我們可以計算並檢驗我們所需要的迴歸係數，如表 6.2 所列。

表 6.2：MNLM 職業成就的迴歸係數

Comparison		*Logit Cefficient for*			
		Constant	WHITE	Ed	EXP
B|M	β	0.71	1.237	−0.099	0.0047
	z	0.49	1.71	−0.97	0.27
C|M	β	−1.091	0.472	0.094	0.0277
	z	−0.75	0.78	0.96	1.66
W|M	β	−6.239	1.571	0.353	0.0346
	z	−3.29	1.74	3.01	1.84
P|M	β	−11.518	1.774	0.779	0.0357
	z	−6.23	2.35	6.79	1.98

㈠其他的對比

假定我們的程式軟體列出和結果類別 r 的所有對比，那麼，對於變項 x_k，程式軟體則能估計出除了 p ＝ r 以外的所有迴歸係數 $\beta_{k,\ p|r}$。在表 6.2 中，r 所代表的為勞力工人（Menial），從表列已知的迴歸係數，我們可以計算任二組 p、q 之間的對比，

$$\beta_{\kappa,p|q}=\beta_{\kappa,p|r}-\beta_{\kappa,q|r} \qquad [6.9]$$

我們可以進一步驗證上述的公式，

$$\begin{aligned}\beta_{k,p|q}&=\beta_{kp}-\beta_{kq}\\&=(\beta_{kp}-\beta_{kr})-(\beta_{kq}-\beta_{kr})\\&=\beta_{k,\ p|r}-\beta_{k,\ q|r}\end{aligned}$$

舉例來說，對於「技工對白領階級」這個對比來說，種族的影響為，

$$\hat{\beta}_{1,C|W}=\hat{\beta}_{1,C|M}-\hat{\beta}_{1,W|M}=0.47-1.57=-1.10$$

變異數為，

$$\hat{Var}(\hat{\beta}_{1,\ C|W}) = \hat{Var}(\hat{\beta}_{1,\ C|M} - \hat{\beta}_{1,\ W|M})$$
$$= \hat{Var}(\hat{\beta}_{1,C|M}) + \hat{Var}(\hat{\beta}_{1,W|M})$$
$$-2\,\hat{Cov}(\hat{\beta}_{1,\ C|M},\ \hat{\beta}_{1,W|M})$$

上述的變異數所需的值都可以在一般統計軟體中求出。通常，我們必須特別指定所使用的軟體將變異數矩陣計算出來。從矩陣中我們可以看出，位在對角線所代表的值是變異數，而位在對角線以外的值則代表共變數。為了避免因為四捨五入所造成的誤差（rounding error），在計算方面我們使用愈多的小數位數愈好。一旦求出 $\hat{Var}(\hat{\beta}_{1,\ C|W})$，種族在「技工對白領階級」的迴歸係數就可 以使用標準 z 檢定來檢驗了：

$$z = \frac{\hat{\beta}_{1,\ C|W}}{\sqrt{\hat{Var}(\hat{\beta}_{1,\ C|W})}}$$

另外一個求得不同對比迴歸係數的方法是將我們的名義依變項重新編碼。在我們的例子中，依賴變項的編碼為：M ＝ 1、B ＝ 2、C ＝ 3、W ＝ 4、P ＝ 5。而統計程式所估計的，是對照 M 的所有迴歸係數。如果我們研究的興趣為對照 P　的所有迴歸係數，那麼，我們可以將依賴變項重新編碼為 P ＝ 1、M ＝ 2、B ＝ 3、C ＝ 4、W ＝ 5。 那麼，所估計出來的迴歸係數便為 $\beta_{M|P}$、$\beta_{B|P}$等以此類推。

第五節 兩種有用的檢定法

在這一節中，我將介紹兩種適用於 MNLM 非常有用的檢定法。第一種方法為檢驗單一變項的迴歸係數是否等於 0；第二種方法則是檢驗依賴變項中的某些類別是否可以合併。了解這些檢定法的基本邏輯，對於讀者利用統計軟體進行資料分析時，是非常重要的。以下的說明我們都以結果類別 r 作為各組比較的對象。

一、對單一變項的迴歸係數是否等於 0 的檢定

假設依賴變項有 J 個類別，那麼，x_k 的迴歸係數 $\beta_{k,\ m|r}$ 便有 J−1 個。此時我們的虛無假設（x_k 對依賴變項沒有影響）便可以寫成：

H_0： $\beta_{k,\ 1|r} = \ldots = \beta_{k,\ J|r} = 0$

因為 $\beta_{k,\ r|r}$ 必等於 0，所以在假設中所加入的限制條件為 J−1 個。這個假設可以用沃爾德檢定或是 LR 檢定來測定。

(一) LR 檢定

首先，我們估計包含所有變項的整個模式，得到 LR 統計數 G^2_F。接下來，我們估計一個限制模式，也就是除了 x_k 以外的模式 M_R， LR 統計數為 G^2_R。這個限制模式的參數的個數少於（J−1）個。接著我們計算這兩個模式之間的差異（$G^2_{RvsF} = G^2_F - G^2_R$），其分配情形為卡方，自由度等於 J−1。這個檢定法的缺點是我們必須估計兩個迴歸式。

㈡沃爾德檢定

因為沃爾德檢定只需要估計一個統計式，因此，當模式中有很多變項時，用沃爾德檢定檢驗時就顯得比較容易。大多數估計 MNLM 的統計軟體都提供沃爾德檢定的程序。令 $\hat{\beta}_k$ ＝（$\hat{\beta}_{k \cdot 2|1}$ … $\hat{\beta}_{k \cdot J|1}$）′ 為變項 x_k 從整個模式中所估計出來的 ML 估計值。為了簡單起見，我將以結果類別 1 為參考類別，因此其他所有的迴歸係數都與結果類別 1 作比較。如果讀者的程式軟體使用不同的參考類別，那麼，$\hat{\beta}_k$ 就包含了 J–1 個迴歸係數。接下來，我們將 $\hat{Var}$（$\hat{\beta}_k$）當作是共變數矩陣，那麼檢驗虛無假設的沃爾德統計數便可以寫成：

$$W_k = \hat{\beta}_k' \ \hat{Var}(\hat{\beta}_k)^{-1} \hat{\beta}_k$$

如果虛無假設成立的話，那麼，W_k 的分配情形為卡方分配，其自由度為 J–1。

【沃爾德和 LR 檢定的實例】

表 6.3 列舉了我們的範例中對每個變項的沃爾德和 LR 檢定的結果。在 LR 檢定中，變項 WHITE 可以解釋為：

- 種族對於職業成就有顯著的影響（p ＝ .09）。

表 6.3：沃爾德和 LR 檢定（每個變項都沒有影響）

	G^2	*df*	P	W	*df*	p
WHITE	8.10	4	0.09	8.15	4	0.09
ED	156.94	4	<0.01	84.97	4	<0.01
EXP	8.56	4	0.07	7.99	4	0.09

上述的結果和沃爾德檢定中所得到的結論是一致的。當樣本數為無限大時，沃爾德和 LR 檢定所得的結果是相等的，在有限的樣本下，兩個程序所求得的檢定值不完全相同。

二、檢定依賴變項中的兩個類別是否可以合併

如果沒有任何一個 x_k 對結果類別 m 和 n 的機率比產生顯著的影響，我們說 m 和 n 在這個獨立變項上是沒有分別的（Anderson，1984）。如果 $\beta_{1,m|n}$ … $\beta_{K,m|n}$ 分別為 x_1 到 x_K 對 m 對比 n 的分對數的迴歸係數，那麼，虛無假設「m 和 n 兩個類別是無差異的」可以表示如下：

$$H_0：\beta_{1,m|n}= \ldots =\beta_{K,m|n}=0 \qquad [6.10]$$

配合一般的統計軟體，公式 6.10 也可以寫成：

$$H_0：(\beta_{1,m|r}-\beta_{1,n|r})=\ldots=(\beta_{K,m|r}-\beta_{K,n|r})=0$$

從我們的例子中，虛無假設為 P 和 W 是沒有分別的，表示如下：

$$H_0：\beta_{1,P|W}=\beta_{2,P|W}=\beta_{3,P|W}=0 \qquad [6.11]$$

或者，將它轉換成表 6.2 中的參數（公式 6.9）：

$$H_0：\beta_{1,P|M}-\beta_{1,W|M}=\beta_{2,P|M}-\beta_{2,W|M}=\beta_{3,P|M}-\beta_{3,W|M}=0$$

(一)沃爾德檢定

m 和 n 在模式中是沒有分別的虛無假設，可以用沃爾德檢定加以檢驗：

$$W_{m|n}=[\mathbf{Q}\hat{\beta}^*]'[\mathbf{Q}\hat{Var}(\hat{\beta}^*)\mathbf{Q}'][\mathbf{Q}\hat{\beta}^*]$$

其中，β^* 為含所有模式迴歸係數的矩陣，**Q** 為根據公式 6.10 所定義的條件矩陣。（*試試看，根據公式 6.11，自己寫成一個 Q 矩陣。*）由於這個檢定法在應用上非常麻煩，所以，我建議使用 LR 檢定。

㈡ LR 檢定

一般來說，沃爾德檢定具有比較強的統計檢驗能力，但 LR 檢定在使用上則簡單許多。首先，選擇我們要檢驗的兩種類別以及其相對的樣本（例如，*m* 和 *n* 兩個類別以及樣本中選擇 *m* 和 *n* 的受試者），然後，就這個子樣本（選擇類別 *m* 或 *n* 的受試者）以及兩個結果類別（*m* 和 *n*）作二元分對數分析。接下來，我們假設由這個二元分對數模式所估計的迴歸係數都等於 0（也就是 H_0: $\beta = 0$）。如果這個假設不被拒絕的話，則我們可以認定，我們所選擇的兩個結果類別可以合併在一起。由於決定我們是否可以拒絕虛無假設的統計數，是大多數統計軟體所提供的標準輸出結果的一部份（也就是二元分對數模式中的 F 值），這個檢定法在應用上非常簡單。

【沃爾德和 LR 檢定的實例】

我們的虛無假設是「專業人士和白領階級這兩個職業類別是可以合併」。其檢驗的步驟為：第一，選擇樣本中的專業人士和白領階級，共 153 人。第二，估計下列的二元分對數統計式：

$$\ln\Omega_{P|W}(\mathbf{x}) = \beta_0 + \beta_1 \mathrm{WHITE} + \beta_2 \mathrm{ED} + \beta_3 \mathrm{EXP}$$

第三，使用 LR 檢定來檢驗我們的虛無假設。換句話說，二元分對數模式中所有的迴歸係數都等於 0（H_0：$\beta_1 = \beta_2 = \beta_3 =$

0）。從我們的數據資料中得出，$G^2_{P|W} = 23.4$，自由度等於 3（df = 3），$p < .01$。這個結果和沃爾德檢定中所得的一致：$W_{P|W} = 22.2$。因此，我們可以拒絕虛無假設。

三、找尋最佳模式

由於 MNLM 的解釋比較複雜，因此，在統計上尋找合理且獨立變項最少的統計方程式，在 MNLM 中特別重要。另外，如果能夠合理地將多餘的類別變項合併，在對 MNLM 結果的解釋上也會降低許多複雜度。雖然本節所提供的兩種檢定法都可以協助研究者達到以上的目的，在使用這些檢定法時仍需注意幾件事：第一，在 MNLM 中，大多數的檢定都同時檢驗多個迴歸係數。有時候，檢定的結果告訴我們說這一組的迴歸係數等於零，但這並不表示這一組迴歸係數中的每一個單一迴歸係數都沒有達到顯著水準。因為如此，在決定增減統計式內的獨立變項或合併依賴變項中的類別之前，研究者必須仔細檢查每一個迴歸係數。舉例來說，雖然 $W_{B|M}$ 的結果建議我們可以合併兩個職業類別，但是，模式中的某一個獨立變項可能仍對這兩種職業有顯著的影響。第二，在我們搜尋最佳模式的過程當中，過度依賴統計檢定的結果也許會造成「過度配合資料」（overfitting）的危險。換句話說，經由一連串依賴檢定結果所形成的統計式，最後可能只適合分析者所使用的那份樣本數據，而無法應用到其他任何的樣本。因此，當研究者所「架構」的統計方程式中變項或結果類別的選擇是經過檢定結果修正過的，顯著水準只能用來當作參考。

第六節　結果的解釋

即使只是簡單的 MNLM，模式中仍然有許多參數。例如：三個結果類別、五個獨立變項的 MNLM 至少就有 12 個迴歸係數。如果是五個結果類別就有 24 個；如果是七個結果類別就有 36 個。如果每一組可能的對比都要檢查，那麼迴歸係數數量之龐大可想而知。一般說來，當研究者使用 MNLM 時，經常只列出迴歸係數，然後說明這些迴歸係數是否到達顯著水準，而其他如獨立變項對依賴變項影響的大小，或甚至影響的方向都經常忽略掉。在這一節中，我介紹幾種解釋方法，這幾種方法使我們即使是面對很複雜的 MNLM，也能很容易地解釋它複雜的結果。

一、預測機率（Predicted Probabilities）

相對於 $\mathbf{x}$ 的 $y = m$ 的預測機率等於：

$$\Pr(y=m|\mathbf{x}_i)=\frac{\exp(\mathbf{x}_i\boldsymbol{\beta}_m)}{\sum_j^J\exp(\mathbf{x}_i\boldsymbol{\beta}_j)} \qquad [\ 6.12\ ]$$

其中，$\beta_1 = 0$。因為預測機率是解釋的基礎，所以了解所使用的統計軟體是如何計算出預測機率是很重要的。假定讀者使用的統計軟體所估計的對比為 $\beta_{k,m|r} = \beta_{km} - \beta_{kr}$，那麼將公式 6.12 乘上 $\exp(-\mathbf{x}\beta_r)/\exp(-\mathbf{x}\beta_r)$ 就會產生和 6.12 一樣的公式：

$$\Pr(y=m|\mathbf{x}_i)=\frac{\exp(\mathbf{x}_i\boldsymbol{\beta}_m)}{\sum_{j=1}^{J}\exp(\mathbf{x}_i\boldsymbol{\beta}_m)}\frac{\exp(-\mathbf{x}_i\boldsymbol{\beta}_r)}{\exp(-\mathbf{x}_i\boldsymbol{\beta}_r)}$$

$$=\frac{\exp(\mathbf{x}_i[\boldsymbol{\beta}_m-\boldsymbol{\beta}_r])}{\sum_{j=1}^{J}\exp(\mathbf{x}_i[\boldsymbol{\beta}_j-\boldsymbol{\beta}_r])}$$

$$=\frac{\exp(\mathbf{x}_i\boldsymbol{\beta}_{m|r})}{\sum_{j=1}^{J}\exp(\mathbf{x}_i\boldsymbol{\beta}_{j|r})}$$

其中，$\beta_{m|r}$ 是含所有 $\beta_{k,m|r}$ 的向量，k 指不同的獨立變項。

預測機率可以使用不同的 x 值計算出來，也可以用各種不同的方式呈現。舉例來說，為了檢查預測機率的變化大小及情形，我們可以計算出樣本中預測機率的平均數、最小值以及最大值。又如為了檢查單一獨立變項 x_k 的影響，我們可以讓模式中其他的變項維持在一定的值，而只讓 x_k 產生不同的改變。然後，我們可以用圖來表示 x_k 和預測機率之間的關係。再者，如果我們想要強調幾個重要獨立變項所產生的影響，我們可以製作一個預測機率的表來加以說明。這些方法我們在第三章以及第五章中都有詳細的討論，在此不再敘述。

二、偏微分改變（Partial Change）

對於連續獨立變項而言，機率偏微分改變的計算可由公式 6.12 加以延伸：

$$\frac{\partial \Pr(y=m|\mathbf{x})}{\partial x_K}=\Pr(y=m|\mathbf{x})\left[\beta_{km}-\sum_{j=1}^{J}\beta_{kj}\Pr(y=j|\mathbf{x})\right] \qquad [\ 6.13\ ]$$

偏微分改變又稱為邊際效應。它是在其他變項保持不變的情況下，x_k 和 Pr（$y = m | \mathbf{x}$）曲線的斜率。邊際效應的值取決於模式中所有獨立變項的值以及每個結果類別的迴歸係數。一般說來，我們在計算邊際效應時，通常將模式中其他獨立變項的值固定在它們的平均數。如果獨立變項是虛擬變項，則將值固定在 0 或 1。

因為公式 6.13 中所有的 β_{kj} 必須一併考慮，所以 x_k 對 m 的邊際效應並不需要和相關的迴歸係數 β_{km} 有相同的正負符號。另外，隨著 x_k 的改變，邊際效應的正負符號也可能跟著改變。舉例來說，某些情況之下，受教育的年數對選擇技職業的邊際效應可能是正的，但在其他情況之下，邊際效應也有可能是負的。這種情況和第五章圖 5.3 A 十分類似。因此，邊際效應的使用在 MNLM 中並不常用。

三、間距改變（Discrete Change）

機率間距改變在解釋上是屬於比較有效率的方法，它可以用在連續獨立變項以及虛擬獨立變項中。當 x_k 從 x_S 改變到 x_E 時，預測機率的改變等於：

$$\frac{\Delta \Pr(y=m|\mathbf{x})}{\Delta x_k} = \Pr(y=m \mid \mathbf{x}, y_k = x_E) - \Pr(y=m|\mathbf{x}, x_k = x_S)$$

其中，Pr（$y = m | \mathbf{x}, x_k$）是相對於 x 的 $y = m$ 的預測機率，x_k 為我們有興趣的獨立變項，間距改變的解釋如下：

● 在其他變項保持不變的情況下，x_k 從 x_S 改變到 x_E 時，結果類別 m 之預測機率的改變為 $\Delta Pr(y=m|\mathbf{x})/\Delta x_k$。

因為 MNLM 是非線性的，機率改變的多寡取決於（1）x_k 改變的多寡；（2）x_k 的起始值；（3）模式中其他所有變項的值。一般說來，模式中其他所有變項的值都固定在它們各自的平均數，而虛擬變項的值則是固定在 0 或 1。必須提醒讀者注意的是，間距改變的多寡甚至方向都取決於模式中所有變項的值。

一個獨立變項改變的多寡必須視變項的類別以及研究目的而定。虛擬變項可以從 0 改變到 1。其他變項的影響則可以將變項的值增加或減少 1 或加減一個標準差。一個有用的方法是以變項的平均數為中心來加減上下改變的距離（詳見第三章，頁77）。另外，我們也可以藉由變項的最小值改變到最大值而計算出這一個變項的全距（詳見第三章第七節以及第五章第四節）。

在我們決定如何計算間距改變之後，我們會得出 J 個值的改變，也就是說每一個結果類別都會有一個改變的值。藉由計算出間距改變的平均絕對值，我們可以將這些改變的總和，以下面的公式表示：

$$\overline{\Delta}=\frac{1}{J}\sum_{j=1}^{J}\left|\frac{\Delta Pr(y=j|\mathbf{x})}{\Delta x_k}\right|$$

注意，我們必須先取間距改變的絕對值，然後再將每一個改變的量一一加起來，否則，這些值的總和將會等於 0。

【間距改變的實例】職業成就

表 6.4 所呈現的是從職業成就的數據資料中所計算出來的間距改變。首先我們來討論虛擬變項 WHITE。在模式中其他所有變項的值都固定在它們各自平均數的情況下，白人擔任勞力工人（menial）的機率減少了 .13；而從事專業工作（professional）的機率增加了 .16。受教育的年數每增加一個標準差，平均絕對值的改變為 .16；而工作經驗每增加一個標準差，平均絕對值的改變為 .03。受教育的年數對從事專業工作的機率影響最大，受教育的年數每增加一個標準差，從事專業工作的機率便隨著增加 0.38。

雖然從表中我們可以看出各個獨立變項對機率的影響，但是我們也可以進一步藉由圖示的方式很快地得到類似的訊息。圖 6.1 中的橫軸所代表的是預測機率的間距改變，縱軸所代表的是我們有興趣的獨立變項。圖中的字母代表各項職業，而這些字母所在的位置則代表其間距的改變。當然，在計算這些間距改變的

表 6.4：MNLM 在機率中的間距改變

Variable	Change	$\overline{\Delta}$	M	B	C	W	P
WHITE	0→1	0.12	−0.13	0.05	−0.16	0.08	0.16
ED	Δ1	0.06	−0.03	−0.07	−0.05	0.01	0.13
	Δσ	0.16	−0.07	−0.19	−0.15	0.03	0.38
	ΔRange	0.39	−0.13	−0.70	−0.15	0.02	0.96
	Δ1	0.00	−0.00	−0.00	0.00	0.00	0.00
EXP	Δσ	0.03	−0.03	−0.05	0.01	0.02	0.04
	ΔRange	0.12	−0.12	−0.19	0.03	0.09	0.18
Probability at Mean			0.09	0.18	0.29	0.16	0.27

時候，我們必須將其他的獨立變項設定在固定的值上。在我們的例子中，除了我們有興趣的變項以外，其他獨立變項的值都固定在它們各自的平均數。如果模式中其他所有變項的值並不是固定在平均數，那麼結果也會有所不同。從圖中我們可以很清楚地看出，受教育年數的影響是最明顯的，尤其是對於選擇專業工作的機率上。更明確地說，受教育的年限每增加一個標準差，從事專業工作的機率便增加 0.35 。此外，種族的影響也是十分明顯的。黑人比較不容易從事藍領階級、白領階級、以及專業工作。至於工作經驗的影響就比較小了。從圖中我們也可以看出工作經驗對需要較高技巧的工作（技職業、白領階級、以及專業工作）影響稍大。

圖 6.1：MNLM 在機率中的間距改變

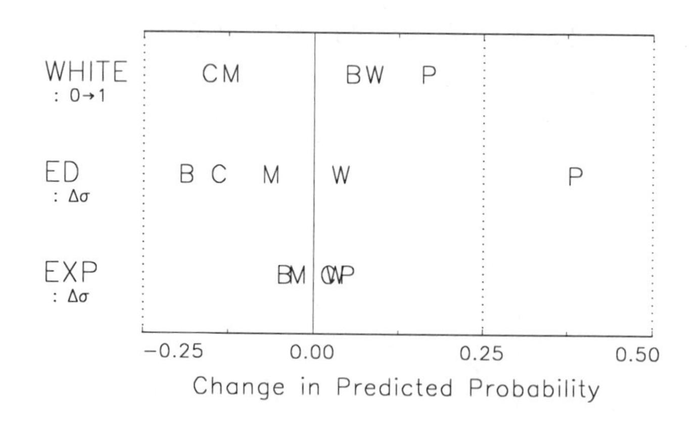

四、差異比率（Odds Ratios）的解釋

雖然在 MNLM 中使用機率的改變來解釋獨立變項的影響是

一種有用的方法，但是，這樣的方法仍然有它的限制。第一，間距改變指得是，當獨立變項固定在一特定值時預測機率的改變，因此，當設定的值不同時，間距改變也不同。第二，間距改變無法告訴我們結果類別之間的關係。例如：受教育年數的減少增加了從事技職業和藍領階級工作的機率。但是，受教育的年數如何影響一個人選擇從事技職業與選擇藍領階級工作的比率呢？以下我們將使用機率比的方法來探討這個問題。

MNLM 可以寫成：

$$\Omega_{m|n}(\mathbf{x}) = \exp(\mathbf{x}\beta_{m|n})$$

其中，$\Omega_{m|n}(\mathbf{x})$ 是相對於 x 的結果類別 m 和 n 的機率比。將 $\mathbf{x}\beta_{m|n}$ 展開：

$$\Omega_{m|n}(\mathbf{x}, x_k) = e^{\beta_{0,m|n}} e^{\beta_{1,m|n}x_1} \cdots e^{\beta_{k,m|n}x_k} \cdots e^{\beta_{K,m|n}x_K}$$

假如 x_k 的改變為 δ，那麼，

$$\Omega_{m|n}(\mathbf{x}, x_k+\delta) = e^{\beta_{0,m|n}} e^{\beta_{1,m|n}x_1} \cdots e^{\beta_{k,m|n}x_k+\delta} \cdots e^{\beta_{k,m|n}x_K}$$

$$= e^{\beta_{0,m|n}} e^{\beta_{1,m|n}x_1} \cdots e^{\beta_{K,m|n}x_K} e^{\beta_{K,m|n}\delta} \cdots e^{\beta_{K,m|n}x_K}$$

x_k 的影響可以藉由 x_k 改變前後的比率計算出來：

$$\frac{\Omega_{m|n}(\mathbf{x}, x_k+\delta)}{\Omega_{m|n}(\mathbf{x}, x_k)}$$

$$= \frac{e^{\beta_{0,m|n}} e^{\beta_{1,m|n}x_1} \cdots e^{\beta_{k,m|n}x_k} e^{\beta_{K,m|n}\delta} \cdots e^{\beta_{K,m|n}x_K}}{e^{\beta_{0,m|n}} e^{\beta_{1,m|n}x_1} \cdots e^{\beta_{k,m|n}x_k} \cdots e^{\beta_{K,m|n}x_K}}$$

$$= e^{\beta_{k,m|n}\delta}$$

由於方程式中除了 $\exp(\beta_{k,m|n} \times \delta)$ 以外，其他的值都抵銷掉了，所以我們可以得出一個很簡單的值。這個值稱為差異比率（odds ratio）。它的解釋如下：

- 在其他變項保持不變的情況下，x_k 每改變 δ，結果類別 m 和 n 的機率比也會隨著改變 $\exp(\beta_{k,m|n} \times \delta)$ 倍。

當 $\delta = 1$ 時，未標準化的差異比率可以解釋如下：

- 在其他變項保持不變的情況下，x_k 每改變 1，結果類別 m 和 n 的機率比也會隨著改變 $\exp(\beta_{k,m|n})$ 倍。

當 δ 等於 x_k 的標準差時，x 標準化的差異比率可以解釋如下：

- 在其他變項保持不變的情況下，x_k 每改變 1 個標準差，結果類別 m 和 n 的機率比也會隨著改變 $\exp(\beta_{k,m|n} \times s_k)$ 倍。

非常重要的是，x_k 改變時所造成的機率比的改變並不會受到 x_k 或模式中其他變項的值的影響。

雖然差異比率的解釋比較容易，但是比較組別的數量卻使得解釋變得頗為繁雜。為了說明此一情形，我們以表 6.5 中種族對職業成就的影響為例來說明。表 6.5 中第一行最後一個數字 5.9 可 以解釋為：

- 在受教育年數以及工作經驗年數保持不變的情況下，白人從事專業工作和擔任勞力工人的比率比黑人多了 5.9 倍。

如果研究者的興趣是比較其他組別，如技職業與藍領階級相較，那麼我們可以用公式 6.8 將我們有興趣的迴歸係數計算出來，然後再取指數（exponential）即可。

表 6.5：身為白人從事不同職業的機率比

Factor Change in the Odds of m vs. n			Outcome n				
			M	B	C	W	P
Outcome m	M	Menial	–	0.29	0.62	0.21	0.17
	B	Blue Collar	3.44	–	2.15	0.72	0.58
	C	Craft	1.60	0.47	–	0.33	0.27
	W	White Collar	4.81	1.40	3.00	–	0.821
	P	Professional	5.90	1.71	3.68	1.22	–

雖然計算所有類別對比的迴歸係數有時會提供重複的訊息，但是在絕大多數的情況下這些資訊是非常有用的。然而，在一個依賴變項有五個類別的模式中，即使獨立變項只有一個，想要把結果解釋清楚仍要花上許多時間。*（用一些時間試著解釋種族與職業的關係）*

五、圖示迴歸係數

雖然檢查所有比較組別有助於了解影響名義依賴變項的因素，但是，太多的迴歸係數使得我們很難從結果中找到一個規律的形式。如果我們想更進一步了解究竟是哪一組迴歸係數有顯著不同時，那麼又會增加我們分析的困難度。因此，將這些迴歸係數依其差異比率以圖的方式來表示，可以讓我們比較容易找出各種變化的關係（Long，1987）。

為了說明如何將迴歸係數作成圖，我由二元分對數模式開始解釋。假定我們的依賴變項有兩個類別： A 和 B，而獨立變項有有四個：分別是 x_1 到 x_4。表 6.6 中所列的為這些假設資料的

迴歸係數。其中 p 為雙尾檢定（two – tailed test）的機率值；第三行 exp（$\beta_{B|A}$）的值說明了 x_1 每增加一個單位，B 比 A 的倍數減少一半；x_2 對機率比沒有影響；x_3 增加了 1.414 倍；x_4 則增加了 2 倍。x_1 和 x_4 影響的強度是一樣的，只是方向不同（如：2 ＝ 1/.5）。x_3 影響的強度剛好是 x_4 的一半，也就是說，x_3 每增加兩個單位和 x_4 每增加一個單位對機率比的影響是一樣的（如：1.414 × 1.414 ＝ 2）。

為了用圖形表示這些迴歸係數的關係，首先我們先將差異比率 exp（$\beta_{B|A}$）的大小想像成 A 和 B 之間的距離。差異比率愈大， A 和 B 之間的距離就愈大。如果隨著 x_k 的增加，A 和 B 的機率比也隨著增加，那麼，A 應該在 B 的右邊。如果隨著 x_k 的增加，A 和 B 的機率比跟著變小，那麼，A 應該在 B 的左邊。圖 6.2 的迴歸係數是根據表 6.6 而來。圖最下方的刻度是原始迴歸係數的單位，而迴歸係數則是以類別 A 為參考點畫成。首先我們先來看看獨立變項 x_1，類別 A 位於 0 的原始刻度（圖下方），其所代表的意義是， x_1 的改變並不會影響類別 A 對 A 的比率。類別 B 位在 –.69 之處，這代表 x_1 每增加一個單位，B 比 A 的比率便減少了 .69（原始刻度）。雖然圖 6.2 的迴歸係數是以類別 A 為參考點畫成，但是，我們也可以根據類別 B 為參考點來作圖。

表 6.6：假設二元分對數模式的迴歸係數

x	$\beta_{B\|A}$	exp($\beta_{B\|A}$)	p
x1	−0.693	0.500	0.02
x2	0.000	1.000	0.99
x3	0.347	1.414	0.11
x4	0.693	2.000	0.04

由於我們的興趣在於機率比的倍數改變，所以我們必須在圖 6.2 顯示倍數改變的單位尺度。在圖 6.2 中，我將原始迴歸係數取其指數呈現在上方的橫軸上來表示這些倍數的變化。舉例來說，在表 6.6 中，x_1 的原始迴歸係數為 −.693，取其指數之後的值為 0.5。呈現在圖 6.2 中，即為 B 所對應的位置。其所代表的意義為「當 x_1 增加一單位時，B 對 A 的比率改變為 0.5 倍」。表 6.6 中其他的係數及比率改變也可以用同樣的方式在圖 6.2 中分別顯示。

除了顯示獨立變項對不同結果類別之間的機率比改變之外，圖 6.2 還提供了其他有用的資訊。舉例來說，對 x_1 和 x_4 這兩個變項來說，由於 B 和 A 之間的距離相等，方向相反，所以我們知道 x_1 和 x_4 對依變項的效果大小相同，但影響的方向則相反。再者，由於對 x_3 來說，其 A 與 B 的距離為 x_4 的一半，所以 x_3 對依變項的影響也只有 x_4 的一半。對 x_2 來說，由於 A 與 B 的位置是重疊的，所以我們知道其對依變項的影響為 0 。

圖 6.2：二元分對數模式迴歸係數的差異比率

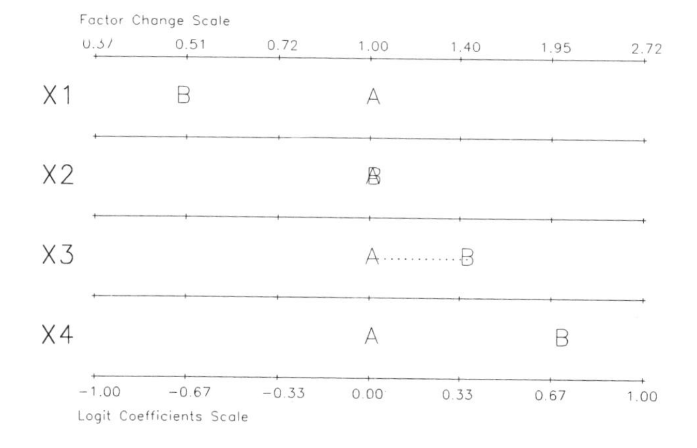

最後要指出的是，圖 6.2 中連結 A 與 B 之間的虛線代表該變項對兩個類別之間相對的影響未達顯著水準。在我們的例子中，除了 x_3 以外，其他獨立變項的效果在統計上都達到顯著水準。

當然，在依賴變項的類別只有兩個時，我們一般並不需要用圖示的方法來解釋統計結果。然而當依變項的類別有三個或三個以上時，圖 6.2 所用的方法便非常有用了。表 6.7 所列的就是這樣一個例子。根據表 6.7 我們可以知道，獨立變項 x_1 和 x_2 對於結果類別 B 和 A 的機率比的影響是一樣的，但方向相反。獨立變項 x_3 對於結果類別 B 和 A 的機率比的影響，剛好是獨立變項 x_1 和 x_2 對於結果類別 B 和 A 的機率比影響的一半。也就是說，x_3 每增加兩個單位與 x_1 和 x_2 每增加一個單位，對於結果類別 B 和 A 的機率比影響是一樣的。對結果類別 C 和 A 的機率比來說，獨立變項 x_1 和 x_2 所造成的影響也是一樣的，不過方向相反，影響的大小也剛好是獨立變項 x_1 和 x_2 對於結果類別 B 和 A 的機率比影響的一半。結果類別 C 和 B 的機率比也是以相同的方法來解釋。從上述的例子中我們可以了解，即使只是一個簡單的例子，我們仍然很難只用表列的方式將結果解釋清楚。

在圖 6.3 中，我們將表 6.7 的結果以類別 A 為參考組，用圖形表現出來。從圖中，我們可以很快的看出獨立變項 x_1 和 x_2 的效果大小相同，但方向相反。也就是說， x_1 每增加 1 的影響和 x_2 減少 1 的影響相同。另外，我們也可以看出獨立變項 x_3 對於 類別 A 和 C 的機率比有較大的影響，而對於 A 和 B 以及 B 和 C 兩者的機率比則影響較小。圖中，在類別間有虛線相連者代表其所相對應的獨立變項對這組類別的機率比影響沒有達到

表 6.7：假設多元名義分對數模式的迴歸係數

Comparison		Logit Coefficient for		
		x_1	x_2	x_3
B|A	$\beta_{B\|A}$	−0.693	0.693	0.347
	$\exp(\beta_{B\|A})$	0.500	2.000	1.414
	p	0.04	0.01	0.42
C|A	$\beta_{C\|A}$	0.347	−0.347	0.693
	$\exp(\beta_{C\|A})$	1.414	0.707	2.000
	p	0.21	0.04	0.37
C|B	$\beta_{C\|B}$	1.040	−1.040	0.346
	$\exp(\beta_{C\|A})$	2.828	0.354	1.414
	p	0.02	0.03	0.21

顯著水準。因此，雖然我們從圖中看出獨立變項 x_3 對 A 和 C 有較大的影響，而對於 A 和 B 以及 B 和 C 的影響較小，但是這些影響在統計上並未達到使我們應該重視的程度。為了對這種用圖解釋結果的方法更加熟悉，讀者可以試著使用表 6.7 所提供的訊息來嘗試建構類似的圖。

圖 6.3 是以結果類別 A 為參考組，因此其位置在於圖上方刻度（機率比）等於 1 以及圖下方刻度（分對數迴歸係數）等於 0 之處。同樣地，我們也可以用結果類別 B 或 C 為參考組來作圖，［只要將參考類別置於圖上方刻度（機率比）等於 1 以及圖下方刻度（分對數迴歸係數）等於 0 之處即可］。以 x_1 為例，若將結果類別 B 當作參考組，那麼，三個類別都將往圖的右方移動相對圖下方刻度 0.69 單位的距離。（*用 C 為參考組來作圖，看看在圖中顯示出來的結果是否仍不變？*）

圖 6.3：多元名義分對數模式迴歸係數的差異比率

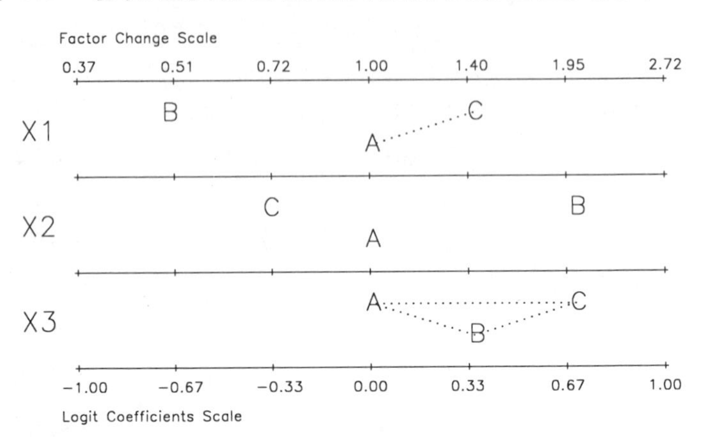

為了幫助讀者了解差異比率迴歸係數如何以作圖的方式加強對結果的解釋，以下我進一步用職業成就的例子來作說明。

【差異比率作圖的實例】以職業成就為例

在表 6.2 中，我們已經列出職業成就多元名義分對數模式的迴歸係數。在圖 6.4 ，我進一步將在表 6.2 中所列的結果以圖表示。由圖 6.2 中可以看出在「種族」這個獨立變項上，職業類別從勞力工人、技工、藍領階級、白領階級、以及專業人士的順序由左而右排列。虛線的連結代表種族的不同對兩職業之間並沒有達到顯著水準。舉例來說，就勞力工人和技工這兩個職業類別來說，白人擔任技術工人的比率比黑人高，但其效果並未達到顯著水準。然而，就藍領階級、白領階級、以及專業人士這些職業類別來和勞力工人做比較，身為白人者成為藍領階級、白領階級、以及專業人士的比率增大，而且效果達到顯著水準。

圖 6.4：多元名義分對數模式迴歸係數的差異比率：職業成就

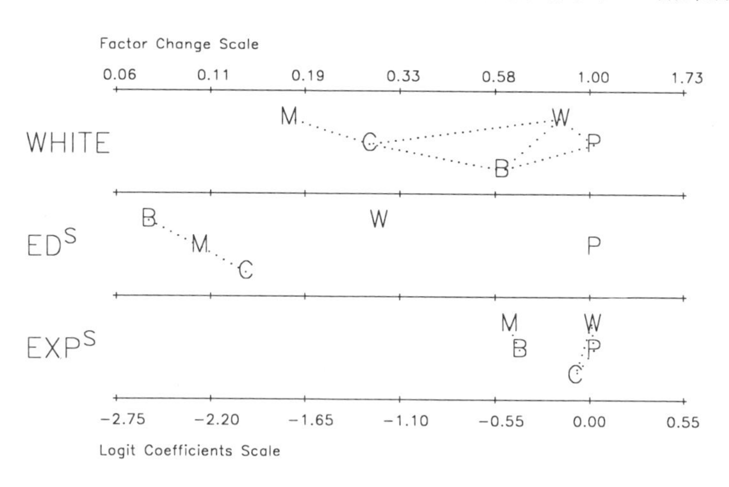

在受教育年數以及工作經驗年數這兩個變項上，我們用 x 標準化迴歸係數來作圖。整體上來說，從各職業分布的情況看來，我們可以知道受教育年數改變一個標準差的影響比種族改變所產生的效果還大。同時，受教育年數對從事白領階級相對於專業人士的影響達顯著水準。另外，受教育年數也對從事白領階級相對於藍領階級、技工、以及勞力工人的影響在統計上達到顯著水準。而受教育年數對從事藍領階級相對於技工、藍領階級相對於勞力工人、或者技工相對於勞力工人的影響並沒有達到顯著水準。最後，就工作經驗年數來說，對職業機率比的影響都比種族以及受教育年數所造成的還要小。很有趣的現象是，工作經驗年數這個獨立變項，在效果上將職業分成兩個部分。由圖中看來，工作經驗年數的增加提高了從事白領階級、技工、和專業人士相對於藍領階級和勞力工人的機率比，而且影響達到顯著水準。

在比較不同的變項對不同結果類別的影響時，我們必須注意各結果類別在不同變項中的排列位置。如果我們所使用的是次序分對數模式，那麼，我們便看不到這些排列位置的變化。

㈠預測機率的重要性

當我們使用差異比率來作圖時，我們必須明白機率比改變的大小在實質的意義上是取決於預測機率（詳見第三章）。舉例來說，如果機率比增加了 10 倍，而目前選擇兩個類別之間的比率是 1 比 10000，那麼，這樣的影響其實是很小的。因此，我們在解釋機率比時，必須知道相對於機率比的機率以及在概率中的間距改變的多寡。同時我們可以將這樣的訊息也加入圖中，讓讀者能夠進一步了解機率比與預測機率之間的關係。和前面幾個圖不太一樣，圖 6.5 中，代表職業的字母大小不同。這表示模式中其他變項若沒有保持在一定值的情況下，間距改變便會有不同結果。（注意：機率比的改變並不受其他獨立變項的值的影響。）

圖 6.5：差異比率與間距改變的相對關係（以職業成就為例）

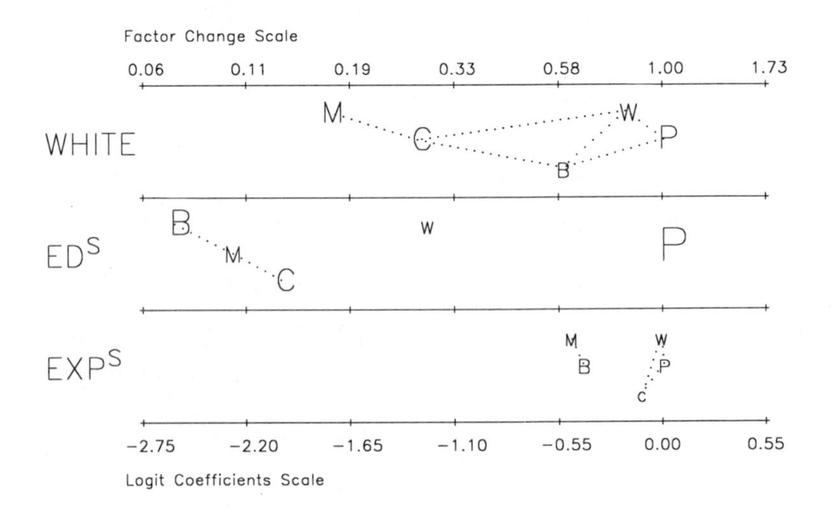

首先，我們來看看受教育年數的影響。因為 M 和 W 的距離大約等於 W 和 P 的距離，所以我們知道 M 和 W 的機率比大約等於 W 和 P 的機率比。然而，在模式中其他變項保持在各自的平均數的情況下，隨著受教育年數的增加，從事專業工作的預測機率比從事白領階級或勞力工人的預測機率還大。

【差異比率的實例】職業婦女是否也能和她們的小孩建立溫暖安全的親子關係

在第五章中我們曾探討職業婦女是否能和沒有就業的母親一樣，也能和她們的小孩建立溫暖安全的親子關係。受調查者的反應類別依次為：1 ＝ 非常不同意；2 ＝ 不同意；3 ＝ 同意；4 ＝ 非常同意（數字愈大表示愈同意）。在此，我們將這樣的問題重新以 MNLM 來分析。由於受訪者的種族以及工作聲望這些因素的影響非常小，所以，在此我們不再加以討論。

表 6.6 中數字的大小代表相對於差異比率的機率，也就是在機率中的間距改變的多寡（模式中其他的變項固定在其平均數的情況下）。和 1977 年受訪者的反應作比較，1989 年受訪者不同意、同意、與非常同意相對於非常不同意的機率比的改變都達到顯著水準。調查的年度對反應類別機率比的影響和以次序分對數模式的分析結果相同。再者，女性受訪者傾向選擇較正面的反應（非常同意與同意），而這兩種正面的反應相對於另兩種負面的反應態度（非常不同意與不同意）的機率比均到達了顯著水準。接下來，我們看看受訪者的年齡對他們在反應態度方面的影響。由圖中我們可以看出，雖然受訪者的年齡能夠將受訪者選擇

正面態度及負面態度的傾向分別出來，但其影響並未到達顯著水準。最後，從受訪者態度的分配情形可以看出，雖然受訪者的教育程度對選擇不同意、同意、和非常同意相對於非常不同意的機率比到達了顯著水準，但和其他的兩個獨立變項相比，其影響較小。

從這個例子中我們知道受訪者反應類別的順序和以次序分對數模式所分析出來的順序是一樣的，只不過，相鄰的反應類別之間並沒有顯著的差異。但是，這並不代表由多元名義分對數模式分析出來的結果與次序分對數模式分析出來的結果相同。使用多元名義分對數模式時，我們並不考慮平行迴歸假定（每一個獨立變項對結果類別的影響是相同的），換言之，在多元名義分對數模式中，獨立變項對不同反應類別的影響是可以不一樣的，這點和次序分對數模式有所不同。

圖 6.6：差異比率與間距改變的相對關係（以職業婦女為例）

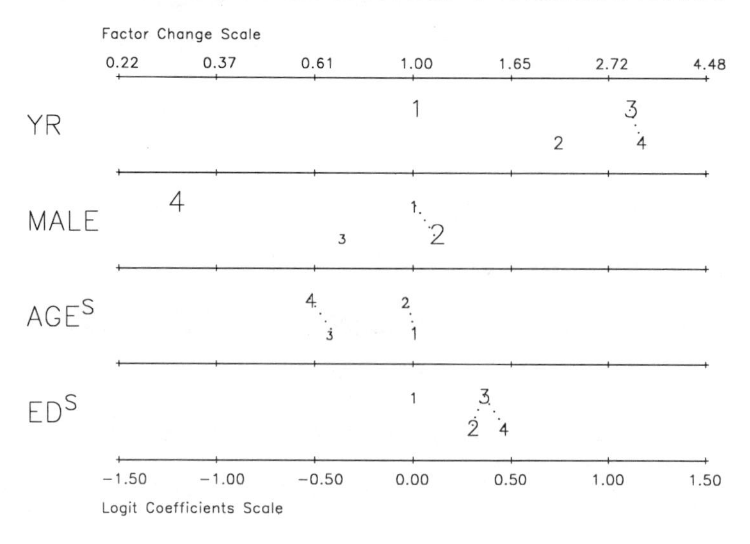

㈡對多元名義分對數模式解釋的結論

雖然多元名義分對數模式在結果的解釋上比較繁雜，但是在這一節中所介紹的圖示方法，可以幫助我們了解各獨立變項對不同結果類別間的影響。在某些例子中，只要參考這些圖示，研究者就可以只用簡單的一兩句話便將結果交代清楚，甚至連圖都可以不需要呈現出來。然而，在某些例子中，圖的表現方式可以幫助讀者了解獨立變項和反應類別之間複雜的關係，因此，在對結果的解釋上是有其功效的。

第七節　條件分對數模式（The Conditional Logit Model，CLM）

在 MNLM 中，每一個獨立變項對每一個結果類別都有不同的影響。舉例來說，x_k 對結果類別 m 的影響是 β_{km}，而對結果類別 n 的影響是 β_{kn}。然而，在條件分對數模式中，每一結果類別的迴歸係數都是一樣的，但是獨立變項本身的值在各結果類別中卻是不相同的。舉例來說，在選擇交通工具（火車、巴士、或私人轎車）時，我們可能會考慮每一種交通工具所需花費的時間。因此，時間對每一種交通工具的影響是一樣的，但是，所需花費時間的多寡就不相同了。

CLM 是由 McFadden 等人所發展出來，大多應用在和旅行、交通有關的研究上，例如 McFadden 在 1968 年用 CLM 來研究美國公路局在選擇城市高速公路路線的標準；Boskin 在 1974 年研究職業的選擇；Domencich 和 McFadden 在 1975 年研究消費者上街購物時交通工具的選擇；以及 Hoffman 和 Duncan（1988）的論文中比較 MNLM 和 CLM 兩種方法在人口統計學上的應用。

CLM 的預測機率計算公式是：

$$\Pr(y_i = m|\mathbf{z}_i) = \frac{\exp(\mathbf{z}_{im}\boldsymbol{\gamma})}{\sum_{j=1}^{J}\exp(\mathbf{z}_{ij}\boldsymbol{\gamma})} \qquad [6.14]$$

而 MNLM 的預測機率公式則是：

$$\Pr(y_i = m|\mathbf{x}_i) = \frac{\exp(\mathbf{x}_i\boldsymbol{\beta}_m)}{\sum_{j=1}^{J}\exp(\mathbf{x}_i\boldsymbol{\beta}_j)} \quad \text{where } \beta_1 = 0 \qquad [6.15]$$

在公式 6.15 中，每一個 x_k 都有 J – 1 個 β_{km} 迴歸係數，但是，對於每個受訪者來說， x_k 只有一個觀察值。而在公式 6.14 中，每一個變項 z_k 只有一個 γ_k 迴歸係數，但是對於每個受訪者來說卻有 J 個相對於不同選項的觀察值。

了解 CLM 的數據資料的格式有助於對 CLM 模式的了解。以下我們將以實例來作說明。

假定我們有單一個獨立變項 z 以及三個結果類別。假設我們有四個受訪者（每個受訪者有三個觀察值），其數據資料格式如下：

i	Outcome m	Outcome Chosen	Variable Z_{im}
1	1	0	$z_{11}=1$
1	2	1	$Z_{12}=7$
1	3	0	$Z_{13}=3$
2	1	1	$Z_{21}=5$
2	2	0	$Z_{22}=1$
2	3	0	$Z_{23}=2$
3	1	1	$Z_{31}=3$
3	2	0	$Z_{32}=0$
3	3	0	$Z_{33}=1$
4	1	0	$Z_{41}=3$
4	2	0	$Z_{42}=2$
4	3	1	$Z_{42}=7$

對每個受訪者來說，在三個結果類別中他們只能選擇一個。不同的結果類別，因為它 z 值的不同而有不同的選擇機率。從上述表中，我們可以發現，受訪者選擇的結果類別都是 z 的最大值。

CLM 也可以和使用差異比率形式的統計模式比較。在 CLM 中，機率比改變的基礎為兩個結果類別 z 值的差：

$$\Omega_{m|n}(\mathbf{z}_i) = \exp([\mathbf{z}_{im} - \mathbf{z}_{in}]\gamma)$$

在 MNLM 中，機率比的改變的計算則是得自於兩個結果類別之間迴歸係數的差：

$$\Omega_{m|n}(\mathbf{x}_i) = \exp(\mathbf{x}_i[\beta_m - \beta_n])$$

Boskin（1974）將 CLM 應用到職業成就的研究，可以和我們之前所使用 MNLM 的分析作比較。在 MNLM 中，我們檢視了種族、受教育年數、以及工作經驗年數相對於不同職業的機率比的影響。對任一個受訪者來說，迴歸自變量（regressor）的值在所有的類別變項中都是一樣的。舉例來說，受訪者屬於那一種族並不會改變他們對職業的選擇。但是在 Boskin 的 CLM

中，對每一種職業來說，職業本身所既有的成本與優勢會影響受訪者選擇職業時所考慮的因素。舉例來說，每一受訪者都會計算每一種職業目前的成本與優勢（例如：薪水以及工作時數等等）。雖然每一種職業目前的成本與優勢都是不變的，但是現有的成本與優勢在每一種職業之間會有不同。舉例來說，對一特定受訪者而言，在計算不同工作所負擔的成本及所賺取的所得時，很明顯的，專業工作在兩方面都比勞力工作要高。

CLM 和 MNLM 反映出受訪者在選擇職業過程中的不同面向。我個人認為，在分析名義依賴變項時，結合兩種模式的優點會是一個不錯的選擇。我們可以利用代數來說明如何將這兩種模式結合（Maddala，1983，頁 42）。在解釋以下的等式之前，我們先假定 MNLM 中有單一的獨立變項，而依賴變項中則有三個結果類別：

$$\Pr(y_i=1|\mathbf{x}_i)=\frac{1}{1+\exp(\beta_{20}+\beta_{21}x_{i1})+\exp(\beta_{30}+\beta_{31}x_{i1})}$$

$$\Pr(y_i=2|\mathbf{x}_i)=\frac{\exp(\beta_{20}+\beta_{21}x_{i1})}{1+\exp(\beta_{20}+\beta_{21}x_{i1})+\exp(\beta_{30}+\beta_{31}x_{i1})}$$

$$\Pr(y_i=3|\mathbf{x}_i)=\frac{\exp(\beta_{30}+\beta_{31}x_{i1})}{1+\exp(\beta_{20}+\beta_{21}x_{i1})+\exp(\beta_{30}+\beta_{31}x_{i1})}$$

為了將之轉換成 CLM ，我們假設三個不同的 z 向量，每個向量中有四個值：

$$\mathbf{z}_{i1} = (z_{i11}\ z_{i12}\ z_{i13}\ z_{i14}) = (0\ 0\ 0\ 0)$$

$$\mathbf{z}_{i2} = (z_{i21}\ z_{i22}\ z_{i23}\ z_{i24}) = (1\ x_{i1}\ 0\ 0)$$

$$\mathbf{z}_{i3} = (z_{i31}\ z_{i32}\ z_{i33}\ z_{i34}) = (0\ 0\ 1\ x_{i1})$$

z 的下標符號中第一個數字代表觀察值的數目，第二個數字代表結果類別 1 到 3，第三個數字代表變項 1 到 4。$\mathbf{z}_{i1}$ 為 0 的向量，和限制條件 $\beta_1 = \mathbf{0}$ 相對應。在 $\mathbf{z}_{i2}$ 中，向量中第一個值恆等於 1，第二個值為 x_{i1}，其餘兩個值都是 0。在 $\mathbf{z}_{i3}$ 中，向量中的前兩個數都是 0，第三個值為 1，第四個值則為 x_{i1}。為了說明上述 $\mathbf{z}$ 向量如何和 MNLM 連接，我們首先定義 $\boldsymbol{\gamma} = (\beta_{20}\ \beta_{21}\ \beta_{30}\ \beta_{31})'$。然後，

$$\mathbf{z}_{i1}\boldsymbol{\gamma} = (0 \times \beta_{20}) + (0 \times \beta_{21}) + (0 \times \beta_{30}) + (0 \times \beta_{31}) = 0$$

$$\mathbf{z}_{i2}\boldsymbol{\gamma} = (1\times \beta_{20}) + (x_{i1}\times \beta_{21}) + (0\times \beta_{30}) + (0\times\beta_{31}) = \beta_{20} + \beta_{21}x_{i1}$$

$$\mathbf{z}_{i3}\boldsymbol{\gamma} = (0\times\beta_{20}) + (0\times\beta_{21}) + (1\times\beta_{30}) + (x_{i1}\times\beta_{31}) = \beta_{30} + \beta_{31}x_{i1}$$

將之代入 CLM 的公式：

$$\Pr(y_i=1|\mathbf{z}_i)=\frac{\exp(\mathbf{z}_{i1}\boldsymbol{\gamma})}{\sum_{j=1}^{J}\exp(\mathbf{z}_{ij}\boldsymbol{\gamma})}$$

$$=\frac{1}{1+\exp(\beta_{20}+\beta_{21}x_{i1})+\exp(\beta_{30}+\beta_{31}x_{i1})}$$

$$\Pr(y_i=2|\mathbf{z}_i)=\frac{\exp(\mathbf{z}_{i2}\boldsymbol{\gamma})}{\sum_{j=1}^{J}\exp(\mathbf{z}_{ij}\boldsymbol{\gamma})}$$

$$=\frac{\exp(\beta_{20}+\beta_{21}x_{i1})}{1+\exp(\beta_{20}+\beta_{21}x_{i1})+\exp(\beta_{30}+\beta_{31}x_{i1})}$$

$$\Pr(y_i=2|\mathbf{z}_i)=\frac{\exp(\mathbf{z}_{i3}\boldsymbol{\gamma})}{\sum_{j=1}^{J}\exp(\mathbf{z}_{ij}\boldsymbol{\gamma})}$$

$$=\frac{\exp(\beta_{30}+\beta_{31}x_{i1})}{1+\exp(\beta_{20}+\beta_{21}x_{i1})+\exp(\beta_{30}+\beta_{31}x_{i1})}$$

這也就是 MNLM。

這個方法可以用來擴充 z 和 γ 矩陣，以便容納 CLM 中的變項。由這種方法所導出來的公式，就同時具有 CLM 和 MNLM 的特色（詳見 Cramer，1991，頁 70）。

雖然 CLM 有它的優點，但是，由於蒐集適用資料的困難，再加上一般學者並不熟悉這個統計方法，故應用性仍只侷限在經濟學的領域。隨著研究者對此一模式熟悉度的增加，CLM 在研究上的普遍性也應該隨著增加。

一、統計軟體

據我所知，在市場上可以用來估計 CLM 的統計軟體，到目前為止只有 Stata 和 LIMDEP。

第八節　不相關替代條件的獨立性

在 MNLM 中，計算 m 和 n 的機率比的公式如下：

$$\frac{\Pr(y=m|\mathbf{x})}{\Pr(y=n|\mathbf{x})}=\exp(\mathbf{x}[\boldsymbol{\beta}_m-\boldsymbol{\beta}_n])$$

然而，在 CLM 中，計算 m 和 n 的機率比方程式則為：

$$\frac{\Pr(y=m|\mathbf{z})}{\Pr(y=n|\mathbf{z})}=\exp([\mathbf{z}_m-\mathbf{z}_n]\boldsymbol{\gamma})$$

在這兩個公式中，機率比的計算都只需要考慮相關的兩個類別，而不需要在乎依賴變項中的其他選擇對這兩個結果類別的影響。這就是所謂的不相關替代條件的獨立性（independence of irrelevant alternatives，或簡稱 IIA）。雖然在數學上，IIA 的計算仍有許多難解的問題，但在實際的研究上， IIA 的假設卻具有重要的意義。McFadden 所提出「不同顏色的公共汽車」的例子，在解釋 IIA 的觀念上特別有用。

假設一個人由住處到工作地點有兩種交通工具的選擇：一為私人轎車，一為紅色的公共汽車，兩者被選擇的機率各為 1/2 。從機率比的角度來說，選擇開車或搭乘紅色公車的比率為 1 =（1/2）/（1/2）。現在，假設有一家新的巴士公司開張，除了巴士是藍色的以外，這家巴士公司所有的服務都和紅色巴士公司一樣。在 IIA 的理論上，為了要使原來開車和搭乘紅色巴士的比率維持在 1，在新的巴士公司加入營運後，我們可以令開車及搭乘兩種巴士的機率各為 1/3。然而，在實際上，由於藍色和紅色巴士的服務完全相同，我們可能會發現本來乘坐紅色公車的乘客有一半改搭藍色巴士，而開車的上班族人數則維持不變。如果用機率來表達，則 [Pr（紅色公車）= 1/4]、[Pr（藍色公車）= 1/4]、[Pr（轎車）= 1/2]。這也就是說，開車和搭乘紅色巴士的比率在實際上可能會變成 2 =（1/2）/（1/4）。這個新的比率違反了 IIA 的假設。IIA 的假設是，如果有新的替代條件可以選擇，那麼，既有條件的比率必須重新調整，使得選擇類別間的比率仍然維持不變。如果由這樣的觀念來看的話，藉由加入足夠數量但不同顏色的巴士，我們可以任意調整開車上班的比例。

IIA 的假設是十分重要的。McFadden（1973）指出，由於 IIA 的緣故，MNLM 和 CLM 兩種統計模式必須在兩個理想狀況下才可以使用：（1）依賴變項類別彼此之間的差異性很明顯；（2）所有結果類別彼此之間是互相獨立的。同樣地，Amemiya（1981，頁 1517）也建議，只有當替代條件和既有條件是有區別時，才適合使用 MNLM 及 CLM。因此，讀者在使用 MNLM 及 CLM 時，必須注意所加入的替代條件和既有的類別是否是相互獨立的。以下，我們介紹一種方法來檢驗是否違背 IIA 假設。

一、IIA 假設的檢定

Hausman 和 McFadden（1984）提出一種檢驗 IIA 的方法，叫做 Hausman 檢定。在 Hausman 檢定中，同一個參數有兩種不同的估計法。如果虛無假設成立的話，一個參數估計值是一致而且有效率的；另一個估計值則是一致但卻沒有效率的。在 MNLM 和 CLM 中，如果模式是正確的，ML 估計值是一致且有效率的。在第二個參數估計值中，我們可以加入一個限制條件，使這一組估計值和參數一致，但效率性較低（Ben－Akiva & Lerman，1985，p. 184）。如果在計算兩個結果類別的機率比時，替代條件是不相關的，那麼省略這些替代條件並不會影響這兩個結果類別的參數估計值。舉例來說，如果我們使用兩個二元分對數模式（A 對 C、B 對 C）來估計有三個結果類別（A、B、和 C）的 MNLM 迴歸係數。因為這些估計值並沒有同時使用相同的數據資料，所以它們是沒有效率的。

雖然到目前為止，Hausman 檢定並沒有包含在任何既有的統計軟體中，但是只要所使用的程式軟體中有計算矩陣的功能，我們就可以利用 Hausman 檢定來檢定 IIA 的假設。在計算時，以下的幾個步驟是必要的：

1. 估計內含 J 個結果類別的完整模式：將所求得的估計值的向量矩陣 $\hat{\boldsymbol{\beta}}_{\mathrm{F}}=(\hat{\boldsymbol{\beta}}_{2\mathrm{F}}^{'}..\hat{\boldsymbol{\beta}}_{3\mathrm{F}}^{'})'$ 和其共變數矩陣 $\mathrm{V\hat{a}r}(\hat{\boldsymbol{\beta}}_{\mathrm{F}})$ 重疊在一起。
2. 估計另一個包含限制條件的模式。在這個新模式中，將一個或一個以上的結果類別拿掉。如果是 MNLM 的模式的話，這個步驟意味著，你必須將所有選擇某一結果類別的樣本全部剔除。為了說明上的方便，假設我們所去掉的類別為 J。在求得估計值之後，將估計值的向量矩陣 $\hat{\boldsymbol{\beta}}_{\mathrm{R}}=(\hat{\boldsymbol{\beta}}_{2\mathrm{R}}^{'}..\hat{\boldsymbol{\beta}}_{\mathrm{J-1,R}}^{'})'$ 和其共變數向量矩陣 $\mathrm{V\hat{a}r}(\hat{\boldsymbol{\beta}}_{\mathrm{R}})$ 由上往下重疊在一起，形成一個新的矩陣（例如說，將一個 3 × 2 和一個 5 × 2 的矩陣「由上往下重疊在一起」之後，我們得到一個 8 × 2 的矩陣）。
3. 在 CLM 中，$\hat{\boldsymbol{\beta}}_{\mathrm{F}}$ 和 $\hat{\boldsymbol{\beta}}_{\mathrm{R}}$ 兩個矩陣有相同的行列數。而在 MNLM 中，由於 $\hat{\boldsymbol{\beta}}_{\mathrm{JF}}$ 已經被拿掉了，所以 $\hat{\boldsymbol{\beta}}_{\mathrm{F}}$ 矩陣會比較大。如果 $\hat{\boldsymbol{\beta}}_{\mathrm{F}}$ 和 $\hat{\boldsymbol{\beta}}_{\mathrm{R}}$ 兩個矩陣的大小不同，則將 $\hat{\boldsymbol{\beta}}_{\mathrm{F}}$ 中的 $\hat{\boldsymbol{\beta}}_{\mathrm{JF}}$ 去掉，而形成一個新的矩陣。這個新的矩陣為 $\hat{\boldsymbol{\beta}}_{\mathrm{F}}^{*}=(\hat{\boldsymbol{\beta}}_{2\mathrm{F}}^{'}..\hat{\boldsymbol{\beta}}_{\mathrm{J-1,F}}^{'})'$ 和共變數矩陣 $\mathrm{V\hat{a}r}(\hat{\boldsymbol{\beta}}_{\mathrm{F}}^{*})$ 的重疊。如果，$\hat{\boldsymbol{\beta}}_{\mathrm{F}}$ 和

$\hat{\beta}_R$一樣大小的話，$\hat{\beta}^*_F=\hat{\beta}_F$。

4.Hausman 檢定定義為：

$$H_{IIA}=(\hat{\beta}_R-\hat{\beta}^*_F)'[\hat{Var}(\hat{\beta}_R)-\hat{Var}(\hat{\beta}^*_F)]^{-1}(\hat{\beta}_R-\hat{\beta}^*_F)$$

所得的值趨近於卡方分配，其自由度為$\hat{\beta}_R$的列數。如果所得的值到達顯著水準的話，則我們的資料違反 IIA 假設。

Hausman 和 McFadden（1984，p 1226）指出，當 $\hat{Var}(\hat{\beta}_R)-\hat{Var}(\hat{\beta}^*_F)$的結果矩陣無法清楚的計算其倒數時，$H_{IIA}$的值可能產生負數。為了進一步驗證這種結果的可信度，他們進一步使用不同的$\hat{Var}(\hat{\beta}_R)$來計算 H_{IIA} 值。他們的結論是，當 H_{IIA} 的值為負數時，我們的資料合乎 IIA 的假設。也就是說，接受「IIA 為真 」的虛無假設。

McFadden 等人（1977）提出一個近似 IIA 的概似比率檢定，後來經由 Small 和 Hsiao（1985）加以改良。Zhang 和 Hoffman（1993）則進一步說明如何將此一檢定應用在現有的軟體上。

第九節　相關模式

㈠多元名義機率單位模式（The Multinomial Probit

Model）

多元名義機率單位模式為 Aitchison 和 Bennett 在 1970 年所提出。這個統計模式解決了 IIA 假設的問題。其發展的基礎為二。一為殘差值為常態分配，另一則是不同結果類別方程式的殘差值彼此之間不互相獨立。在 1978 年，Hausman 和 Wise 曾將多元名義機率模式應用在依賴變項為三個結果類別的研究上。由於在多面向的多變量常態分配中，研究者可以很容易地界定誤差值彼此之間的相關，多元名義機率單位模式為未來的研究提供了一個進一步發展的可能性。然而，由於多元名義機率單位模式的計算非常繁雜，使得它在實際應用上並不容易。McFadden（1989）在解決這樣的問題方面已經有所成效。

㈡ Anderson 模式

這個模式是由 Anderson 在 1984 年所提出，主要目的乃是為了解決次序迴歸模式中平行迴歸假設的問題。Anderson 模式的估計由 MNLM 開始，然後加入限制條件 $\beta_m = \phi_m\beta$。如此一來，便形成了這樣的統計模式：$\Pr(y = m|\mathbf{x}) = \exp(\mathbf{x}\beta\phi_m) / \Sigma^{J}_{j=1} \exp(\mathbf{x}\beta\phi_m)$。結果類別的次序可以透過加入限制條件（$\phi_1 = 1 > \phi_2 > \ldots > \phi_{J-1} > \phi_J = 0$）來確定。就我所知，目前還沒有特定的軟體可以用來估計 Anderson 模式。DiPrete（1990）曾用 GAUSS 中所提供的 ML 方法來估計 Anderson 模式。Greenwood 和 Farewell（1988）則藉由比較 MNLM 所估計出來的參數值，來了解 Anderson 模式所界定的統計結構是否合理。

㈢互含分對數模式（The Nested Logit Model）

互含分對數模式將選擇類別劃分成階級，這種劃分使得他們在某種程度上能夠規避 IIA 的假設。關於互含式分對數模式的參考書目如下：Amemiya（1981，1985，頁 300－307）、Cramer（1991，頁 79－82）、Greene（1995，第 24 和 25 章）、Maddala（1983，頁 67－76）以及 McFadden（1981，頁 238）。

㈣適用於等級數據資料的統計模式（Models for Ranked Data）

適用於等級數據資料的模式和 MNLM 非常類似。不同點在於，這種統計模式需要受訪者按個人的喜好程度，將依賴變項中的選擇類別依次排列。舉例來說：選民可以將自己喜歡的候選人，由一到三按順序排列。對這類模式有興趣的讀者，可以參考 Allison 和 Christakis（1994），Beggs et al.（1981）以及 Hausman 和 Ruud（1987）。

第十節　結　論

多元名義分對數模式在分析名義變項以及次序變項時是非常有用的。雖然在目前的電腦快速進步的情況下，要估計多元名義分對數模式並不困難，但是因為這個統計法中包含了大量的迴歸係數，其解釋統計結果的過程頗為繁雜。當然，讀者們若能熟練地運用本章中所介紹的各種方法（尤其是圖示法），解釋多元名義分對數模式統計結果困難的程度將大為降低。

第十一節　參考書目

在 1960 年時，Gurland 等人提出和 MNLM 類似的統計模式，為多元名義分對數模式的濫觴。他們所提出的統計式，後來被證明是 MNLM 中一個特殊的狀況。而我們現在於社會科學中所應用的 MNLM 的統計模式，則是由 Theil 在 1969 年及 1970 年時首先介紹的。在 1973 年時，McFadden 將這些統計模式進一步發展成應用性更廣的條件分對數模式（CLM）。他的貢獻和實驗心理學家如 Luce（1959）等人的研究有密不可分的關係。Aitchison 和 Silvey（1957）以及 Aitchison 和 Bennett（1970）是首先提出多元名義機率單位模式的人，然而他們模式的起源卻可追溯到 Thurstone 在 1927 年所提出的觀念。此外，一般來說，多元名義機率單位模式是從 McFadden 在 1973 年所提出的「理性選擇理論」（Rational Choice Theory）的假設推導出來。Nerlove 和 Press（1973）發表了一篇專題論文，對使用 Fortran 程式語言來估計 MNLM 這方面有很大的貢獻。

第七章　受限依賴變項

在線性迴歸模式中，整個樣本所有變項的值都是已知的。當依賴變項的資料不完整，例如如設限（censoring）和截尾（truncation），我們統稱為受限結果（limited outcome）。當受限結果的情形發生時，我們仍然可得到整個樣本所有獨立變項的值，但是對於依賴變項部分的觀察值，我們所知道的資訊卻相當有限。例如，我們可能知道某些依賴變項的觀察值小於 100，但是不知道到底小多少。截尾對資料的限制更為嚴苛：在截尾的狀況下，當依賴變項的觀察值在一特定範圍時，其樣本將整個被刪除。例如，所有依賴變項值小於 100 的樣本都被刪除。

Tobin（1958）對居民支出的研究是設限的典型實例。當消費者購買耐久財（durable goods）時，他們的總消費不能超出他們的所得。如果一個消費者只有五十元，而最便宜的耐久財售價為一百元，則這個消費者將無法購買任何耐久財。這一類的結果就稱為設限：因為我們並不知道，如果耐久財的價錢低於一百元時，這個消費者的消費將是多少。現實生活中有許多其他設限的實例：婦女的工作時數（Quester & Greene，1982）、科學出版品（Stephan & Levin，1992）、婚外情（Fair，1978）、對外貿易與投資（Eaton & Tamura，1994）、第三世界國家的政治抗議的次數（Walton & Ragin，1990），颶風造成的損害（Fronstin & Holtmann，1994），以及對 IRA

（Individual Retirement Account；個人退休帳戶）課稅的情形（LeClere，1994）等。

Hauseman 與 Wise（1977）對紐澤西州負所得稅實驗（New Jersey Negative Income Tax Experiment）所作的分析是早期運用截尾的實例。在此一研究中，所得超過法定貧戶 1.5 倍的家庭未被包含於樣本中。在這個例子中，樣本因為受到這樣的影響而不再具有對母體的代表性。

本章的焦點集中在最常用於處理設限樣本的統計法 -- 多畢（Tobit）模式。在第六節中我們簡單的介紹截尾、多重設限（multiple censoring）、以及樣本選擇（sample selection）等相關模式。

第一節　設限問題（The Problem of Censoring）

假設 y^*是沒有被設限的依賴變項。圖 7.1 A 顯示 y^* 的分配，其中曲線的高度代表某一 y^* 值的相對頻率（relative frequency）。如果當 $y^* \leq 1$ 時，我們無法得知 y^* 的值（見圖中的陰影部分），則 y^* 可以視為一個潛在變項，和我們實際上所觀察到的依賴變項 y 不完全一致。我們所觀察到的 y 為：

$y_i = y_i^*$ 若 $y_i^* > 1$

$y_i = 0$ 若 $y_i^* \leq 1$

圖 7.1：潛在、設限、與截尾變項

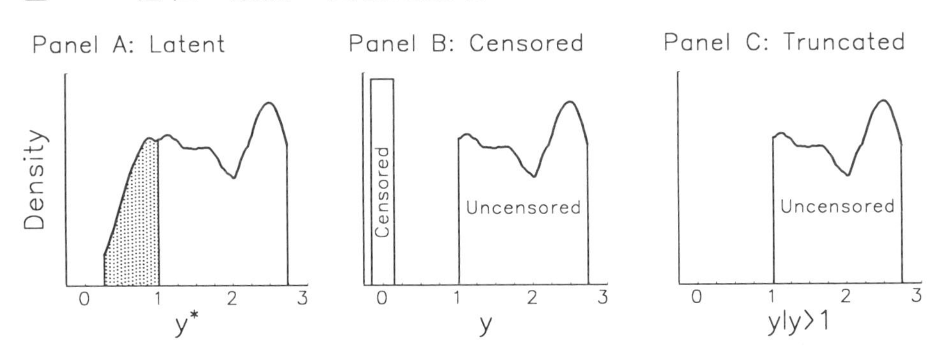

圖 7.1 B 將設限變項 y 的受設限部分值定義為 0 。此一長條形包含在圖 7.1 A 陰影區域的觀察值。圖 7.1 C 則是截尾變項 y | y > 1（即 y ，在 y > 1 的條件之下），其特點在於將圖 7.1 A 的陰影區域整個刪除。

為了更清楚地理解設限與截尾如何影響線性迴歸，讓我們考慮以下的方程式 $y^* = 1.2 + .08x + \varepsilon$。假定這個線性迴歸方程式符合迴歸統計的所有假設。如圖 7.2 所示，實線的部分是最小平方法所求得的直線 $\hat{y}^* = 1.18 + .08x$。若 y* 小於 1 的部分受設限的影響，我們仍將得知 x 的所有觀測值，但是只有在 y* > 1 時才能觀測 y* 的值。 在圖 7.2 B 中，被設限的樣本的 y* 值小於或等於 1 時將被定義為 y = 0。在圖中是以三角形顯示。其中的三條粗線是表示三種估計方法的結果。

第一個估計的方法是最小平方法迴歸，採用所有的 y 與 x 觀察值，並將設限資料定義為 0。其估計結果是 $\hat{y} = .95 + .11x$，如圖 7.2 B 長虛線所示。左側的設限資料將該處的估計線拉低，導致截點（intercept）的估計偏低，而斜率的估計偏高。此一估計設限的方法造成不一致的（inconsistent）估計值。

由於納入設限資料造成問題，我們接著考慮將含有設限依賴變項的樣本截去，再進行最小平方法迴歸。此一作法將設限問題轉變為截尾樣本的問題。在刪去的樣本後，估計結果高估截點並低估斜率，如圖中短虛線所示。由於具有較大負誤差的觀察值被刪去，左側的設限資料將該處的估計線拉高。截尾造成 x 與 ε 的關連性，並導致不一致的估計值。

第三種估計法是多畢模式，又稱為設限迴歸模式（censored regression model）。多畢模式運用所有的資料，包括有關設限的資料，其所得的估計值是一致的。多畢模式的最大概似估計如圖中的實線所示。其與圖 7.2 A 沒有設限的估計幾乎沒有任何差別。

【設限與截尾實例】第一份工作的聲望（Prestige of the First Job）

在第二章時，我們運用科學家第一份學術工作的聲望為例，進行有關迴歸的討論（相關變項的介紹請見表 2.1）。當研究所的評比低於 1.0，或者該系沒有研究所時，這份工作的聲望是不可得的。這些樣本值被登錄為 1.0，並以最小平方法來估計該模式。我們將第二章的估計值重新列在表 7.1「設限資料的最小平方法」（OLS with Censored Data）這一行中。此外，我們可以藉著刪去設限的觀察值，對樣本進行截尾。截尾樣本的最小平方法估計值列於「截尾樣本的最小平方法」（OLS with a Truncated Sample）一行中。最後，多畢模式的估計值列於「多畢分析」（Tobit Analysis）這一行中。

圖 7.2：具有與不具有設限與截尾的線性迴歸模式

Panel A: Regression without Censoring

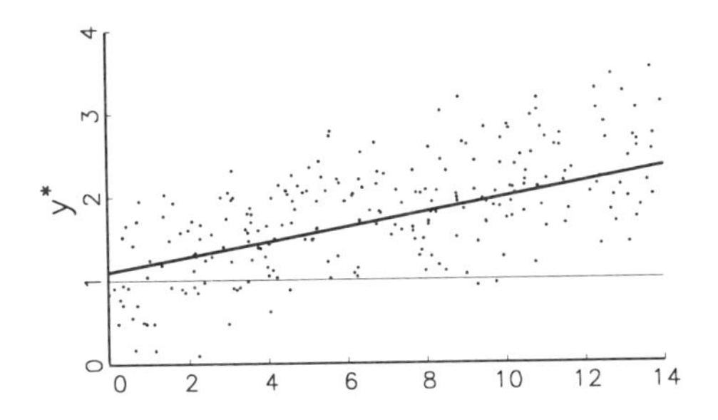

Panel B: Regression with Censoring

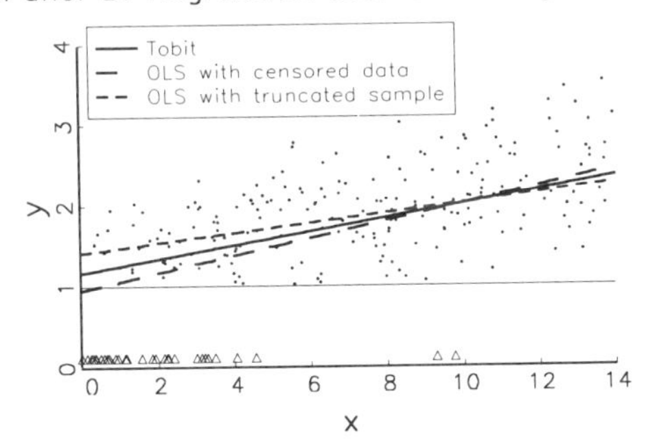

多畢分析的結果與兩個最小平方法迴歸的最大差別在於性別的影響。多畢分析中，作為一個女性對於科學家第一份學術工作的聲望而言，所造成的是顯著而且是負向的。在設限資料的迴歸分析中，這個效果則明顯變小，而且不再是顯著的。在截尾的迴歸中，雖然仍然出現正向的影響，但影響並未達到顯著水準。因此，我們發現不同的分析方法對研究的結果有顯著的影響。

表 7.1：第一份學術工作聲望分析的設限與截尾

Variable		OLS with Censored Data	OLS with a Truncated Sample	Tobit Analysis
Constant	β	1.067	1.413	0.685
	t/z	6.42	8.71	3.15
FEM	β	−0.139	0.101	−0.238
	β^{Sy}	−0.143	0.130	−0.194
	t/z	−1.54	1.19	−2.05
PHD	β	0.273	0.297	0.323
	β^{Sy}	0.267	0.354	0.252
	t/z	5.53	6.36	5.08
MENT	β	0.001	0.001	0.001
	β^{Sy}	0.080	0.069	0.072
	t/z	1.69	1.27	1.52
FEL	β	0.234	0.141	0.0325
	β^{Sy}	0.240	0.180	0.267
	t/z	2.47	1.57	2.68
ART	β	0.023	0.006	0.034
	β^{Sy}	0.053	0.018	0.028
	t/z	0.79	0.24	0.93
CIT	β	0.004	0.002	0.005
	β^{Sy}	0.152	0.098	0.138
	t/z	2.28	1.27	2.06
	N	408	309	408
	R^2	0.210	0.201	

第二節　截尾與設限分配 (Truncated and Censored Distributions)

在正式討論多變模式之前，我們必須先瞭解一些關於截尾與設限資料與常態分配之間的關係。這些關係是瞭解截尾與設限統計式的基礎。以下我們說明左側截尾與設限，也就是自下方設限時的多變統計式。有關右側，以及兩側截尾與設限的公式可依此類推。有興趣的讀者可進一步參考 Johnson et al.（1994， p. 156-162）或 Maddala（1983， p.365-368）。

一、常態分配

假設 $y^* \sim N(\mu,\sigma^2)$。則 y* 的機率密度函數為：

$$f(y^* \mid \mu,\sigma\ ) = \frac{1}{\sigma\sqrt{2\pi}}\exp\left[-\frac{1}{2}(\frac{y^*-\mu}{\sigma})^2\right]$$

如圖 7.3 A 所示。其累積機率函數為：

$$F(y^* \mid \mu,\sigma) = \int_{-\infty}^{y^*} f(z \mid \mu,\sigma)dz = \Pr(Y^* \le y^*)$$

因此

$$\Pr(Y^* > y^*) = 1 - F(y^* \mid \mu,\sigma)$$

$F(\tau \mid \mu,\sigma)$ 是圖 7.3 A 的陰影區域，而 1- $F(\tau \mid \mu,\sigma)$ 是 τ 右邊的區域。

圖 7.3：設限與截尾的常態分配

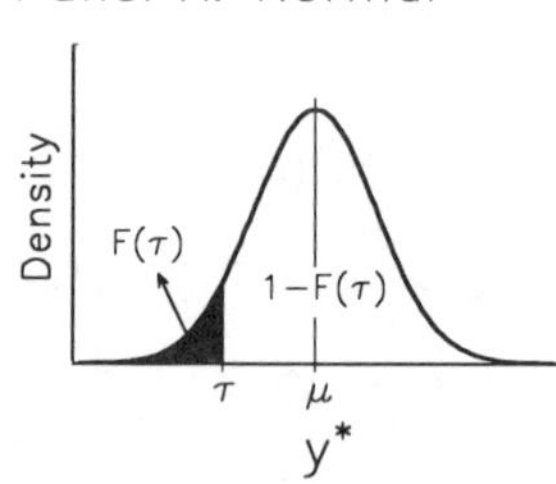

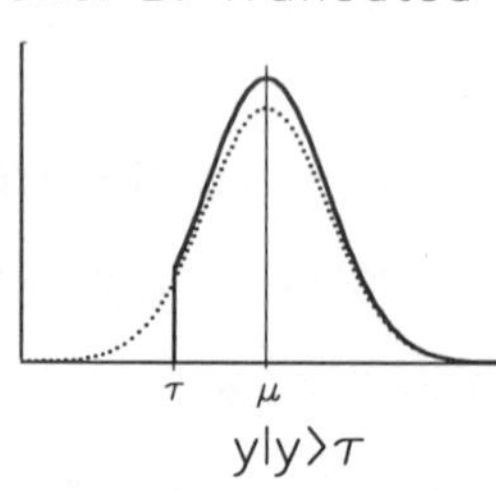

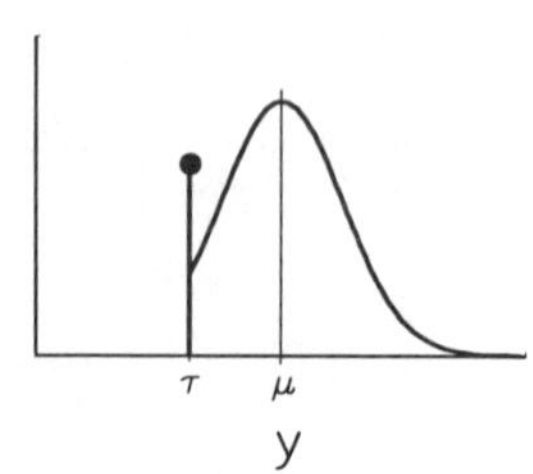

當 μ=1 且 σ = 0 時，標準常態分配可以簡化為：

$$\phi(y^*) = f(y^* \mid \mu = 0, \sigma = 1)$$

$$\Phi(y^*) = F(y^* \mid \mu = 0, \sigma = 1)$$

任何常態分配，無論其平均值與變異數為何，都可以用標準常態分配來表示。其機率密度函數為：

$$f(y^* \mid \mu, \sigma) = \frac{1}{\sigma\sqrt{2\pi}}$$

$$\exp\left[-\frac{1}{2}\left(\frac{y^* - \mu}{\sigma}\right)^2\right] = \frac{1}{\sigma}\phi\left(\frac{y^* - \mu}{\sigma}\right) \qquad [\ 7.1\ ]$$

累積機率函數為：

$$\Pr(Y^* \le y^*) = \Phi\left(\frac{y^* - \mu}{\sigma}\right) \qquad [\ 7.2\ ]$$

因此，

$$\Pr(Y^* > y^*) = 1 - \Phi\left(\frac{y^* - \mu}{\sigma}\right)$$

由於標準常態分配的函數是對稱的，而且平均值為 0，以下兩個等式經常被用來簡化其他方程式：

$$\phi(\delta) = \phi(-\delta)$$

$$\Phi(\delta)=1-\Phi(-\delta)$$

例如，公式 7.1 與 7.2 可被寫成：

$$f(y^*\mid\mu,\sigma)=\frac{1}{\sigma}\phi\left(\frac{\mu-y^*}{\sigma}\right)$$

$$\Pr(Y^*>y^*)=\Phi(\frac{\mu-y^*}{\sigma})$$

二、截尾的常態分配

當小於 τ 的值被刪去時，變項 y | y> τ 為具有截尾的常態分配。在圖 7.3 A，我們僅考慮沒有陰影區域的 y* 分配，而省略陰影部分。將原有分配的機率分配函數只保留 τ 右方的分配，可以得到截尾的機率密度函數。此一作法使最終的分配面積為 1：

$$f(y\mid y>\tau,\ \mu,\sigma)=\frac{f(y^*\mid\mu,\sigma)}{\Pr(Y^*>\tau)}$$

在圖 7.3 B 截尾分配是以實線表示。陰影部分的分布被移至 τ 的右方，導致這個曲線在此處較原曲線為高。我們將原來沒有截尾的常態分配虛線，以及截尾後的分配實線兩者相比較，可以看出這個變化。使用方程式 7.1 與 7.2 的結果，截尾分配可以表示為：

$$f(y^*\mid y>\tau,\mu,\sigma)=\frac{\frac{1}{\sigma}\phi(\frac{y^*-\mu}{\sigma})}{1-\Phi(\frac{\tau-\mu}{\sigma})}=\frac{\frac{1}{\sigma}\phi(\frac{\mu-y^*}{\sigma})}{\Phi(\frac{\mu-\tau}{\sigma})}$$

由於此一分配的左邊被截去，E（y | y > τ ）應該大於 E（y*）

= μ。更具體地說，若 y* 為常態分配時（Johnson et al.，1994，p. 156），

$$E(y \mid y > \tau) = \mu + \sigma \frac{\phi(\frac{\mu - \tau}{\sigma})}{\Phi(\frac{\mu - \tau}{\sigma})} = \mu + \sigma\lambda(\frac{\mu - \tau}{\sigma}) \qquad [7.3]$$

其中 $\lambda(.) = \phi(.) / \Phi(.)$ 是逆彌爾斯比率（inverse Mills ratio）。

由於逆彌爾斯比率在本章的使用極為頻繁，我們在此提供一個比較深入的介紹。圖 7.4 以 λ，Φ 以及 φ 對（μ- τ）/ σ 作圖。（μ- τ）/ σ 的值代表平均數 μ 較截尾點大或小多少個標準差。例如，（μ- τ）/ σ = 2 表示 μ 比 τ 大兩個標準差。在圖 7.4 中，我們假設 μ 是固定的，而考慮改變 τ 的效果。在圖的左側，τ 大於 μ，且截尾的程度較大。φ 大於 Φ，造成 λ 的值大於 1。當我們朝圖的右方移動，τ 值變小，截尾的程度也變小，但是（μ- τ）/ σ 的值卻變大。隨著這個變化，Φ 值增加，最後大於 φ，導致 λ 值變小而且最後變為 0。方程式 7.3 顯示，當 λ 趨近於 0 時，截尾變項的期望值將趨近於 μ。也就是說，當截尾的面積減小時，截尾對平均數的影響將逐漸減為 0。

三、設限的常態分配

當我們對分配進行左側設限時，觀測值等於或小於 τ 將被設為 τ_y：

圖 7.4： 逆彌爾斯比率

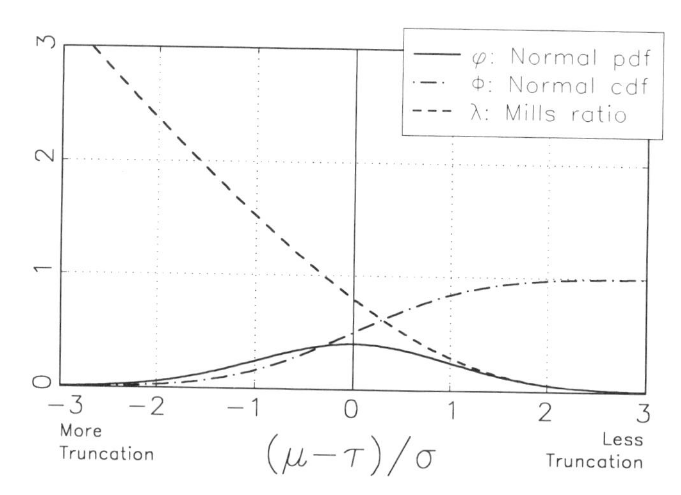

y = y*　若　y* > τ

y = τ_y　若　y* ≤ τ

統計學者們經常定義 $\tau_y = \tau$，但是其他值（如 $\tau_y = 0$）也可以被使用。圖 7.3 C 表示設限的常態分配，對觀測值設限時是以 y = τ 的直條表示。由方程式 7.2 我們知道，若 y* 是常態分配，則對某一觀測值設限的機率為

$$\Pr(Censored) = \Pr(y^* \le \tau) = \Phi(\frac{\tau - \mu}{\sigma})$$

並且，某一觀測值未設限的機率為

$$\Pr(Uncensored) = 1 - \Phi(\frac{\tau - \mu}{\sigma}) = \Phi(\frac{\mu - \tau}{\sigma})$$

因此，設限變項的期望值為

$$E(y) = [Pr(Uncensored) \times E(y \mid y > \tau)] + [Pr(Censored) \times E(y \mid y = \tau_y)] = \left\{\Phi(\frac{\mu-\tau}{\sigma})[\mu + \sigma\lambda(\frac{\mu-\tau}{\sigma})]\right\} + \Phi(\frac{\tau-\mu}{\sigma})\tau_y \quad [7.4]$$

讓我們進一步考慮設限變項的期望值如何隨著 τ 而改變。當 τ 趨向 ∞ 時，設限的機率趨近於 1，而且 E（y）趨近於設限值 τ_y。當 τ 趨近於 $-\infty$ 時，設限的機率趨近於 0，而且 E（y）趨近於平均數 μ。

我們現在將利用以上的結果來推演多畢模式。

第三節 設限結果與多畢模式

在多畢模式中，結構方程式為

$$y_i^* = \mathbf{x}_i \boldsymbol{\beta} + \varepsilon_i \quad [7.5]$$

其中，$\varepsilon_i \sim N(0,\sigma^2)$。所有 x 的觀測值都是可觀察的。y* 是潛在變項（latent variable），當它的值大於 τ 時是可觀察的，小於或等於 τ 時則是設限的。可觀察變項 y 的值定義如下：

$$y_i = y_i^* \quad 若 \quad y_i^* > \tau$$

$$y_i = \tau_y \quad 若 \quad y_i^* \le \tau$$

由方程式 7.5 與 7.6，我們得到，

$$y_i = y_i^* = \mathbf{x}_i \boldsymbol{\beta} + \varepsilon_i \quad 若 \quad y_i^* > \tau$$

$$y_i = \tau_y \quad 若 \quad y_i^* \leq \tau$$

多畢模式亦可運用於右方設限的狀況。例如，若所得大於 \$100, 000 時，將之併入「超過 \$100, 000」的類別，所得即是由右方設限，而其多畢模式為

$$y_i = y_i^* = \mathbf{x}_i \boldsymbol{\beta} + \varepsilon_i \quad 若 \quad y_i^* < \tau$$

$$y_i = \tau_y \quad 若 \quad y_i^* \geq \tau$$

有關右側設限的結果將在本章第六節討論。

在本節中，我將分幾個步驟討論設限隱含的意義。首先，我將探討獨立變項對設限機率的影響。其次，我將解說最小平方法估計設限或截尾樣本所帶來的問題。這些問題延伸出多畢模式的最大概似估計。最後，我將考慮幾種解釋多畢模式參數的方法。在正式討論之前，我想先說明一個容易混淆的觀念。

一、τ 與 τ_y 的差別

許多作者假設 $\tau = \tau_y = 0$ 或 $\tau = \tau_y$。如此推導出的公式會比本書中所介紹程式稍為簡略一些。但是，由於在實際運用上的情況往往是 $\tau \neq \tau_y \neq 0$，這種簡化方式容易導致混淆，甚至錯誤的結果。因此，我在此必須明確地區分 τ 與 τ_y 的差別。τ 是決定 y* 是否設限的臨界值。若 y* 設限，τ_y 是指定給 y 的值。雖然 τ 經常等於 τ_y，但並非永遠如此。以 Tobin 最初

的應用為例，最便宜的耐久財價格（τ）並不是 0，但是因為消費者沒有購買任何貨品，將設限的觀測值定義為 $y = \tau_y = 0$ 是最合理的。在我的公式中，只要代入 $\tau = \tau_y = 0$ 或 $\tau = \tau_y$ 就可以導出其他書中所列的公式。但是，如果你使用的公式是將 τ 和 τ_y 設為相等或同時等於 0，那麼將以上的考慮結果應用在你的資料分析上是非常重要的。

二、設限的分配

設限的機率決定於潛在變項 y^*（或其殘差 ε）中小於 τ 的觀察值有多少。圖 7.5 A 所顯示的是，當 x 值固定時，潛在變項 y^* 的分配情形。其中，y^* 的期望值，也就是 $E(y^* \mid x)$，以實線表示。而其誤差的分配情形，則應該想像成一個透出書頁的常態曲線。當觀測值小於或等於直線 $y^* = \tau$ 時，設限結果便發生了。在圖中，我們用陰影的部分來表示這樣的情形。當 x 的值增加時，$E(y^* \mid x)$ 也跟著增加，導致分配中設限的部分面積減小。因此，圖中標示為 A 的區域比 B 大，而 B 又比 C 大。

在 x 值固定時，某一觀測值遭設限的機率等於常態分配曲線小於或等於 τ 的區域。

$$\Pr(\text{Censored} \mid \mathbf{x}_i) = \Pr(y^* \le \tau \mid \mathbf{x}_i) = \Pr(\varepsilon_i \le \tau - \mathbf{x}_i \boldsymbol{\beta} \mid \mathbf{x}_i)$$

圖 7.5：多畢模式被設限的機率

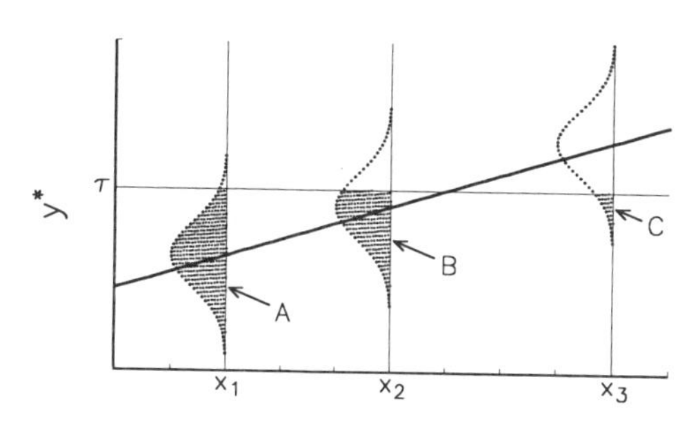

Panel B: Probability of Censoring

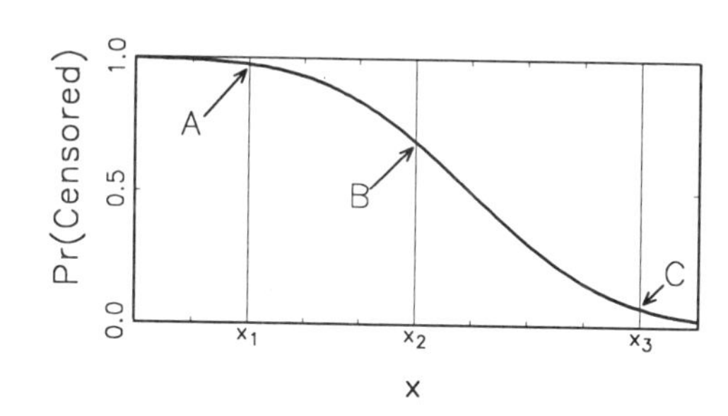

由於 ε 的分配是 $N(0,\sigma^2)$ ，ε / σ 的分配是 $N(0,1)$ 。因此，

$$\Pr(\text{Censored} \mid x_i) = \Pr(\frac{\varepsilon_i}{\sigma} \le \frac{\tau - \boldsymbol{x}_i\boldsymbol{\beta}}{\sigma} \mid x_i) = \Phi(\frac{\tau - \boldsymbol{x}_i\boldsymbol{\beta}}{\sigma})$$

且

$$\Pr(\text{Uncensored} \mid x_i) = 1 - \Phi(\frac{\tau - \boldsymbol{x}_i\boldsymbol{\beta}}{\sigma}) = \Phi(\frac{\boldsymbol{x}_i\boldsymbol{\beta} - \tau}{\sigma})$$

為簡化以下公式，定義

$$\delta_i = \frac{\boldsymbol{x}_i\boldsymbol{\beta} - \tau}{\sigma}$$

其中 δ 代表 $x_i\beta$ 比 τ 大了多少個標準差。（ $\phi(\delta)$ 和 $\phi(-\delta)$ 有

什麼關係？$\Phi(\delta)$和$\Phi(-\delta)$呢？）根據這個定義，

$$\Pr(\text{Censored} \mid \boldsymbol{x}_i) = \Phi(-\delta_i) \qquad [7.8]$$

$$\Pr(\text{Uncensored} \mid \boldsymbol{x}_i) = \Phi(\delta_i) \qquad [7.9]$$

圖 7.5 B 是以方程式 7.8 作圖。曲線上標示的 A、B、C 相當於圖 7.5 A 的陰影區域。運用您的想像力，試著將圖 7.5 A 中的曲線和 x_1、x_2、及 x_3 所對應的垂直線之間的面積想像成是一個可以移動的區域。在左方的區域，也就是 $x = x_1$ 的時候，這個區域越過臨界值的面積很小，所以所對應的概率改變也相對緩慢。當 $x = x_2$ 時，這個區域中央面積最大的部分越過門檻，所以機率的變化開始變小。最後，當 $x = x_3$ 時，也就是圖 7.5 A 右方的部份，因為是區域下端細尾的部分越過臨界值，所以改變的速度再次趨緩。

㈠多畢模式與機率單位模式的關係

觀測值設限機率的推導和第三章機率單位模式極為類似。機率單位與多畢的結構相同，但測量的方式（measurement model）有別。在多畢模式中，若 $y^* > \tau$，我們知道 y^* 的值。然而，在機率單位模式中我們只知道是否 $y^* > \tau$。由於多畢提供了更多的資訊（亦即在某些觀測值 y^* 是可知的），多畢模式對 β 的估計較機率單位模式更有效率。此外，由於機率單位模式中所有的觀測值皆受設限，我們無法估計 y^* 的變異數，所以必須假設 $\text{Var}(\varepsilon \mid \mathbf{x}) = 1$。然而，在多畢模式中 $\text{Var}(\varepsilon \mid \mathbf{x})$ 是可以估計的。

圖 7.6：性別、是否獲得獎學金、以及博士班聲望對設限機率的影響

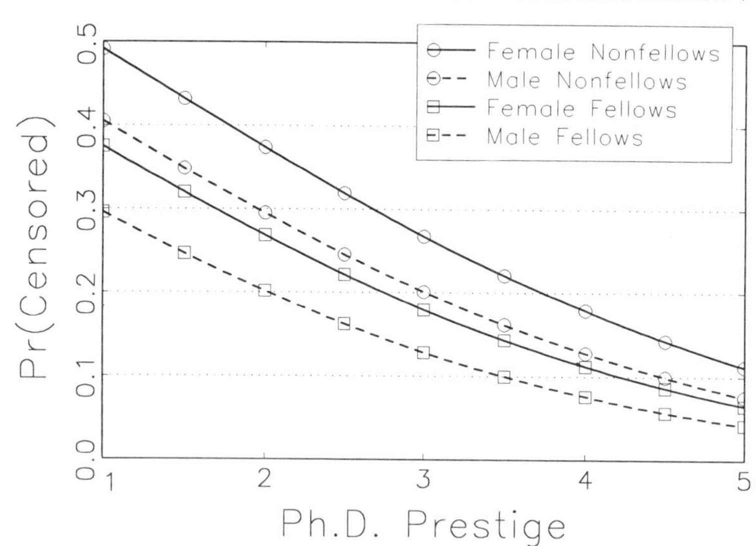

【設限機率實例】第一份工作的聲望

圖 7.6 說明博士班的聲望、性別、以及是否擁有博士後研究獎學金等因素，對於第一份工作的聲望是否設限的機率有何影響。中空圓圈的實線顯示沒有獎助金的女研究生的設限機率。如圖中實方塊實線所示，當女性研究生享有研究獎助時，其觀測值較不容易成為設限資料。當博士班聲望為 1 時，享有研究獎助的女性研究生的設限機率為 .38，也就是比未享有研究獎助的女性研究生小 .11。當博士班聲望為 5 享有研究獎助的女性的設限機率為 .07，也就是比未享有研究獎助的女性研究生小 .04。值得注意的是，研究生獲得研究獎助的比例與博士班的聲望有關。虛線所表示的則是男性的類似結果。對男性的非研究獎助研究生，機率由 .41 降至 .08，而對男性的研究獎助研究生，機率由 .30

降至 .04。當博士班的聲望為 1 時，作為一個女性科學家將使設限機率增加 .08；當博士班的聲望為 5 時，作為一個女性科學家將使設限機率增加 .03。

此一結果說明了為什麼在表 7.1 中，最小平方法的結果是偏差的。作為一個女性會使受限的機率增加，或者同樣地，使工作的聲望下降。在分析時若將設限的工作排除在樣本之外，作為一個女性對於工作聲望的負面影響將無法反映出來。因此，作為一個女性的估計效果是正的，如表 7.1「截尾樣本的最小平方法」的欄位所示。當設限的工作值設為 1，並保留在樣本中時，由於這些工作的值較它們為設限時的實際值為高，估計結果也是偏差的。換句話說，若可以取得實際的資料，大部分這些工作聲望的觀測值將小於 1。因此，作為一個女性的負面影響則被低估，如表 7.1「設限資料的最小平方法」的欄位所示。

接著，我們將對設限的結果做比較正式的討論。

三、設限所產生的問題

設限所造成的問題進行分析時，我們必須決定如何處理設限的觀察值。在學術界接受多畢模式之前，有兩種方法經常被使用：

1. 刪去設限的部分樣本形成一個截尾樣本。再以最小平方法估計這個截尾樣本。
2. 將設限的依賴變項的觀察值定為 τ_y。再以最小平方法進行估計。

Berndt（1991， pp. 614-617）對於這些方法使用在勞力供給研究的結果，進行了一些有趣的分析。在此我將繼續討論這些方法的問題，其間並提供一些有助於詮釋多畢模式的結果。

㈠截尾樣本的分析

潛在變項的結構模式為 $y^* = \mathbf{x}\boldsymbol{\beta} + \varepsilon$ 。由於 E（ ε | $\mathbf{x}$）= 0 ，因此 E（y*| x）= $\mathbf{x}\beta$ 。當截尾存在時，我們的模式為

$y_i^* = \boldsymbol{x}_i\boldsymbol{\beta} + \varepsilon_i$　對所有使 $y_i > \tau$ 的 i 而言

依賴變項為截尾變項 y | y > τ ，取期望值為

$$E(y_i \mid y_i > \tau, \boldsymbol{x}_i) = E(\boldsymbol{x}_i\boldsymbol{\beta} + \varepsilon_i \mid y_i > \tau, \boldsymbol{x}_i) = \boldsymbol{x}_i\boldsymbol{\beta} + E(\varepsilon_i \mid y_i > \tau, \boldsymbol{x}_i)$$

如果 E（ ε | y > τ , $\mathbf{x}$）= 0 ，則 E（y | y > τ , $\mathbf{x}$）= $\mathbf{x}\beta$ ，而且這模式維持線性，所以使用最小平方法似乎是合理的。然而，E（ ε | y > τ , $\mathbf{x}$）並不等於 0。由公式 7.3，我們可以推得

$$E(y_i \mid y_i > \tau, \boldsymbol{x}_i) = \boldsymbol{x}_i\boldsymbol{\beta} + \sigma\lambda(\delta_i) \qquad [\ 7.10\ ]$$

其中 σ 是 ε 的標準差，$\delta = (\boldsymbol{x}\beta - \tau)/\ \sigma$ ，而 λ 是逆彌爾斯比率。

圖 7.7 所示的是截尾的結果。如果沒有截尾或設限，樣本是由包含大於或小於截尾點 $y^* = \tau$ 的所有黑點所構成。此時，$E(y^* \mid x)$ 的最小平方法估計是以實線表示。截尾發生於 $\tau = 2$ ，如圖中的水平線所示。在截尾發生時，所有等於或小於 τ 的觀測值都不被列入分析。x 與截尾期望值 $E(y \mid y > \tau, x)$ 的關係如圖中的長虛線所示，也就是圖中最高的曲線。在圖的右方，由於很少有觀測值被截尾， $E(y \mid y > \tau, x)$ 與 $E(y^* \mid x)$ 是無法分別的。當我們往左方移動時，由於較小的 y^* 值由樣本中捨去， $E(y \mid y > \tau, x)$

的位置將高於 $E(y^* \mid x)$。當 x 繼續向左移動，$E(y \mid y > \tau, x)$ 變得越來越接近 τ。基於 $E(y \mid y > \tau, x)$ 與 $E(y^* \mid x)$ 兩者的不同，我們可以理解為什麼最小平方法在樣本截尾時會導致不一致的估計值。

另外一個思考截尾問題的方法是考慮公式 7.10 的迴歸模式：

$$y_i = \boldsymbol{x}_i \boldsymbol{\beta} + \sigma\lambda_i + e_i \qquad [\ 7.11\ ]$$

其中 λ_i 代表 $\lambda(\delta_i)$，以強調 λ_i 可被視為方程式中的另一個變項，而 σ 可被視為變項 λ 的斜率係數。若以 $y = \boldsymbol{x\beta} + \varepsilon$ 來估計 $\boldsymbol{\beta}$，我們將會因為少了 λ 而得到一個錯誤的模式，在這種狀況下，由最小平方法所求得的估計值缺乏一致性。

圖 7.7：多畢模式中 $y^*, y \mid y > \tau$ 以及 y 的期望值

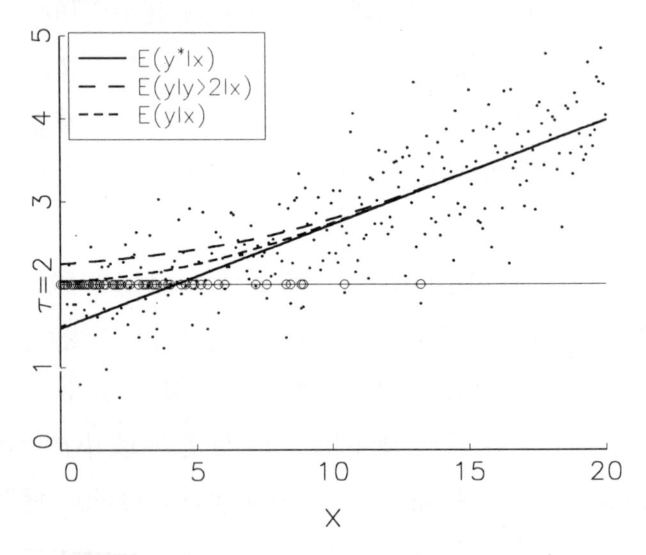

㈡設限樣本的分析

第二個方法是對設限觀測值定義 $y = \tau_y$，然後再對整個樣本進行分析。在圖 7.7，設限觀測值是以直線 $\tau = 2$ 上的圓圈表示。由於小於 2 的 y*都被定義為 2，E（y｜x）是在 E（y*｜x）之上，如圖中短虛線所示。由於設限觀測值並未被刪去，只是被給予一個與事實不符的較大值，因此這條線仍低於 E（y｜y> τ, x）。若我們在定義設限觀測值為 τ_y 後，以最小平方法來估計整個樣本的迴歸，它的估計值將缺乏一致性。

以式子表示，當設限發生時，我們的模式變為

$$\mathrm{y_i} = \begin{cases} \mathrm{y_i}^* = \boldsymbol{x}_\mathrm{i}\boldsymbol{\beta} + \varepsilon_\mathrm{i} & \text{若} \quad y_i^* > \tau \\ \tau_\mathrm{y} & \quad\;\; y_i^* \le \tau \end{cases} \qquad [\ 7.12\ ]$$

運用公式 7.4，當 x 已知時， y 的期望值是未設限與設限觀測值兩部分的總和：

$$\begin{aligned}\mathrm{E(y_i} \mid \boldsymbol{x}_\mathrm{i}) = &[\mathrm{Pr(Uncensored} \mid \boldsymbol{x}_\mathrm{i}) \times \mathrm{E(y_i} \mid \mathrm{y_i} > \tau, \boldsymbol{x}_\mathrm{i})] \\ &+ [\mathrm{Pr(Censored} \mid \boldsymbol{x}_\mathrm{i}) \times \tau_\mathrm{y}]\end{aligned} \qquad [\ 7.13\ ]$$

由公式 7.8 與 7.9 以及 $\delta = (x\beta - \tau)/\ \sigma$，

$$\mathrm{E(y_i} \mid \boldsymbol{x}_\mathrm{i}) = [\Phi(\delta_\mathrm{i}) \times \mathrm{E}(\mathrm{y_i} \mid \mathrm{y_i} > \tau, \boldsymbol{x}_\mathrm{i})] + [\Phi(\ \delta) \times \tau_\mathrm{y}] \qquad [\ 7.14\ ]$$

代入公式 7.10 與 7.12 的結果，並加以簡化，

$$\mathrm{E(y_i} \mid \boldsymbol{x}_\mathrm{i}) = \Phi(\delta_\mathrm{i})\,\boldsymbol{x}_\mathrm{i}\boldsymbol{\beta} + \sigma\phi(\delta_\mathrm{i}) + \Phi - (\delta_\mathrm{i})\tau_\mathrm{y} \qquad [\ 7.15\ ]$$

由於 E（y｜x）和 x 之間的關係是非線性的，因此將 y 和 x 進行迴歸統計所得的結果與實際上 y* 和 x 之間的迴歸係數並不一致。（想想看，如果 $\Phi(\delta) = 1$ 的話，那麼公式 7.15 會變成什麼樣子？又如果 $\Phi(\delta) = 0$ 的話呢？）

第四節 估 計

當設限的現象存在時，最小平方法的估計是不一致的。估計多畢模式的一個方法是運用式 7.11： $y = x\beta + \sigma\lambda + e$ 。Heckman（1976）建議採用兩階段的估計法。第一階段以機率單位模式估計 λ 。再利用最小平方法於第二階段估計 $y = x\beta + \sigma\hat{\lambda} + e$ 。由於此種方法不如最大概似估計法有效，計算上也未必比較容易，在此我將不繼續討論它。

在使用最大概似法對多畢模式進行估計時，必須先將觀測值分為兩部分。第一部分是未設限的觀測值，最大概似法對此一部份的處理與在處理線性迴歸時相同。第二部分為設限觀測值，對這些觀測值，我們不知道 y*實際的值。然而，我們可以計算其出現設限結果的機率，並在概似方程式中使用此一數值。圖 7.8 說明當我們的觀測值為圖中的三個實點時，如何運用此一方法。對每一個 x 值而言，都有一相對的 y* 常態分配曲線；而對於未設限的觀測值而言，觀測值到常態分配曲線的距離，是它在某一 β 與 σ 值之下的概似。直線 $y^* = \tau$ 顯示設限發生的所在。對於設限觀測值，如 (x_1, y_1^*) ，因為我們不知道 y* 的值，所以無法利用常態曲線的高度作為概似。由於我們對設限觀測值只知道 $y^* \le \tau$ ，所以我們採用設限機率作為概似。如圖中陰影部分所示。對於未設限觀測值

$$y_i = \boldsymbol{x}_i \boldsymbol{\beta} + \varepsilon \quad \text{for } y^* > \tau$$

其中 $\varepsilon_i \sim N(0, \sigma^2)$ 。如式 2.8 所示，未設限觀測值的對數概似方程式為

$$\ln L_U(\boldsymbol{\beta},\sigma^2)=\sum_{\text{Uncensored}}\ln\frac{1}{\sigma}\phi\left(\frac{y_i-\mathbf{x}_i\boldsymbol{\beta}}{\sigma}\right)$$

圖 7.8：多單模式的最大概似估計

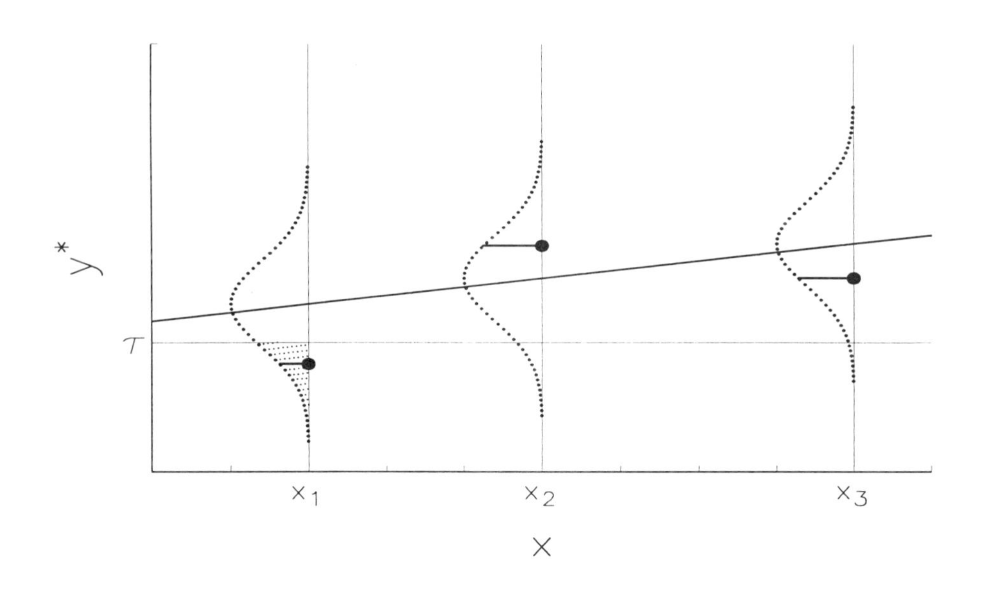

在圖 7.8，ln L_U 是對在 (x_2,y_2^*) 與 (x_3,y_3^*) 的高度取對數的和。對於設限的觀測值，我們知道 x 以及 $y^*\leq\tau$，因此我們可以計算

$$\Pr(y_i^*\leq\tau|\mathbf{x}_i)=\Phi\left(\frac{\tau-\mathbf{x}_i\,\boldsymbol{\beta}}{\sigma}\right) \qquad [\ 7.16\ ]$$

因此，對圖 7.8 的第一個觀測值，我們是在計算低於 y $=\tau$ 的陰影面積，而非 y* 的 機率分配函數的高度。利用式 7.16，我們可以將設限觀測值的概似方程式表示為

$$L_C(\boldsymbol{\beta},\sigma^2)=\prod_{\text{Censored}}\Phi\left(\frac{\tau-\mathbf{x}_i\boldsymbol{\beta}}{\sigma}\right)$$

取對數，

$$\ln L_C(\boldsymbol{\beta},\sigma^2)=\sum_{\text{Censored}}\ln\Phi\left(\frac{\tau-\mathbf{x}_i\boldsymbol{\beta}}{\sigma}\right)$$

將設限與未設限觀測值的結果結合可得，

$$\ln L(\boldsymbol{\beta},\sigma^2|\mathbf{y},\mathbf{X})$$

$$=\sum_{\text{Uncensored}}\ln\frac{1}{\sigma}\phi\left(\frac{y_i-\mathbf{x}_i\boldsymbol{\beta}}{\sigma}\right)+\sum_{\text{Censored}}\ln\Phi\left(\frac{\tau-\mathbf{x}_i\boldsymbol{\beta}}{\sigma}\right)$$

雖然此種將未設限觀測值的機率密度函數與設限觀測值的累積機率函數相結合的概似方程式並不常見，但是 Amemiya（1973）證明在多畢模式的假設之下，一般最大概似法的估計式都可以適用。

一、違反假設

多畢模式的最大概似估計式，假設誤差是常態分配而且具有異質性。當在線性迴歸中這些假設被違反時，估計值雖然不再有效，但仍然是一致的。多畢模式的情形則不是如此。

㈠異質性：Maddla 與 Nelson（1975）證明當異質性存在時，多畢模式將不再是一致的。Maddala（1983，pp.79-182）說明了異質性對幾種不同模式的影響，而 Arabmazar 與 Schmidt（1981）分析了異質性對最大概似估計式確實度（robustness）[1]的影響。我們可以在對數概似方程式中以 σ_i 取代 σ 來處理異質性的問題。如果異質性的形式為 $\sigma_i = \sigma \exp(z_i\gamma)$ 時，LIMDEP 所提供的最大概似估計法能夠適當處理多畢模式缺乏一致性的問題。詳見 Greene（1993，pp.698-700）。

㈡非常態分配誤差當誤差是非常態分配時，最大概似估計式是不一致的（Arabmazar 與 Schmidt，1982）。我們可以運用具有處理事件歷史分析統計（event history analysis）的軟體（如 SAS 的 LIFEREG 或 LIMDEP），來估計非常態分配誤差的多畢模式。有關多畢模式與事件歷史分析的差別我們將在第九章繼續討論。

第五節 解 釋

在多畢模式分析中，有三個結果是我們可能有興趣的：⑴潛在變項 y*；⑵截尾變項 y | y > τ；以及⑶設限變項 y。本節將討論如何運用偏微分和間距改變（partial and discrete

---

[1] 確實度（robustness）：一般在做統計分析時，因為很難完全考慮和殘差變異數相關的所有因素，因此所估計出來迴歸係數的標準誤有時候並不是十分的「確實」（robust）。針對這樣的情況，統計學者們將殘差變異數適度的調整，使研究的結果更加「確實」。

change）來詮釋這些結果期望值的變化。由於除了經濟學的領域之外， $y \mid y > \tau$ 與 y 很少被用到，在此對它們的討論將會比較簡短。

一、潛在結果的改變

在許多的運用上，潛在變項 y* 的變化是最重要的。多畢分析對潛在變項 y^* 受到獨立變項的影響，提供了可靠的估計。y* 的期望值為

$$E(y^* \mid \mathbf{x}) = \mathbf{x}\boldsymbol{\beta}$$

而它相對於 x_k 的偏微分是

$$\frac{\partial E(y^* \mid \mathbf{x})}{\partial x_k} = \boldsymbol{\beta}_k$$

對一連續獨立變項 x_k ，我們可以解釋：

- 如果其他變項維持不變，當 x_k 增加一個單位， y* 預期的變化是 β_k 個單位。

對於二分變項（dichotomous variable），

- 如果其他變項維持不變，具有 x_k 的特性（相對於沒有這種特性）將使 y* 的期望值增加 β_k 個單位。

由於這個模式對 y* 而言是線性的，改變 x_k 或其他 x 的值將不會影響 x_k 的效果。

(一)標準化係數

由我們在第二章第二節裡有關線性迴歸的討論，我們可以將完全標準化（fully standardized）與半標準化（semi-standardized）係數表示為

$$\beta_k^{S_x}=\sigma_k\beta_k\text{，}\quad \beta_k^{S_y*}=\frac{\beta_k}{\sigma_{y*}}\quad \beta_k^{S}=\frac{\sigma_k\beta_k}{\sigma_{y*}}$$

其中 σ_{y^*} 是 y* 的「非條件式標準差」（Unconditional Standard Deviation），而 σ_k 是 x_k 的標準差。由於 y* 是潛在變項，σ_{y^*} 無法直接由資料計算。為了解決這個問題，Roncek（1992）建議採用「近似標準化係數」（analogue to a standardized coefficient）：（$\beta_k^{s^*}=\beta_k\sigma_k/\sigma_{y^*|x}$）。由於 Roncek 所建議的方法用 y*的條件式標準差（Conditional Standard Deviation）（$\sigma_{y^*|x}$）來代替 y* 的非條件式標準差（σ_{y^*}），而這兩個標準差在實際上可能有很大的不同*（為什麼？）*，所以我並不建議使用 Roncek 的方法。*y** 變異數應該以下列的平方式計算：

$$\hat{\sigma}_{y*}^2=\hat{\boldsymbol{\beta}}'\hat{\mathrm{Var}}(\mathbf{x})\hat{\boldsymbol{\beta}}+\hat{\sigma}_\varepsilon^2$$

其中 $\hat{\mathrm{Var}}(\mathbf{x})$ 是我們對獨立變項所估計出來的共變數矩陣（estimated covariance matrix），而 $\hat{\sigma}_\varepsilon^2$ 是 ε 的變異數的最大概似估計值。

【y* 偏微分改變實例】第一份工作的聲望

表 7.1 的多畢係數可以用與第二章線性迴歸相同的方式來解說。

為方便說明，我將考慮 FED 與 PHD 的效果。

- 在其他變項保持不變的情況下，以一個 1 到 5 的量表為基準，女性科學家第一份工作的預期聲望較男性科學家第一份工作的預期聲望低 .24 個單位。此外，當其他變項保持不變的時候，女性科學家第一份工作的預期聲望較男性科學家第一份工作的預期聲望低 .19 個單位標準差。
- 在其他變項保持不變的情況下，博士班的聲望增加一單位，將使第一份工作的聲望增加 .32 ；在其他變項保持不變的情況下，博士班的聲望增加一個標準差，將使第一份工作的聲望增加 .25 個標準差。

博士班聲望以及身為女性的效果，在 .01 水平的單尾檢定（one-tailed tests）下都是顯著的。

二、截尾結果的變化

截尾變項（$y \mid y > \tau$）的定義，必須架構在未截尾觀測值存在的基礎下。如果依賴變項是對耐久財的消費，截尾結果是指有購買耐久財的人花了多少錢。未購買耐久財的人則被剔除於樣本之外。在經濟學的領域，這一個結果是十分重要的。例如，耐久財的製造商會有興趣知道消費者的花費，而不會有興趣去瞭解當耐久財的價錢低於 τ 時，消費者會花多少錢去購買它。研究人員對於截尾結果是否有興趣，需視他們的研究重點而定。

早先，我們已經討論過截尾結果的期望值可以表示為

$$E(y|y>\tau,\mathbf{x})=\mathbf{x}\boldsymbol{\beta}+\sigma\lambda(\delta) \qquad [7.17]$$

其中 $\lambda(\cdot)=\phi(\cdot)/\Phi(\cdot)$ 而 $\delta=(\boldsymbol{x\beta}-\tau)/\sigma$。這個期望值對 x 值的影響是非線性的，因此，$\beta_k$ 不能解釋為：當 x_k 增加一單位時，截尾結果期望值的改變。$E(y\mid y>\tau,x)$ 相對於 x_k 的偏微分是

$$\frac{\partial E(y|y>\tau)}{\partial x_K}=\beta_k\left[1-\delta\lambda(\delta)-\lambda(\delta)^2\right] \qquad [7.18]$$

Greene（1983， p. 688）證明方括號中的值是介於 0 與 1 之間。當 xβ 增大時，該值向 1 趨近。因此，當 $\mathbf{x}\beta$ 增大時，$\partial E(y\mid y>\tau,\mathbf{x})/\partial x_k$ 的值向 $\partial E(y^*\mid\mathbf{x})/\partial x_k$ 的值趨近。此一現象可由圖 7.7 中實線與虛線的關係反映出來。對於二分變項而言，我們應該考慮當其值由 0 變為 1 時的間距改變，而非偏微分改變：

$$\frac{\Delta E(y|y>\tau,\mathbf{x})}{\Delta x_k}=E(y|y>\tau,\mathbf{x},x_k=1)-E(y|y>\tau,\mathbf{x},x_k=0)$$

無論是偏微分或間距改變，其大小都受到模式中所有 x 值的影響。為了討論方便起見，一般我們通常使用當所有其他變項固定在它們各自的平均值時，每一 x_k 的偏微分與間距改變。

三、設限結果的變化

當依賴變項是可觀察的時候，設限結果 y 等於潛在變項 y*。當依賴變項設限時，y 值等於 τ_y（通常是 τ 或 0）。當依賴變項是耐久財的花費時，我們通常設 $\tau_y = 0$，而 $E(y|\mathbf{x})$ 是在一個特定 **x** 值時所預期的實際花費。在 y* 被設限的人，他們的

消費被設為 0 ，也就是他們實際的花費。

由式 7.15

$$E(y|\mathbf{x})=\Phi(\delta)\,\mathbf{x}\boldsymbol{\beta}+\sigma\phi(\delta)+\Phi(-\delta)\tau_y$$

其中 $\delta=(\boldsymbol{x\beta}-\tau)/\sigma$ 。其相對於 x_k 的偏微分是

$$\frac{\partial E(y|\mathbf{x})}{\partial x_k}=\Phi(\delta)\beta_k+(\tau-\tau_y)\,\phi(\delta)\frac{\beta_k}{\delta}$$

若 $\tau_y=\tau$，則我們可以簡化結果如下：

$$\frac{\partial E(y|\mathbf{x})}{\partial x_k}=\Phi(\delta)\beta_k=\Pr(\text{Uncensored}|\,x)\,\beta_k \qquad [7.19]$$

無論 τ_y 的值為何，當一觀測值被設限的機率趨近於零，y 的偏微分會趨近於 y*。圖 7.7 的實線與短虛線的比較說明了這個現象。因此，對二分變項，我們不該採用偏微分改變，而應該計算變項值由 0 至 1 的間距改變。

$$\frac{\Delta E(y|\,\mathbf{x})}{\Delta x_k}=E(y|\,\mathbf{x},x_k=1)-E(y|\,\mathbf{x},x_k=0)$$

偏微分與間距改變的大小都會受到模式中其他 x 值的影響。為了方便起見，我們往往在計算某一變項 x_k 的偏微分或間距改變時，將其他變項的值固定在它們各自的平均數。

四、McDonald 與 Moffitt 的分解法（Decomposition）

McDonald 與 Moffitt（1980）建議將 $dE(y)/dx_k$ 加以分解，藉此強調設限結果變化的兩個不同來源。推導分解法最簡單的方式是對式 7.13 逐項分析，並且運用乘數法則（product rule）。在對式 7.13 經過相當的代數處理後，可得

$$\frac{\partial E(y|\mathbf{x})}{\partial x_k} = \Pr(U|\mathbf{x})\frac{\partial E(y|y>\tau,\mathbf{x})}{\partial x_k} + [E(y|y>\tau,\mathbf{x}) - \tau_y]\frac{\partial \Pr(U|\mathbf{x})}{\partial x_k}$$

其中 Pr（U | **x**）是當 **x** 值固定時，某一觀測值成為設限結果的機率。當 $\tau_y = 0$ 時，這個結果是進行分解法較常見的一種版本。然而，有一點很重要的是，當 τ_y 不等於 0 時，這個簡化的公式並不正確。[2]

分解之後的結果顯示，當 x_k 改變時，它影響未被設限的 y^* 的期望值，並且以不被設限的機率加權。它同時影響未被設限的機率，並以未設限樣本的期望值減去設限值來加權。雖然分解法對於瞭解觀測樣本的實際變化有幫助，但是這個方法的實際運用卻是在當研究者對 y 而不是對 y* 有興趣時。

第六節　相關運用

學者將多畢模式的運作做了許多延伸。Amemiya（1985，pp. 360-411），Berndt（1991，pp. 716-649），Breen（1996），以及 Maddala（1983，pp. 149-290）對這方面都有詳細的討論。LIMDEP 可以估計其中許多模式（Greene，1995，27 章）。在這一節中，我會討論幾個基本的延伸。以下

2 Roncek（1992）對 McDonald-Moffitt 分割進行詳細的討論。雖然他的公式假設 $\tau = \tau_y = 0$，書中的例子允許 $\tau = \tau_y \neq 0$。

只是一個簡單的介紹。

一、上方設限（Upper Censoring）

對多畢模式最簡單的一種延伸，是將設限由下方移至上方：

$$y=\begin{cases}\mathbf{x}\boldsymbol{\beta}+\varepsilon & \text{if } y^*<\tau \\ \tau_y & \text{if } y^*\geq\tau\end{cases}$$

我們只要將下方設限模式的 y 的正負號加以改變，就可以達到這個目的。由上方在 τ 對 y 設限與由下方在 $-\tau$ 對 $-y$ 設限是相同的。由於這個改變對許多公式的正負號有不同的影響，在此我將列出主要的結果。設限的機率是：

$$\Pr(\text{censored}\mid\mathbf{x})=\Phi(\delta)$$

其中 $\delta=(\mathbf{x}\boldsymbol{\beta}-\tau)/\sigma$。期望值為

$$E(y^*\mid\mathbf{x})=\mathbf{x}\boldsymbol{\beta}$$

$$E(y\mid y<\tau,\mathbf{x})=\mathbf{x}\boldsymbol{\beta}-\sigma\lambda(-\delta)$$

$$E(y\mid\mathbf{x})=\Phi(-\delta)\,\mathbf{x}\boldsymbol{\beta}-\sigma\phi(\delta)+\Phi(\delta)\tau_y$$

對 x_k 的偏微分為

$$\frac{\partial E(y^*)}{\partial x_k}=\beta_k$$

$$\frac{\partial E(y\mid y<\tau)}{\partial x_k}=\beta_k[1+\delta\,\lambda(-\delta)-\lambda(-\delta)^2]$$

$$\frac{\partial E(y\mid\mathbf{x})}{\partial x_k}=\Phi(-\delta)\,\beta_k+(\tau_y-\tau)\,\phi(\delta)\,\frac{\beta_k}{\sigma}$$

二、上方與下方設限

Rosett 與 Nelson（1975）發展出雙限制多畢模式（two-limit Tobit model）。這個模式可以處理上下都設限的模式問題。當上下方都設限時，

$$y\begin{cases}\tau_L & \text{if } y^* \le \tau_L \\ y^* = \mathbf{x\beta} + \varepsilon_i & \text{if } \tau_L < y^* < \tau_U \\ \tau_U & \text{if } y^* \ge \tau_U\end{cases}$$

這個模式經常應用於當結果為機率或百分比的時候。例如，Saltzman（1987）研究政治行動委員會的捐獻對眾議員在勞工爭議投票行為的影響，依賴變項是眾議員投出有利勞工的票的百分比。Saltzman 認為這個依賴變項在 100 被截尾，因為投票 100% 支持勞工的參議員，在其他未被提出的議案中應該也會支持勞工。所以，這些人對勞工的支持是超過資料所顯示的 100 %。相同的邏輯可以被用於從未支持勞工的議員身上。Fronstin 與 Holtmann（1994）運用類似的方法來研究安德魯（Andrew）颶風對房屋損害的百分比。Sullivan 與 Worden（1990）則以這個方法研究個人申請破產的機率。

由於有兩個限制，概似方程式包括上方設限、下方設限、與未設限等部分。定義 $\delta_L = (\tau_L - \mathbf{x\beta}) / \sigma$ 與 $\delta_U = (\tau_U - \mathbf{x\beta}) / \sigma$，我們可以證明

$$\Pr(y=\tau_L \mid \mathbf{x}_i)=\Phi(\delta_L)$$

$$\Pr(y=\tau_U \mid \mathbf{x}_i)=1-\Phi(\delta_U)=\Phi(-\delta_U)$$

於是

$$\ln L = \sum_{\text{Lower}} \ln \Phi\left(\frac{\tau_L - \mathbf{x}\boldsymbol{\beta}}{\sigma}\right) + \sum_{\text{Uncensored}} \ln \frac{1}{\sigma}\phi\left(\frac{y - \mathbf{x}_i\boldsymbol{\beta}}{\sigma}\right)$$

$$+ \sum_{\text{Upper}} \ln \Phi\left(\frac{\mathbf{x}\boldsymbol{\beta} - \tau_U}{\sigma}\right)$$

相關的解釋與單一限制的多畢模式類似。對於潛在變項，

$$E(y^* \mid \mathbf{x}) = \mathbf{x}\boldsymbol{\beta}$$

因此

$$\frac{\partial E(y^* \mid \mathbf{x})}{\partial x_k} = \frac{\Delta E(y^* \mid \mathbf{x})}{\Delta x_k} = \beta_k$$

截尾與設限結果的方程式是上列討論歸納之後的結果。截尾結果的期望值是（Maddala， pp. 160-162）

$$E(y \mid \tau_U > y > \tau_L, \mathbf{x}) = \mathbf{x}\boldsymbol{\beta} + \sigma \frac{\phi(\delta_L) - \phi(\delta_U)}{\Phi(\delta_U) - \Phi(\delta_L)}$$

對 x_k 的偏微分是

$$\frac{\partial E(y \mid \tau_U > y > \tau_L, \mathbf{x})}{\partial x_k}$$

$$= \beta_k\left(1 + \frac{\delta_L\phi(\delta_L) - \delta_U\phi(\delta_U)}{\Phi(\delta_U) - \phi(\delta_L)} - \left[\frac{\phi(\delta_L) - \phi(\delta_U)}{\Phi(\delta_U) - \phi(\delta_L)}\right]^2\right)$$

如果 x_k 是二分變項

$$\frac{\Delta E(y \mid \tau_U > y > \tau_L, \mathbf{x})}{\Delta x_k} = E(y \mid \tau_U > y > \tau_L, \mathbf{x}, x_k = 1)$$

$$- E(y \mid \tau_U > y > \tau_L, \mathbf{x}, x_k = 0)$$

有關觀測結果：

$$E(y|\mathbf{x})=[\tau_L \times Pr(y=\tau_L|\mathbf{x}_i)]+[\tau_U \times Pr(y_i=\tau_U|\mathbf{x}_i)]$$

$$+[E(y|\tau_L<y^*<\tau_U,\mathbf{x})\times Pr(\tau_L<y^*<\tau_U|\mathbf{x}_i)]$$

$$=\tau_L\Phi(\delta_L)+\tau_U\Phi(-\delta_U)$$

$$+[\Phi(\delta_U)-\Phi(\delta_L)]\left[\mathbf{x}\boldsymbol{\beta}+\sigma\frac{\phi(\sigma_L)-\phi(\delta_U)}{\Phi(\sigma_U)-\Phi(\delta_L)}\right]$$

將結果微分可以得到以下簡單的關係：

$$\frac{\partial E(y|\mathbf{x})}{\partial x_K}=\left[\Phi(\delta_U)-\Phi(\delta_L)\right]\beta_K=Pr(\text{Uncensored}|\mathbf{x})\beta_K$$

若 x_k 是二分變項，

$$\frac{\Delta E(y|\mathbf{x})}{\Delta x_k}=E(y|\mathbf{x},x_k=1)-E(y|\mathbf{x},x_k=0)$$

三、截尾迴歸模式

若依賴變項大於或小於某一數值時，我們完全沒有任何獨立或依賴變項的資訊，這種現象稱為截尾。例如，如果你只對於收入大於 $100, 000 的人進行採樣，那麼該樣本是下方截尾。截尾迴歸模式（truncated regression model）適用於這一類的資料，結構模式是

$$y_i=\mathbf{x}_i\boldsymbol{\beta}+\varepsilon_i \quad \text{for all } i \text{ such that } y_i<\tau$$

這相當於上方設限的多畢模式結構方程式的第一部份。每一個觀測值的概似與多畢模式中未設限觀測值相同。唯一的差別是，其概似必須針對常態分配中被截去的面積加以調整：

$$f(y_i)=\frac{\frac{1}{\sigma}\phi\left(\frac{y_i-\mathbf{x}_i\boldsymbol{\beta}}{\sigma}\right)}{\Phi\left(\frac{\tau-\mathbf{x}_i\boldsymbol{\beta}}{\sigma}\right)}$$

對數概似方程式變為 $ln\ L = \Sigma_i\ ln\ f(y_i)$。其期望值 $E(y \mid y<\tau, \mathbf{x})$ 與偏微分都跟多畢模式相同。

Hausman 與 Wise（1977）有關紐澤西負所得稅實驗的研究，顯示出將截尾列入考慮的重要性。該分析中，收入大於貧窮標準 1.5 倍的家庭都由樣本中截除。表 7.2 列出不考慮截尾的最小平方法估計結果以及截尾迴歸模式的最大概似估計結果。最大概似估計最多比最小平方法大了 5.4 倍，而且它係數的 z-值通常都比較大。這些結果明白顯示出最小平方法估計的偏差是可以很大的。

四、個別改變的限制（Individually Varying Limits）

多畢模式可以被一般化以允許每一個個人有不同的設限限制。這個運用方式與事件歷史分析（event history analysis）有密切關係。我們將在 9.4 節加以討論。

表 7.2：Hausman 與 Wise 截尾樣本的 OLS 與 ML 估計值

Variable		OLS Estimates	ML Estimates	Ratio ML/OLS
Constant	β	8.203	9.102	1.11
	t/z	90.14	356.95	3.96
Education	β	0.010	0.015	1.54
	t/z	1.67	2.09	1.25
IQ	β	0.002	0.006	3.81
	t/z	1.00	1.27	1.27
Training	β	0.002	0.007	2.95
	t/z	1.28	2.10	1.52
Union	β	0.090	0.246	2.74
	t/z	2.95	2.78	0.94
Illness	β	−0.076	−0.226	2.97
	t/z	−2.01	2.11	1.05
Age	β	−0.003	−0.016	5.40
	t/z	−1.67	−3.06	1.83

五、樣本選擇模式（Models for Sample Selection）

透過對於選擇觀測值是否設限的機制加以模式化，多畢與截尾迴歸模式被歸納成樣本選擇模式。有關樣本選擇模式的文獻有很多（詳見 Amemiya，1985，Chapter 10；Maddala，1983，Chapters 7-8；Manski，1995）。此處我只考慮最簡單的樣本選擇模式，又稱為 Heckman 模式（1976）。

多畢與截尾迴歸模式的結構模式為，

$$y_i^* = \mathbf{x}_i \boldsymbol{\beta} + \varepsilon_i$$

此處我們不再以 $y^* > \tau$ 為 y^* 被觀測的條件，而是以另一潛在變項 z^* 的值來決定 y^* 是否被觀測，其中

$$z_i^* = \mathbf{w}_i \boldsymbol{\alpha} + v_i \qquad [\ 7.20\ ]$$

x 與 **w** 可以有相同的變項。y* 只有當 z* > 0 時才會被觀測到。為了估計這個模式，我們假設誤差是常態分配

$$\begin{pmatrix} \varepsilon_i \\ v_i \end{pmatrix} \sim \boldsymbol{N}\left[\begin{pmatrix} 0 \\ 0 \end{pmatrix}, \begin{pmatrix} \sigma_\varepsilon^2 & p\sigma_\varepsilon \\ p\sigma_\varepsilon & 1 \end{pmatrix}\right]$$

其中 ρ 是 ε 與 υ 的相關係數；我們假設 *Var*（υ）為 1，這個假設使得統計模式可以有清楚的定位（identified）。因為 υ 是常態分配的，式 7.20 實際上是一機率單位模式，其中當 z* > 0 時 z = 1（即 y* 是可觀測的）。

使用與多畢模式類似的方法推導（Greene， 1993， p. 709-711），可以得到觀測值 y 的期望值為：

$$E(y_i | z_i = 1) = \mathbf{x}_i \boldsymbol{\beta} + \gamma \frac{\phi(-\mathbf{w}_i \boldsymbol{\alpha})}{\Phi(-\mathbf{w}_i \boldsymbol{\alpha})} = \mathbf{x}_i \boldsymbol{\beta} + \gamma \lambda_i$$

這個結果與式 7.10 十分類似。只針對 z = 1 的觀測值進行 y 對 **x** 的迴歸會導致不一致的估計，因為 λ 被摒棄在模式之外。Heckman 的二階段估計，首先估計式 7.20 的機率單位模式並計算

$$\hat{\lambda} = \frac{\phi(-\mathbf{w}_i \hat{\boldsymbol{\alpha}})}{\Phi(-\mathbf{w}_i \hat{\boldsymbol{\alpha}})}$$

然後再估計 y 對 x 與 $\hat{\lambda}$ 的迴歸。

第七節 結　論

有許多的模式可以處理設限、截尾、以及樣本選擇等問題。本章只對這方面的問題進行簡單的介紹。但是對於所有這些模式來說，基本問題都是相同的。因為某些資料蒐集過程的問題，某些觀察結果會有規律地喪失某些資料。這個現象導致的結果是，LRM 的估計是有所偏差而且不一致的。

第八節 參考書目

雖然設限與截尾分配在生物統計、工程、以及統計學等領域有很長的歷史，但是在社會科學中設限與截尾模式的運用始於多畢（Tobin）在 1958 年所作的有關耐久財家庭支出問題的研究。實際上，這一類型的模式有時會被合稱為多畢模式。多畢（Tobit）模式一詞係由 Goldberger（1964）率先使用，以代表「Tobin's 機率單位」。1970 年代出現了許多多畢原始模式的延伸，刺激了大量實證與理論的研究，其中包括了 Grounau（1973），Heckman（1974，1976），以及 Hausman 與 Wise（1977）等。有關詳細的文獻介紹請見 Amemiya（1985，Chapter 10）。有興趣的讀者也可以參考 Breen（1996）。

第八章 次數依賴變項 (Count Outcomes)

社會科學研究經常須要面對次數變項的問題。Hausman（1984）等學者研究R & D的支出對於美國公司獲得專利的數目的影響；Cameron 與 Trivedi（1986）分析影響一個人看醫生頻率的因素；Grogger（1990）研究死刑對於嚇阻殺人案件的影響；King（1989b）研究聯盟策略對於參與戰爭國家數目的影響。其他的例子包括個人的信貸記錄（Greene， 1994）；飲料的消費（Mullahy， 1986）；污染所導致的疾病（Portney & Mullahy， 1986）；眾議院議員的更換政黨（King， 1988）；工業傷害（Ruser， 1991）；新公司的產生（Hannan & Freeman， 1989， p. 230）；以及警察的拘捕（Land， 1992）等。

許多學者將次數變項視為連續變項，並直接用線性迴歸模式加以分析。但是線性迴歸所得的估計值不但容易產生誤差，而且不容易對資料作最有效的應用。很幸運地，近年來學者們已經逐漸發展了幾種專門使用於次數變項的統計法。其中 Poisson 迴歸是其中最基本的模式。在這個模式中，次數的機率是透過 Poisson 分配來決定。其中，該分配的平均數是獨立變項的函數。這個模式的一個重要性質是結果的條件平均數等於條件變異數。然而在實際上，條件變異數往往是超過條件平均數。負二元名義迴歸模式可以用來處理這個問題，因為它允許變異數大於平均數。另一個問題是，在實際樣本中 0 的數目，往往大於 Poisson 與負二元名義迴歸模式所預測的結果。零修正統計法明確地將它所預測的 0 次數模式化，並允許變異數與平均數的差異。第三個問題是，許多次數變項只有在事件第一次計算發生後才能觀察到。這時就需要運用到截尾次數模式，這個方法與第七章介紹的截尾迴歸模式有相當的關係。上述的所有統計法都是以 Poisson 迴歸為基礎。以下我們就介紹此一模式。

第一節 Poission 分配

假設 y 是一個隨機變項，代表某個依賴變項在一段時間中發生的次數。y 是參數為 $\mu > 0$ 時的 Poisson 分配，如果

$$\Pr(y|\mu)=\frac{\exp(-\mu)\,\mu^{y}}{y!} \quad \text{for } y=0,1,2,\ldots \qquad [\ 8.1\ ]$$

例如，若 $y = 0$，則 $\Pr(y = 0 \mid \mu) = \exp(-\mu)\,\mu^{0} / 0!$；若 $y = 1$，則 $\Pr(y = 1 \mid \mu) = \exp(-\mu)\,\mu^{1} / 1!$；若 $y = 3$，則 $\Pr(y = 3 \mid \mu) = \exp(-\mu)\,\mu^{3} / 3!$。圖 8.1 顯示當 μ 等於 .8、1.5、2.9、以及 10.5 時的 Poisson 分配，並顯示這個分配的幾個重要性質（證明請見 Taylor & Karlin，1994，pp.241-242）：

1.當 μ 增加時，分配的重心將往右移動。更具體地說，

$$E(y) = \mu$$

μ 可稱為「事件發生的速率參數」（rate），因為它等於在一段時間內某一事件發生次數的期望值。μ 也可以被視為是平均數或者預期次數（expected count）。

2.變異數等於平均數：

$$Var(y) = E(y) = \mu$$

平均數與變異數相等稱為對等離散（equidispersion）。實際上，次數變項的變異數往往大於它的平均數，我們稱這個現象為過度離散（overdispersion）。許多次數資料分析的模式，便是為了處理過度離散的問題而發展出來的。

圖 8.1：Poisson 機率分配

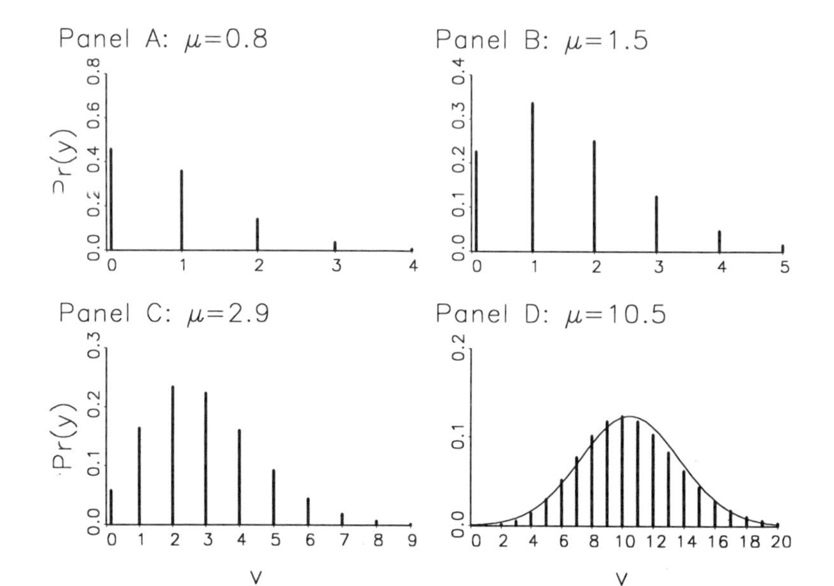

3. 當 μ 變大時，0 的機率隨之減少。例如，當 μ= .8 時，0 的機率是 .45；當 μ = 1.5 時，機率變為 .22；當 μ= 2.9 時，機率是 .05；以及當 μ= 10.5 時，機率是 .00002。對許多次數變項而言，實際觀測到的 0 會較 Poisson 分配預測的為多。
4. 當 μ 變大時，Poisson 分配趨近於常態分配，如圖 8.1 D 所示。這個圖是將平均數和變異數皆為 10.5 的常態分配，與 Poisson 分配重疊在一起所形成的。

Poisson 分配可以透過一個簡單的隨機過程來推導出來，我們稱這程序為 Poisson 過程（Poisson process），來推導出來，所得的結果是某件事發生的次數（有關 Poisson 分配較完整的推導，詳見 Taylor & Karlin，1994， p. 252-258）。Poisson 過程的一個重要假設是，事件之間是獨立的。這表示一個事件的發生不會影響它未來發生的機率。以科學家的論文發表為例，事件之間彼此獨立的假設，指的是某一篇文章的發表不會影響該作者以後出版的速度；而過去在論文發表方面的成績也不影響科學家未來成功的機會。

【Poisson 分配演算實例】學術論文的發表

在一個有關科學生產力分析的研究中，Long（1990）以 915 位生化學家為樣本，考慮研究所期間影響他們論文發表篇數的因素。論文發表的平均數是 1.7，變異數為 3.7，這意味著論文數目有過度離散的現象。圖 8.2 顯示這個過度離散的情形。在圖 8.2 中，生化學家所發表論文篇數（0 到 10）的百分比是以菱形表示，並且以實線連結。圓圈表示當 $\mu = 1.7$ 時 Poisson 分配的預測機率。相對於 Poisson 分配，實際觀測到的分配明顯有較多的 0，觀測值較少出現在分配的中央，而在分配的右方又有較多的觀測值。整體而言，樣本的變異數比 Poisson 過程的變異數大。有關於論文發表，Poisson 分配假設所有科學家的生產力都是相同的。當然，這個說法並不實際。因此，我們接下來要討論的是異質性（heterogeneity）的觀念。

圖 8.2：論文發表篇數預測值與觀察值之分配

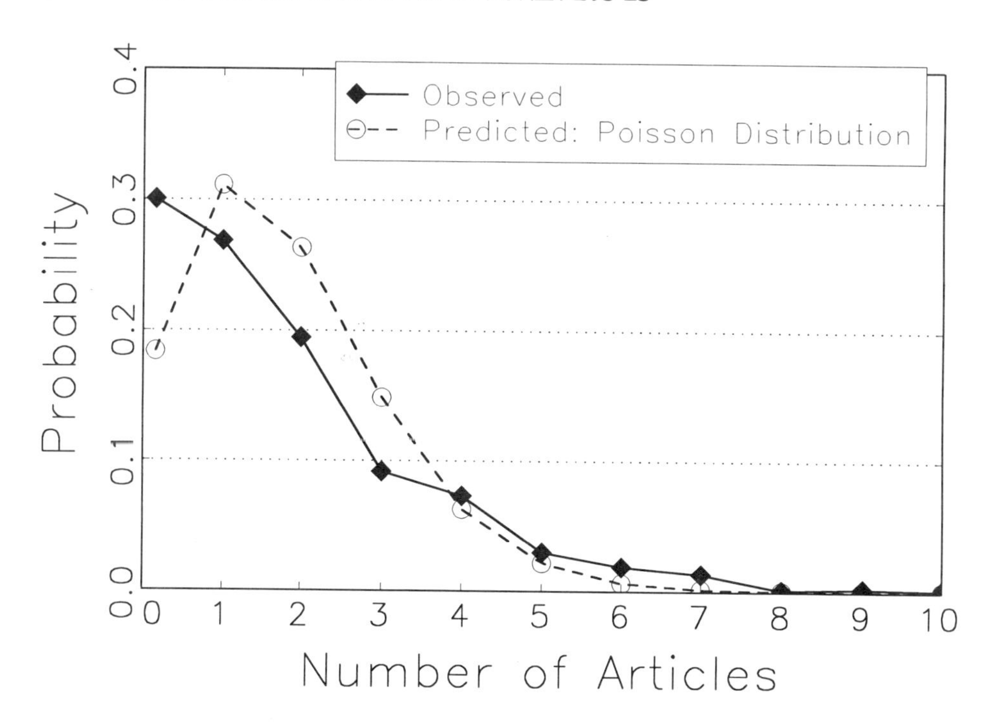

一、異質性的觀念

Poisson 分配無法正確估計觀測值的原因之一，是因為實際上每個人的生產力不同，這稱之為異質性。未能將異質性列入考慮會導致次數邊際分配過度離散。[1] 舉例而言，假設男性的平均生產力為 $\mu+\delta$ ，變異數亦為 $\mu+\delta$，而女性的平均值與變異數則是 $\mu-\delta$。假設科學家發表論文的篇數是透過男性與女性不同生產力的 Poisson 分配而得。那邊際分配看起來是如何呢？我們假設男性與女性的數目相同，則對男女合併的樣本而言，平均生產力應該是男性與女性生產力的平均 ，$\mu = [(\mu+\delta)+(\mu-\delta)]/2$，然而，他們論文發表篇數的變異數將超過 μ。*（試試看，畫兩個條件分配（conditional distribution），然後證明它們的邊際分配有較大的變異數）*。一般而言，忽略考慮個人次數變項的異質性會導致邊際分配的過度離散。

第二節　Poisson 迴歸模式

在 Poisson 迴歸模式（poisson regression model， 以下以 PRM 表示）中，事件的次數 y 遵循 Poisson 分配，而且條件平

---

[1] 在這裡，所謂的「次數邊際分配」指的是將男、女性科學家同時考慮時，他們所發表論文的數量在各次數（0篇、1篇、2篇、‧‧‧‧等等 ）上所形成的分配情形。

均數 μ 依據個人特質的不同而改變，如下式：

$$\mu_i = E(y_i | \mathbf{x}_i) = \exp(\mathbf{x_i} \boldsymbol{\beta}) \qquad [8.2]$$

對 $\mathbf{x}\beta$ 取指數使次數的期望值 μ 保持大於 0，這在 Poisson 分配是必須的。雖然 x 與 μ 可以有其他關係，例如 $E(y | \mathbf{x}) = \mathbf{x}\beta$，但是它們很少被使用到。

圖 8.3 A 是單一獨立變項 x 的 PRM。其方程式 $\mu = \exp(-.25 + .13x)$ 是以實線表示。由於 y 表示次數，其值必為 0 或正整數。各個 y 值發生的頻率是以虛線表示，在觀念上，這些次數的分配應被想像為透出書頁的立體鐘型。這些立體鐘型的高度表示 y 在一特定 x 值時發生各種次數的機率。更具體地說，

$$\Pr(y_i | \mathbf{x}_i) = \frac{\exp(-\mu_i)\mu_i^{y_i}}{y_i!}$$

例如，當 $x = 0$，$\mu = \exp(-.25) = .78$。使用這個 μ 值，不同次數的機率為*（驗算這些值。）*

$\Pr(y=0|\mu)=.46 \qquad \Pr(y=1|\mu)=.36$

$\Pr(y=2|\mu)=.14 \qquad \Pr(y=3|\mu)=.04$

其他機率可以以同樣方法計算。

圖 8.3 A 有關 y 的條件平均數的機率分配，反映了我們在圖 8.1 所討論的 Poisson 分配的種種特性。實際上，我在構建圖 8.3 時，特意使在 x 等於 0、 5、10、20 時的平均值等於在圖 8.1 中的平均值。你可以發現當 μ 增加時：（1）y 的條件變異數變大；（2）預測值為 0 的比例下降；（3）期望值附近的分配逐漸趨於常態。

圖 8.3：Poisson 迴歸模式之次數分配

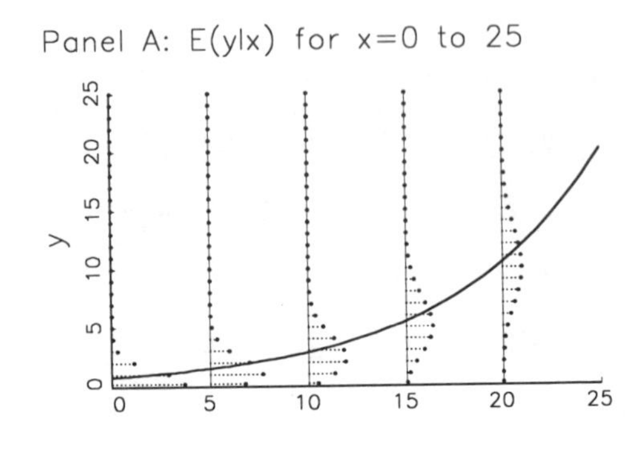

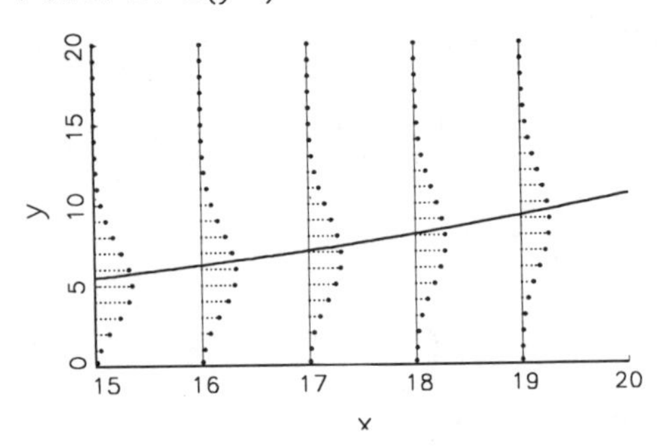

此圖也顯示出為什麼 PRM 可以被視為是誤差為 $\varepsilon = y - E(y|\mathbf{x})$ 的非線性迴歸模式。當 ε 的條件平均數為 0 時，此誤差具有異質性的特質（因為 $Var(\varepsilon|\mathbf{x}) = E(y|\mathbf{x}) = \exp(\mathbf{x}\boldsymbol{\beta})$）。必須注意的是，如果你的資料是限定在某一段 x 區間，而且在這個區間內資料中 x 和 y 呈線性關係，則線性迴歸所得的估計值和 PRM 大致相同，如同圖 8.3 B 所示。圖 8.3 B 是圖 8.3 A 在 x = 15 與 x = 20 之間這一區間的放大。在這區間 μ 與 x 的關係近於線性，誤差近似常態，而且只有輕微的異質性問題。

一、估計

估計 PRM 的概似函數為

$$L(\boldsymbol{\beta}|\mathbf{y},\mathbf{X})=\prod_{i=1}^{N}\Pr(y_i|\mu_i)=\prod_{i=1}^{N}\frac{\exp(-\mu_i)\mu_i^{y_i}}{y_i!} \qquad [\,8.3\,]$$

其中 $\mu=\exp(\mathbf{x}\beta)$。在取對數之後，可以用數值方法求得機率的極大值。有關對數概似的斜率及其變異數矩陣的討論，請參閱 Maddala（1983， p. 52）。由於概似函數從頭至尾都是單向的弧度變化，一旦我們找到一個極大值，而且必然是唯一的。

二、統計結果的解釋

要如何解釋次數迴歸的統計結果，取決於你是否對次數的期望值還是次數的分配有興趣。如果研究的重心是在次數的期望值，有幾種方法可以用來計算獨立變項改變時期望值的變化。如果目標是對次數的分配，或只是某一特定次數的機率有興趣，則可以計算在某一獨立變項值時該次數的機率。以下我們將討論這些方法。

(一)條件平均值的變化

對 PRM 而言，當 $\mathbf{x}$ 值固定時，y 的期望值為

$$\mu=E(y|\mathbf{x})=\exp(\mathbf{x}\boldsymbol{\beta}) \qquad [\,8.4\,]$$

$E(y|\mathbf{x})$ 的改變可以有幾種方法來估計。

1.E（y | **x**）的偏微分改變（partial change）

E（y | **x**）相對於 x_k 的偏微分，或者稱為邊際效果，可以利用以下方法來計算：

$$\frac{\partial E(y|\mathbf{x})}{\partial x_k}=\frac{\partial \exp(\mathbf{x\beta})}{\partial \mathbf{x\beta}}\frac{\partial \mathbf{x\beta}}{\partial x_k}=\exp(\mathbf{x\beta})\beta_k=E(y|\mathbf{x})\beta_k$$

由於這個模式是非線性的，x_k 的係數，以及 **x** 值固定時 y 的期望值，都會影響邊際效果的大小。E（y | **x**）的值越大，E（y | **x**）的變化速度也越快。再者，由於 E（y | **x**）受所有獨立變項的影響，邊際效果的大小也會隨所有變項而變。我們往往在計算邊際效果時將所有變項的值固定在它們各自的平均數。

由於在本章中，PRM 與其他模式都是非線性的，因此偏微分所得的結果不能被解釋為「x_k 改變一單位時，y 次數的期望值的改變」。再者，由於二元獨立變項的觀察值只有 0 和 1 兩種，而其 0 和 1 之間間距改變的距離和計算的偏微分所得的值往往並不相同（所以，對二元獨立變項做偏微分的計算是沒有意義的）。由於以上的這些原因，和以下我們所將介紹的幾種方法相比較，偏微分改變所能提供給我們在統計解釋上的資訊較為有限

2.E（y | x）的倍數和百分比改變

我們可以利用由統計模式中所求得的迴歸係數，來計算 x 對 y 次數期望值的倍數改變與百分比改變。為了說明的方便（第三章第八節有更詳細的推導），式 8.4 可改寫如

下

$$E(y|\mathbf{x}, x_k) = \exp(\beta_0)\exp(\beta_0)\exp(\beta_1 x_1)\cdots\exp(\beta_k x_k)\cdots\exp(\beta_K x_K)$$

其中 E（y | $\mathbf{x}$, x_k）具體列出 x_k 的值。如果 x_k 增加 δ，

$$E(y|\mathbf{x}, x_k+\delta)$$
$$= \exp(\beta_0)\exp(\beta_1 x_1)\cdots\exp(\beta_k x_k)\exp(\beta_k \delta)\cdots\exp(\beta_K x_K)$$

當 x_k 改變 δ 時，期望次數的倍數改變等於

$$\frac{E(y|\mathbf{x}, x_k+\delta)}{E(y|\mathbf{x}, x_k)}$$
$$= \frac{\exp(\beta_0)\exp(\beta_1 x_1)\cdots\exp(\beta_k x_k)\exp(\beta_k \delta)\cdots\exp(\beta_K x_K)}{\exp(\beta_0)\exp(\beta_1 x_1)\cdots\exp(\beta_k x_k)\cdots\exp(\beta_K x_K)}$$
$$= \exp(\beta_k \delta)$$

因此，這些參數可以被解釋為：

- 如果其他變項的值固定不變的情況下，當 x_k 改變 δ 時，期望次數會以 exp（$\beta_k \times \delta$）的倍數改變。

對一特定的 δ 值：

- *倍數改變*。如果其他變項的值固定不變，當 x_k 改變一單位時，期望次數會以 exp（β_k）的倍數改變。
- *標準化的倍數改變*。如果其他變項的值固定不變，當 x_k 改變一個標準差時，期望次數會以 exp（$\beta_k \times s_k$）的倍數改變。

換句話說，如果其他變項的值固定不變，當 x_k 改變 δ 單位時，期望次數的百分比改變為

$$100 \times \frac{E(y|\mathbf{x}, x_k+\delta)-E(y|\mathbf{x}, x_k)}{E(y|\mathbf{x}, x_k)} = 100 \times [\exp(\beta_k \times \delta)-1]$$

請注意，x_k 改變的效果並不受 x_k 或其他變項數值大小的影響。

3.E（y｜**x**）的間距改變

某一變項的效果也可以透過當 x_k 由 x_S 改變至 x_E 時，計算 y 的期望值的間距改變來估計：

$$\frac{\Delta E(y|\mathbf{x})}{\Delta x_k} = E(y|\mathbf{x}, x_k=x_E) - E(y|\mathbf{x}, x_k=x_S) \qquad [8.5]$$

這可以被解釋為：

- 如果其他變項的值固定不變的情況下，當 x_k 由 x_S 改變至 x_E 時，期望次數會改變 $\Delta E(y|\mathbf{x}) / \Delta x_k$。

如前面幾章所示，依據你的目的，間距改變可以有幾種不同的計算方法：

(1)我們可以讓 x_k 由最小值改變至最大值，並求它整個影響的大小。

(2)如果 x_k 為二元變項，則可使它的值由 0 改變至 1，並計算它的效果。

(3)x_k 改變一單位的效果，可以計算由 $\bar{x}$ 改變至 $\bar{x}+1$ 的影響而得。如果我們想計算的是中央間距改變（centered discrete change），則可以計算由$(\bar{x}-1/2)$到$(\bar{x}+1/2)$的變化。

(4)x_k 改變一個標準差的效果，可以計算由 $\bar{x}$ 改變至 $\bar{x}+s_k$ 的影響而得。如果我們想計算的是中央間距改變，則可以計算由$(\bar{x} - s_k / 2)$至$(\bar{x} + s_k / 2)$ 的變化。

間距改變與倍數及百分比改變不同，因為它的大小會受到模式中其他所有變項的影響。

㈡預測機率

參數也可以用來計算當獨立變項的值固定時，次數的機率分配情形。在某一特定 **x** 值，$y = m$ 的機率為

$$\widehat{\Pr}(y=m|\mathbf{x})=\frac{\exp(-\hat{\mu})\hat{\mu}^{m}}{m} \qquad [\ 8.6\ ]$$

其中 $\hat{\mu}=\exp(x\hat{\beta})$ 。針對每一個觀測值，我們可以對有興趣的次數 m 計算它的預測機率。而後，每個次數 m 的平均預測機率（mean predicted probability）可以被用來歸納對該模式的預測：

$$\overline{\Pr}(y=m)=\frac{1}{N}\sum_{i=1}^{N}\hat{\Pr}(y_i=m|\mathbf{x}_i)=\frac{1}{N}\sum_{i=1}^{N}\frac{\exp(-\hat{\mu}_i)\mu_i^{m}}{m!} \qquad [\ 8.7\ ]$$

透過對獨立變項的控制，我們算出上述的平均機率。它可以用來跟樣本中每個次數被觀測到的比例作比較。現在，我們以科學研究生產力的資料來說明。

【Poisson 迴歸模式實例】論文篇數

使用單一變項的 Poisson 分配來分析學術論文發表篇數的分配會有一些問題。這些問題產生的原因，是由於不同科學家特質的異質性。若將生產力不同的科學家合在一起，則論文發表篇數的單一變項分配將出現過度離散的情形。Long（1990）的研

表 8.1：科學家學術論文發表研究之描述性統計

Name	Mean	Standard Deviation	Minimum	Maximum	Description
ART	1.69	1.93	0.00	19.00	Aritcles during last3 years of Ph.D.
LnART	0.44	0.86	−0.69	2.97	Log of (ART + .5)
FEM	0.46	0.50	0.00	1.00	1 if female scientist; else 0
MAR	0.66	0.47	0.00	1.00	1 if married; else 0
KID5	0.50	0.76	0.00	3.00	Number of children 5 or younger
PHD	3.10	0.98	0.76	4.62	Prestige of Ph.D. department
MENT	8.77	9.48	0.00	77.00	Articles by mentor during last 3 years

究顯示，科學家的性別、是否已婚、幼兒的數量、研究所的聲望、以及指導老師的論文篇數都會影響他們發表的成績。表 8.1 列出這些變項的敘述性統計數字。表 8.2 則列出 PRM 以及 NBRM 的估計結果。我們將在第三節討論 NBRM 。

為了方便起見，我也列出線性迴歸的結果。對式 8.2 取對數， PRM 可以用對數線性（log-linear）模式表示：

$$\ln \mu_i = \mathbf{x}_i \boldsymbol{\beta}$$

這顯示 PRM 可以利用線性迴歸來估算：

$$\ln y_i = \mathbf{x}_i \boldsymbol{\beta} + \varepsilon_i$$

然而，因為 *ln*（0）是沒有意義的，因此在對 *y* 取對數之前，我們要對 *y* 加一個正數 *c*。常用的 c 值是 .5 或 .01。於是，最後的迴歸模式為：

$$\ln(y_i + c) = \mathbf{x}_i \boldsymbol{\beta} + \varepsilon_i$$

相對於 PRM 的結果，King（1998）證明此一模式的估計結果是有偏差的。然而，如表 8.2 所示，線性迴歸與 PRM 估計值的大小與顯著程度大致上是相同的。當觀察值中較大的次數出現越多時，這種情況越明顯。

表 8.2：線性迴歸、Poisson 迴歸模式、與負二元名義迴歸模式統計係數之比較 -- 科學家學術論文發表研究

Variable		LRM *of* LnART	PRM *of* ART	NBRM *of* ART
Constant	β	0.178	0.305	0.256
	t/z	1.65	2.96	1.82
FEM	β	−0.135	−0.225	−0.216
	t/z	−2.35	−4.11	−2.82
MAR	β	0.133	0.155	0.150
	t/z	2.04	2.53	1.79
KID5	β	−0.133	−0.185	−0.176
	β^{Sx}	−0.102	−0.141	−0.135
	t/z	−3.28	−4.61	−3.28
PHD	β	0.026	0.013	0.015
	β^{Sx}	0.025	0.013	0.015
	t/z	0.90	0.49	0.42
MENT	β	0.025	0.026	0.029
	β^{Sx}	0.241	0.242	0.276
	t/z	−8.61	12.73	9.10
Dispersion	α	−	−	0.442
	z	−	−	8.45
	Pr(y=0)	−	0.21	0.34
	−2ln L	2215.32	3302.11	3121.92

解釋 PRM 結果的最簡單方法是採用預期次數的倍數改變。例如，FEM 的係數可以被解釋為：

- 如果其他變項的值固定不變的情況下，當科學家是女性時，論文的期望次數會以 .80（=exp [-.225]）的倍數改變。

或者，同樣地，

● 如果其他變項的值固定不變的情況下，當科學家是女性時，論文的期望次數會減少 20%（= 100 [exp（-.225）- 1]）。

相同地，指導老師生產力的影響可以被解釋為：

● 如果其他變項的值固定不變的情況下，當指導老師的論文增加一篇時，科學家的平均生產力會增加 2.6%。

標準化的係數可以被解釋為：

● 如果其他變項的值固定不變的情況下，當指導老師的生產力增加一個標準差時，科學家的平均生產力會增加 27%。

（驗算這些數字）

以上的結果是考慮預期次數的乘數倍數變化。檢視預期次數的加數改變（additive change）是另一種有用的方法。例如，當 FEM 由 0 變成 1 時，預期次數的變化可以用式 8.5 來計算。首先，將 FEM 以外其他變項的值固定於它們各自的平均數。如果 FEM 等於 1，代表該科學家是女性，預期生產力為 1.43；若 FEM 等於 0 ，代表該科學家是男性，預期生產力為 1.79。因此，我們可以說：

● 如果其他變項的值固定不變的情況下，當科學家是女性時，論文發表篇數的期望值會減少 .36 篇。

請注意，由 1.79 至 1.43 的變化幅度 .36，若是以百分比計算的

圖 8.4：Poisson 迴歸模式與負二元名義迴歸模式平均預測機率之比較

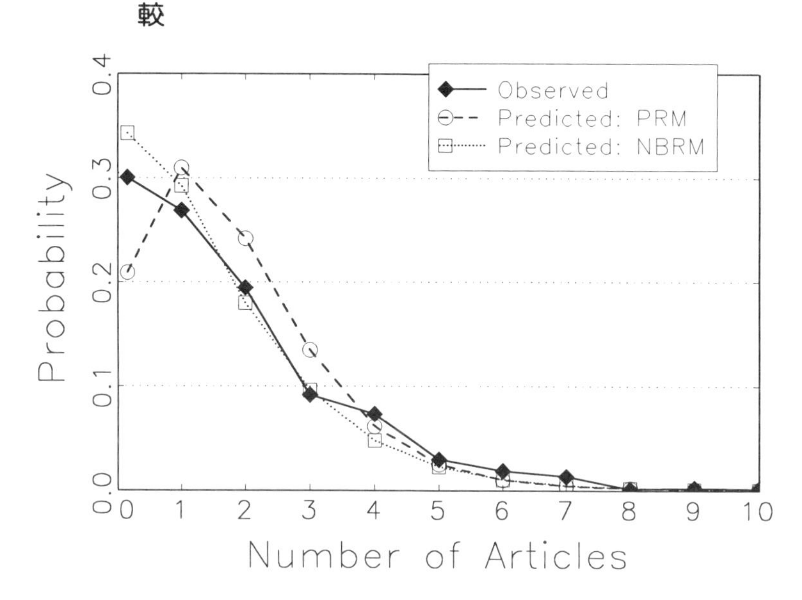

話，正好是 20% 的減少。*（利用表 8.1 來檢驗這些數值）*

透過式 8.7 我們可以利用預測機率來解釋 PRM 的結果。在圖 8.4 中，觀測到的比例是以實心菱形代表，並以實線連接。PRM 的平均預測機率則是以空心圓圈表示，再以虛線連接（negative bionomial regression 的預測是以方塊代表，這個細節將在下一節討論）。雖然 PRM 的預測結果比圖 8.2 的單一變項 Poisson 分配要好，PRM 仍然低估了次數 0 出現的比例，高估了次數 1 至次數 3 出現的比例，並且也略微低估了右方尾端的次數分配。像這種平均預測機率與我們所觀察到各個次數比例之間的明顯差異，說明了 PRM 模式在實際上應用的價值非常有限。然而，更進一步來說，即使計算結果與觀測的資料非常相近，我們仍然不能確定某一個統計模式所提供的估計是完全合理。主要的原因是，即使是一個不正確的模式，仍然可能提供接近於觀測值的預測。

第三節 負二元名義迴歸模式（Negative Binomial Regression Model）

由於在實際上，條件變異數經常大於條件平均數，因此 Poisson 迴歸是很少被採用的。如果平均數的結構是正確的，但沒有過度離散，則 PRM 的估計雖然具有一致性，但缺乏資料使用的效率性（Gourieroux et al.， 1984）。此外，PRM 的標準差會傾向於向下偏差，導致過大的 z 值（Cameron & Trivedi，1986， p. 31）。例如，若表 8.2 的資料是過度離散的（以下我們會證明的確是如此），則 z 檢定可能會高估變項的顯著程度。

要瞭解條件變異數與條件平均數相等這個限制，一個有用的方式是去比較 PRM 與線性迴歸。在線性迴歸 中 y 相對於 $\mathbf{x}$ 的條件分配，變異數為 σ^2 ，而且 σ^2 是與 β 值一起被估計的。雖然 σ^2 並沒有實質的用途，但是它使得誤差變異數的決定獨立於 β 值 之外。在 PRM 中， y 的條件 Poisson 分配的變異數是 $\mathbf{x}$ 值與 β 值的函數：$Var(y \mid \mathbf{x}) = \exp(\mathbf{x}\beta)$。由 PRM 所延伸出來的第一個模式是增加了一個參數，使得 y 的條件變異數可以超過它的條件平均數。這個模式稱為負二元名義迴歸模式，以下以 NBRM 表示。雖然 NBRM 可以透過幾種不同方式推導，但是我將透過一般最常見的方法，也就是由不能觀測的異質性來討論。

在 PRM 中，**x** 值固定時 y 的條件平均數為：$\mu = \exp(\mathbf{x}\beta)$。在 NBRM 中，平均數 μ 被隨機變項 $\tilde{\mu}$ 所取代：

$$\tilde{\mu}_i = \exp(\mathbf{x}_i \boldsymbol{\beta} + \varepsilon_i) \qquad [8.8]$$

其中 ε 是一個假設與 **x** 不相關的隨機變項。ε 可以被思考為是未被列入模式中的其他變項聯合起來的效果（Gourieroux et al.，1984）。或者，它也可以被認為是其他純粹隨機因素的影響（Hausman et al.，1984）。在 PRM 中，μ 的變化是源自所觀測到的異質性。不同的 **x** 值導致不同的 μ 值，但所有有相同 x 值的個人皆有相同的 μ 值。在 NBRM 中，$\tilde{\mu}$ 的變化不僅是因為個人之間 x 的差異，它同時也受到未被觀測到的異質性，也就是 ε 所造成的影響。當獨立變項的值固定時，我們所擁有的是 $\tilde{\mu}$ 的分配，而不是一個單一的 μ 值。

$\tilde{\mu}$ 與原來的 μ 值的關係是：

$$\tilde{\mu}_i = \exp(\mathbf{x}_i \boldsymbol{\beta})\exp(\varepsilon_i) = \mu_i \exp(\varepsilon_i) = \mu_i \delta_i$$

其中，我們定義 δ_i 的值為 $\exp(\varepsilon_i)$。我們曾討論過，除非我們對誤差的平均數做假設，否則線性迴歸中的參數無法完整地定義（見第二章第五節之一）。換言之，即使我們可以求出線性迴歸中的所有係數，在統計假設不清楚的情況下，我們仍然無法解釋這些迴歸係數的意義。基於相同的理由，除非我們對誤差的平均數做假設，否則在 NBRM 中我們也無法清楚地確認其各項係數的統計值。在 NBRM 中，我們能夠使用最簡易的假設是：

$$E(\delta_i)=1 \qquad [8.9]$$

這個假設隱含的意義是，加入新的變化來源之後的期望次數與先前在 PRM 的時候是相同的：

$$E(\tilde{\mu}_i)=E(\mu_i\delta_i)=\mu_i E(\delta_i)=\mu_i$$

當 **x** 與 δ 的值固定時，觀測值的分配仍是 Poisson:

$$\Pr(y_i \mid \mathbf{x}_i,\delta_i)=\frac{\exp(-\tilde{\mu}_i)\tilde{\mu}_i^{y_i}}{y_i!}=\frac{\exp(-\mu_i\delta_i)(\mu_i\delta_i)^{y_i}}{y_i!} \qquad [8.10]$$

然而，因為 δ 是不可知的，我們無法計算 Pr（y | **x**, δ）。因此，我們必須利用 **x** 值來計算 y 的分配。為了在計算 Pr（y | **x**）時不需要考慮 δ，我們針對不同的 δ 值的機率 Pr（y | **x**, δ）取平均數。若 g 是 δ 的 機率密度函數，則

$$\Pr(y_i \mid \mathbf{x}_i)=\int_0^\infty [\Pr(y_i \mid \mathbf{x}_i,\delta_i)\times g(\delta_i)]\, d\delta_i \qquad [8.11]$$

為了說明此一方程式的用途，我們假設 δ 僅有兩個值：d_1 與 d_2。相對於式 8.11 的公式為：

$$\Pr(y_i \mid \mathbf{x}_i)=[\Pr(y_i \mid \mathbf{x}_i,\delta=d_1)\times \Pr(\delta_i=d_1)] + [\Pr(y_i \mid \mathbf{x}_i,\delta=d_2)\times \Pr(\delta_i=d_2)] \qquad [8.12]$$

圖 8.5：Gamma 分配之機率函數

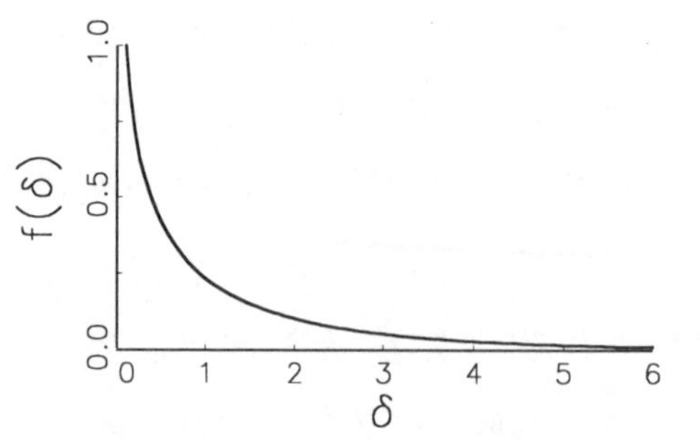

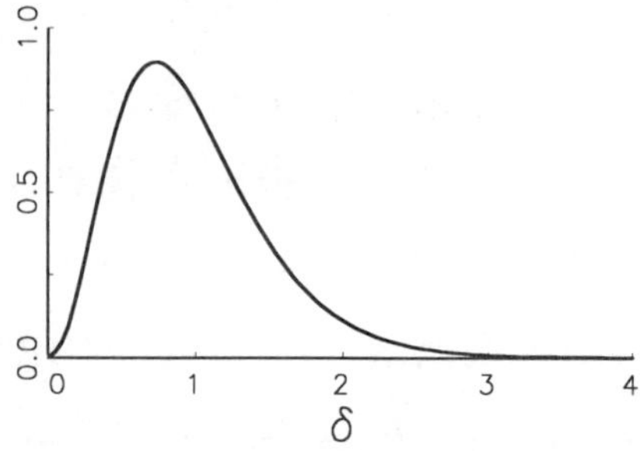

此一方程式對 Pr（y | **x**, δ）以 Pr（δ）來加權，並將所有加權後機率相加。因此，式 8.12 運用兩個機率密度的組合來計算 *y* 的機率。

為了計算式 8.11，我們必須知道 δ 的機率密度函數。雖然有幾種分配被考慮過，但是最常見的分配是假設 δ_i 是參數為 v_i 的 gamma 分配：

$$g(\delta_i)=\frac{v_i^{vi}}{\Gamma(v_i)}\delta_i^{vi-1}\exp(-\delta_i v_i) \quad \text{for } v_I>0 \qquad [\ 8.13\ ]$$

其中 gamma 函數的定義為 $\Gamma(v)=\int_0^\infty t^{v-1}e^{-t}dt$。我們可以證明（Johnson et al.， 1994， pp. 337-342），如果 δ_i 是 gamma 分配，那麼如（8.9）所要求的，E（δ_i）= 1，且 *Var*（δ_i）= 1 / v_i。參數影響分配的形狀，如圖 8.5 所示。當 v 變大時，分配變得越來越像鐘形，且中心點所在的位置大約是在 δ = 1 的附近。

運用 8.10 的 Pr（*y* | x, δ）以及式 8.13 的 g（δ），我們可以計算 8.11 以求得負二元名義（以下以 NB 表示）機率分配（相關細節請參考 Cameron & Trivedi， 1996）。

$$\Pr(y_i|\,\mathbf{x}_i)=\frac{\Gamma(y_i+v_i)}{y_i!\Gamma(v_i)}\left(\frac{v_i}{v_i+\mu_i}\right)^{Vi}\left(\frac{\mu_i}{v_i+\mu_i}\right)^{y_i}$$

NB 分配的 *y* 期望值與 Poisson 分配相同：

$$E(y_i|\,\mathbf{x}_i)=\exp(\mathbf{x}_i\ \mathbf{x}\boldsymbol{\beta})=\mu_i \qquad [\ 8.14\ ]$$

但是，條件變異數不同：

$$\mathrm{Var}\,(y_i|\,\mathbf{x})=\mu_i\left(1+\frac{\mu_i}{v_i}\right)=\exp\,(\mathbf{x}_i\,\boldsymbol{\beta})\left(1+\frac{\exp\,(\mathbf{x}_i\,\boldsymbol{\beta})}{v_i}\right) \qquad [\ 8.15\ ]$$

由於 μ 與 v 都是正數，NBRM 中 y 的條件變異數必須超過條件平均數 exp（$\mathbf{x}\beta$）。（*當 v 的值等於多少時，NBRM 的變異數和 PRM 相等？*）

y 的條件機率變大，導致較小或較大次數的相對頻率增大。圖 8.6 比較當平均數為 1 與 10 時，Poisson 分配與 NB 分配的差異。NB 分配修正了採用 Poisson 分配時常見的一些問題。首先，當平均數相同時，NB 分配的變異數較 Poisson 分配為大。其次，NBRM 的變異數變大，將導致較小次數的機率變大。在圖 8.6 A 中，次數為 0 的機率由 Poisson 分配的 .37，隨著 NBRM 的變異數變大而增加至 .50、.77 與 .85。在 NB 分配中，較大次數的機率也稍微增加。

雖然式 8.14 完整列出了平均數的結構，式 8.15 的變異數卻是無法辨認的。問題在於，如果 v 隨著個人而有所不同，則參數的數目將超過觀測值的數目。最常見的統計數定位假設，是指所有人的 v 皆相同。

$$v_i=\alpha^{-1} \quad \text{for } \alpha < 0$$

此一假設的意涵等於說 δ 的變異數是常數。（我們設定變異數為 α^{-1}，而非 α，這是為了簡化以下的公式。）α 一般被稱為分布參數（dispersion parameter），因為α 的值變大，會使 y 的條件變異數增大。將 $v = \alpha^{-1}$ 代入公式 8.15，我們可以瞭解此一現象：

$$\text{Var}(y_i|\,\mathbf{x})=\mu_i\left(1+\frac{\mu_i}{\alpha^{-1}}\right)=\mu_i\,(1+\alpha\mu_i)=\mu_i+\alpha\mu_i^2 \qquad [\,8.16\,]$$

（*想想看，當 a = 0 的時候，公式 8.16 變成什麼？*） v 被假設為以上的形式時，條件變異數是平均數的平方。因此，Cameron 與 Trivedi 稱之為 Negbin 2 模式。

圖 8.7 說明在 NBRM 中加入更多變化之後的效果（也就是使其變異數變大）。雖然它的平均數的結構與 PRM 相同，也就是 E（y | x）= exp（-.25+.13x），但是在平均數附近的分配是不同的。在圖 8.7 A 中，α = .5，與 PRM 的差異是不易察覺的。如果與圖 8.3 做比較，當 x = 0 時，差別幾乎是難以辨識，不過，當 x 的值變大時，我們就可以清楚發現它們的不同。在圖 8.7 B 中，當 α 的值增加至 1 時，這個效果就更加明顯。例如，無論 x 的值為何，條件眾數（conditional mode）現在都是 0。並且，當 μ 增大時其誤差不再是常態分配。

圖 8.6：Poisson 分配與負二元名義分配之比較

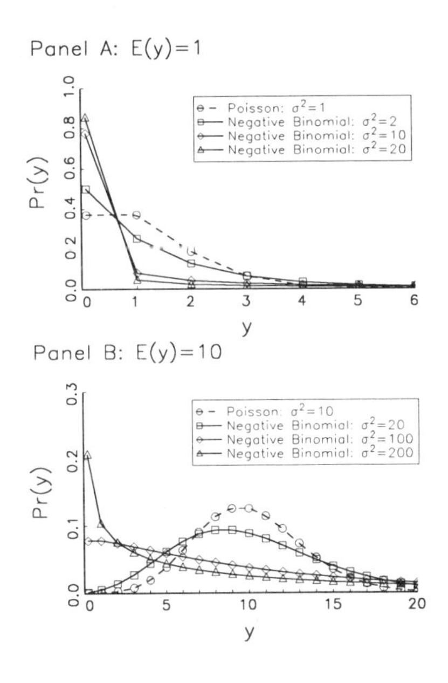

圖 8.7：負二元名義迴歸模式之次數分配

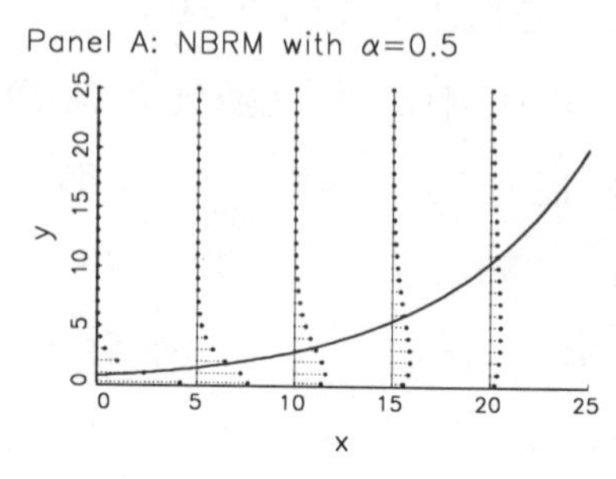

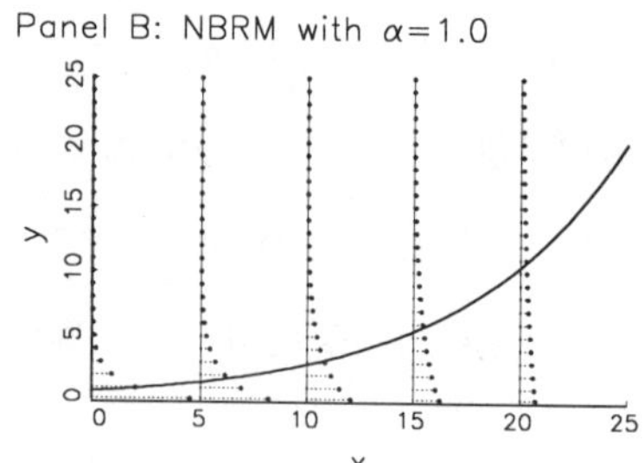

一、異質性及擴散性（Contagion）

NB 分配可以透過幾種不同的方式推導出來（Feller，1971， pp. 57-58 與 Johnson et al. 1992， pp. 203-207）。上述的推導是透過不可觀察的異質性，我們以 8.8 的誤差 ε 來表示。這個運算最早是由 Greenwood 與 Yule 所提出。此外，NB 分配也可以透過擴散性（contagion）的方法推導出來，這是由 Eggenberger 與 Polya 在 1923 所提出的方法。這個方法假設所有人最初的 x 值皆相同，而且某件事情發生的機率也都一樣，但是機率會隨著該事件的發生而變化。例如，假設有兩位科學家各方面的條件都一樣，而且最初的生產力也都是 μ。在第一位科學家發表了第一篇文章之後，因為擴散性的緣故，他的生產力將增加一個固定的數量 τ 而成為 $\mu+\tau$。舉例來說，他的成功可能讓他獲得更多的資源，而這些資源將增加他的生產力。這個過程之所以稱為「擴散」，是因為發表文章的成功會增加未來發表的速度。因此，擴散性違反了 Poisson 分配的獨立假設。

未被觀察的異質性與擴散性都能推導出被觀測次數的相同 NB 分配。因此，異質性有時候會被稱為假性或工具性擴散（spurious or apparent contagion），以便與真實的擴散有所區別。然而，對於單一時間所收集的樣本資料，我們是無法確定所觀測到的次數分配究竟是真實或者假性擴散的結果。

二、估計

估計 NBRM 模式可以利用最大概似法加以估計。概似方程式為

$$L(\beta|y,\mathbf{x})=\prod_{i=1}^{N}\Pr(y_i|\mathbf{x}_i)$$

$$=\prod_{I=1}^{N}\frac{\Gamma(y_i+\alpha^{-1})}{y_i!\Gamma(\alpha^{-1})}\left(\frac{\alpha^{-1}}{\alpha^{-1}+\mu_i}\right)^{\alpha-1}\left(\frac{\mu_i}{\alpha^{-1}+\mu_i}\right)^{yi}$$

其中 $\mu=\exp(\mathbf{x}\beta)$。在取對數之後，最大概似方程式可以透過數學方法計算。Lawless（1987）提供了斜率與變異數矩陣的計算方法。

三、過度離散的測試

當使用 PRM 時，測試過度離散的程度是非常重要的。即使我們有正確的平均數結構，當過度離散存在時，PRM 的估計結果是缺乏效率的，而且它的標準差會向下偏差（Cameron 和 Trivedi， 1986）。如果有軟體可以估計 NBRM ，那麼我們可以利用 Ho: $\alpha = 0$ 的單尾 z 檢定來測試是否有過度離散存在。因為，當 $\alpha = 0$ 時，NBRM 會變為 PRM。或者，我們可以採用概似比率檢定。若 $ln\ L_{\mathrm{PRM}}$ 是 PRM 的對數概似，而且 $ln\ L_{\mathrm{NBRM}}$ 是 NBRM 的對數概似，那麼 $G^2 = ln\ L_{\mathrm{PRM}} - ln\ L_{\mathrm{NBRM}} = 180.2$ 是對 H_0：$\alpha = 0$ 所作的檢定。 Cameron 與 Trivedi（1990）提供了幾個利用 PRM 的殘差所進行的檢定。這些檢定不需要估計 NBRM。

四、統計結果的解釋

利用期望次數 E（y | x）解釋 NBRM 統計結果的方法與在 PRM 時相同，因為它們的平均數結構相同。計算預測機率必須利用以下函數：

$$\hat{\Pr}(y|\mathbf{x}) = \frac{\Gamma(y+\hat{\alpha}^{-1})}{y_i!\Gamma(\hat{\alpha}^{-1})}\left(\frac{\hat{\alpha}^{-1}}{\hat{\alpha}^{-1}+\hat{\mu}}\right)^{\hat{\alpha}^{-1}}\left(\frac{\hat{\mu}}{\hat{\alpha}^{-1}+\hat{\mu}}\right)^{y} \qquad [\ 8.17\ ]$$

其中 $\hat{\mu} = \exp(x\hat{\beta})$。

【NBRM 的實例】論文發表篇數

出版論文的 NBRM 估計結果列於表 8.2。其中，β 值的解釋與前面 PRM 中 β 的意義相同。由表 8.2 中我們可以發現，我們的資料中有明顯的「過度離散」的現象（也就是說，其平均數小於變異數）。分配參數 α 為正數，z_{α} = 8.45，顯著水準為 .01。此外，我們也可以計算 LR 檢定：G^2 = 2（$ln\ L_{PRM}$ - $ln\ L_{NBRM}$ = 180.2），它的顯著水準更高。請注意 NBRM 的 z 值比 PRM 為小，這是當過度離散存在時所預期的結果。

圖 8.4 顯示，在預測次數為 0 至 3 時，NBRM 較 PRM 為佳。另外一種比較這兩種模式的方法是，當其他變項的值改變時，去比較它們對於沒有出版任何論文的預測機率的差別。在圖 8.8 中，我們計算論文數為 0 的機率，其中，除了指導老師的論文數之外，其他變項的值皆固定在平均數。對於這兩個模式，當指導老師的論文數增加時，出版數為 0 的機率都減小。但是，相形之下，NBRM 預測結果為 0 的比例則明顯高出許多。由於這兩個模式的預期論文數相同，NBRM 預測為 0 的高比例，會被它所預測的較大論文數的高比例所抵銷。

五、其他相關模式

NBRM 是一種由 Poisson 分配所發展出來的統計法。這類統計法的特質是將 Poisson 分配和另一種分配混合在公式 8.11 中使用。一般說來，因為由 Poisson 和 gamma 所導出的負二元名義分配具有清楚的數學式，將兩種分配一起混合也

圖 8.8：Poisson 迴歸模式與負二元名義迴歸模式對次數為 0 的預測機率之比較

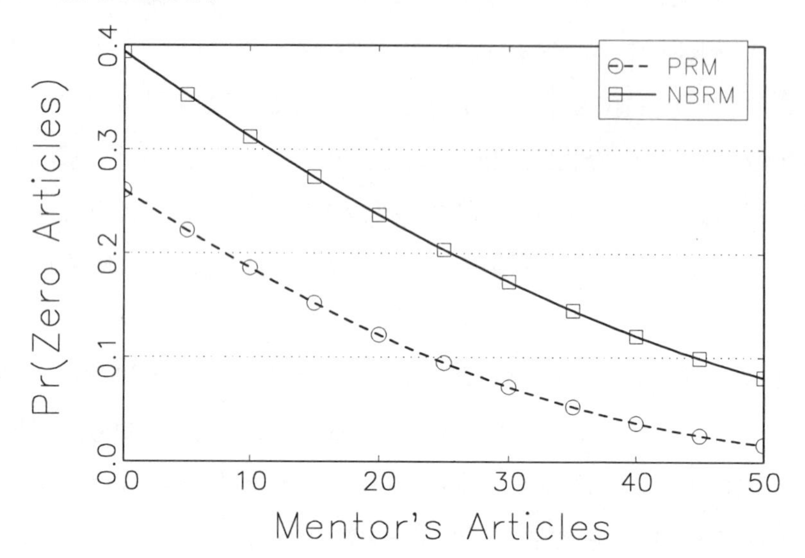

最方便。除了以上所考慮的 Negbin 2 模式之外，Cameron 與 Trivedi（1986）提出了 Negbin k 模式，公式為 Var（y | **x**）= $\mu + \alpha\mu^{2-k}$ 。當 $k = 1$ 時， Var（y | **x**）= $\mu + \alpha\mu$ ，也就是以 $v = \mu / \alpha$ 來取代 Negbin 2 模式中的 $v = \alpha^{-1}$。這個模式一般稱為 Negbin 1 模式。其他分配的混合也曾被研究者們所使用。Hinde（1982）考慮 Poisson 與常態分配的混合；Dean 等人（1989）提出 Poisson 與反高斯（inverse Gaussian）分配的混合。King（1989a）提出一般化事件次數（generalized event count， GEC）模式。這個模式可以適用於過度離散或低度離散的情形。詳見 Winkelmann（1994， pp. 112-120）。

第四節　截尾次數模式（Models for Truncated Count）

零次數截尾樣本（zero truncated sample），是指只有在觀測值大於等於 1 時才被列入樣本中。以病人的就醫次數為例，如果樣本是取自於醫院的病例表，則每個病人至少要就醫一次才會被列入樣本之中。如果科學家的樣本是由某一期刊的論文作者中選出，沒有任何著作的學者們將不會在樣本中出現。再如家庭中擁有電視數量的研究可能是利用顧客購買電視之後寄回的保證卡為樣本，所以不曾買過電視的人將被摒棄在樣本之外。Gurmu（1991）以及 Grogger 與 Carson（1991）將 PRM 與 NBRM 加以延伸以處理截尾次數的問題。雖然截尾可以發生在任何次數，我將焦點擺在 0 截尾，因為這是現實中最常出現的。

若 y 是 Poisson 隨機變項：

$$\Pr(y_i \mid \mathbf{x}) = \frac{\exp(-\mu_i)\mu_i^{y_i}}{y_i!} \qquad [8.18]$$

其中 $\mu = \exp(\mathbf{x}\beta)$。0 與大於 0 的次數機率為

$$\Pr(y_i = 0 \mid \mathbf{x}_i) = \exp(-\mu_i)$$

$$\Pr(y_i = 0 \mid \mathbf{x}_i) = 1 - \exp(-\mu_i) \qquad [8.19]$$

我們可以利用條件機率定律：Pr（A｜B）= Pr（A 交集 B）/ Pr（B）來計算當 $y > 0$ 時觀測到 y 次數的條件機率。由公式（8.18）與（8.19），

$$\Pr(y_i \mid y_i > 0, \mathbf{x}_i) = \frac{\Pr(y_i \mid \mathbf{x}_i)}{\Pr(y_i > 0 \mid \mathbf{x}_i)} = \frac{\exp(-\mu_i)\mu_i^{yi}}{y_i![1 - \exp(-\mu_i)]} \qquad [8.20]$$

每一個機率是以 [1 − exp (- μ)]$^{-1}$ 的倍數增加，而且將次數為 0 的機率分配到截尾樣本的所有正次數中。這使得截尾的機率密度函數總和為 1。

Grogger 與 Carson（1991）提供了截尾變項 $y \mid y > 0$ 的平均數與變異數。他們的推導方法與第七章的多畢模式相似（Johnson 等，1992，pp. 181-184、225）。由於次數為 0 的不被包含在樣本之中，期望值是以正次數機率的倒數增加：

$$E(y_i \mid y_i > 0, \mathbf{x}_i) = \frac{\mu_i}{\Pr(y_i > 0 \mid \mathbf{x}_i)} = \frac{\mu_i}{1 - \exp(-\mu_i)} \qquad [\ 8.\ 21\ ]$$

當次數為 0 的機率趨近於 0 時，零截尾次數的期望值會接近沒有截尾的 y 的期望值。當 0 的次數不被考慮時，變異數將小於未截尾 Poisson 分配的變異數，並等於

$$\operatorname{Var}(y_i \mid y_i > 0, \mathbf{x}_i) = E(y \mid y_i > 0, \mathbf{x}_i)[1 - \Pr(y_i = 0 \mid \mathbf{x}_i) E(y \mid y_i > 0, \mathbf{x}_i)]$$

$$= \frac{\mu_i}{1 - \exp(-\mu_i)} \left[1 - \frac{\mu_i}{\exp(\mu_i - 1)} \right]$$

相同的概念可以被使用於 NBRM，其中

$$\Pr(y_i \mid \mathbf{x}_i) = \frac{\Gamma(y_i + \alpha^{-1})}{y_i!\,\Gamma(\alpha^{-1})} \left(\frac{\alpha^{-1}}{\alpha^{-1} + \mu_i} \right)^{\alpha^{-1}} \left(\frac{\mu_i}{\alpha^{-1} + \mu_i} \right)^{y_i}$$

因此

$$\Pr(y_i = 0 \mid \mathbf{x}_i) = (1 + \alpha\mu_i)^{-\alpha^{-1}}$$

$$\Pr(y_i > 0 \mid \mathbf{x}_i) = 1 - (1 + \alpha\mu_i)^{-\alpha^{-1}}$$

將這些方程式合併，

$$\Pr(y_i > 0, \mathbf{x}_i) = \frac{\dfrac{\Gamma(y_i + \alpha^{-1})}{y_i!\,\Gamma(\alpha^{-1})} \left(\dfrac{\alpha^{-1}}{\alpha^{-1} + \mu_i} \right)^{\alpha^{-1}} \left(\dfrac{\mu_i}{\alpha^{-1} + \mu_i} \right)^{y_i}}{1 - (1 + \alpha\mu)^{-\alpha^{-1}}} \qquad [\ 8.\ 22\ ]$$

條件平均數與變異數為（Grogger & Carson，1991）

$$E(y|y_i>0,\mathbf{x}_i)=\frac{\mu_i}{Pr(y_i>0|\mathbf{x}_i)} \qquad [8.23]$$

$$Var(y_i|y_i>0|\mathbf{x}_i)=\frac{E(y|y_i>0,\mathbf{x}_i)}{Pr(y_i=0|\mathbf{x}_i)^{\alpha}}$$

$$\times[1-Pr(y_i=0|\mathbf{x}_i)^{1+\alpha}E(y|y_i>0,\mathbf{x}_i)]$$

一、估計

為了進行截尾 Poisson 模式的估計，我們必須對 PRM 的概似方程式（8. 3）做簡單的修正

$$L(\boldsymbol{\beta}|\mathbf{y},\mathbf{X})=\prod_{i=1}^{N}Pr(y_i|y_i>0,\mathbf{x}_i)=\prod_{i=1}^{N}\frac{\exp(-\mu_i)\mu_i^{y_i}}{y_i![1-\exp(-\mu_i)]} \qquad [8.24]$$

相同的，對截尾負二元名義模式而言，

$$L(\boldsymbol{\beta},\alpha|\mathbf{y},\mathbf{X})=\prod_{i=1}^{N}Pr(y_i|y_i>0,\mathbf{x}_i)$$

其中的條件機率是由式 8. 22 得來的。對數概似方程式可以用數值方法得到極大化的值。Grogger 與 Carson（1991，p. 228）提供了斜率與變異數矩陣的計算方法。

二、統計結果的解釋

與第七章的截尾迴歸統計法一樣，我們可以針對未截尾或截

尾次數來解釋估計結果。對截尾 PRM 與截尾 NBRM，它們的未截尾 y 的期望值為

$$E(y|\mathbf{x}) = \exp(\mathbf{x}\boldsymbol{\beta})$$

關於用偏微分改變、倍數改變、及間距改變等方法來解釋截尾迴歸模式的統計結果，讀者們可以參考第八章第二節。截尾次數 $y | y > 0$ 的期望值可以用公式 8. 21 與 8. 23 來估計。

未截尾分配的 y 預測機率的估計必須使用截尾模式的 β 估計值，以及公式 8. 6 與 8. 7。截尾分配的預測機率則需利用公式 8. 20 與 8. 22。

三、截尾次數模式的過度離散

Grogger 與 Carson（1991， p. 229）提出了一個重要觀點：當截尾存在時，過度離散將導致有偏差與不一致的 β 估計值與預測機率。這個原因，與當異質性存在時多畢估計會不一致的道理是一樣的。若沒有截尾，即使存在過度離散， PRM 的平均數結構仍是正確的。因此，即便標準差是向下偏差，估計值仍然具有一致性。當截尾存在時，平均數的結構會因過度離散而改變，導致不一致的 β 估計值。Gurmu 與 Trivedi（1992）提供了幾種在截尾次數模式中針對過度離散的檢定方式。

第五節　零的次數修正模式（Zero Modified Count Models）

針對 PRM 對觀察值 0 發生的機率低估的問題，NBRM 並沒有完全地解決。更進一步地說，NBRM 將模式中的條件變異數變大，但沒有改變條件平均數。零的次數修正模式改變模式中平均數的結構，直接對次數為 0 的觀察值加以模式化。它假設次數為 0 與次數為正的結果是由不同的方式產生。例如，PRM 與 NBRM 假設科學家出版任何特定數目論文的機率皆為正值。這個機率隨著個人的特質而改變，但是所有的科學家都有可能不出版，而且所有的科學家也都有可能出版。這是不符合邏輯的假設，因為某些科學家因為他們工作性質的關係，是完全不可能有研究論文的（換句話說，次數為 0 的機率為 1）。零的次數修正模式允許這種可能性出現。這個方式增大條件變異數與次數為 0 的機率。

一、具零模式（With Zeros Model）

具零模式是由 Mullahy（1986）所提出。此一模式假設母體由兩個群體構成，某人在群體一的機率為 ϕ，在群體二的機率為 $1-\phi$，其中 ϕ 是未知參數。群體一的組成份子的次數永遠為 0 。例如，一個科學家或是因為他（她）工作性質的關係永遠不可能有論文發表，是屬於這個群體。反之，如果一個科學家嘗試發表論文，但是一直未能成功（如論文被拒絕），則不應該被列入這個群體。我們並不知道某一科學家是屬於那一群體。因為我們如果知道，則應該將他（她）直接在迴歸模式中列為一獨立變項。因此，這兩個群體的差別是一種不可觀察的異質性。在第二群體中，次數是由 PRM 或 NBRM 決定。在 Poisson 的情況，

$$\Pr(y_i|\mathbf{x}_i)=\frac{\exp(-\mu_i)\mu_i^{y_i}}{y_i!} \qquad [8.25]$$

其中 $\mu=\exp(\mathbf{x}\beta)$。在此一群體中，次數為 0 的機率為 $\Pr(y=0|\mathbf{x})=\exp(-\mu)$。它代表的是嘗試發表但未能成功的科學家。

隨著群體的不同，次數為 0 的觀測值可能來自於兩種不同過程。次數為 0 的總和機率是每一群體次數為 0 的機率的加總，並以個人屬於不同群體的機率加權。由式 8.12，

$$\Pr(y_i=0|\mathbf{x}_i)=[\psi\times 1]+[(1-\psi)\times\exp(-\mu_i)]=\psi+(1-\psi)\exp(-\mu_i)$$

因為 Poisson 過程只適用於 $1-\phi$ 部分的樣本，正次數的機率必須調整為：

$$\Pr(y_i|\mathbf{x}_i)=(1-\psi)\frac{\exp(-\mu_i)\mu_i^{y_i}}{y_i!} \quad \text{for } y>0$$

（*證明* $\Sigma\Pr(y|\mathbf{x})=1$）。

因為具零模式將被零增加模式（zero inflated model）所取代，我將不考慮它的估計及結果的解釋。然而，我們必須瞭解它背後的邏輯，因為它是「零增加模式」的基礎。

二、零增加模式

Lambert（1992）與 Green（1994）將具零模式進一步延伸，使 ϕ 可以隨個人的特質而改變。就像在具零模式中一樣，次數是由兩種不同過程產生，以下我將以 Poisson 迴歸為基礎加以說明。首先，零與正次數都可以由 Poisson 過程產生：

$$\Pr(y_i \mid \mathbf{x}_i) = \frac{\exp(-\mu_i)\mu_i^{y_i}}{y_i!} \quad [8.26]$$

其中 $\mu = \exp(\mathbf{x}\beta)$。此外，0 可以由另一機率為 ϕ 的過程產生（即二元過程）。在這個過程中，ϕ 是個人特質的函數。在零增加 Poisson 模式（zero inflated Poisson，ZIP）中，ϕ 係由分對數或機率單位模式決定：

$$\psi_i = F(\mathbf{z}_i \boldsymbol{\gamma}) \quad [8.27]$$

其中 F 是常態或對數分配的累積機率函數，詳見第三章。此外，z 與 x 可以是相同的。

此外，在 ZIP（τ）模式中，z 與 x 可以是相同的。更具體地說，

$$\psi_i = F(\mathbf{x}_i[\tau\boldsymbol{\beta}])$$

雖然 ZIP（τ）模式減少了參數的數目，但是在現實的社會科學研究中，我們很難想像二元過程（binary process）[2]的參數值只

[2] 二元過程（binary process）的說明已經在科學家發表的例子中大略討論過，在此我們試著以一個較簡單的例子作更清楚的說明。我們在ZIP Model 和 ZINB Model 中，會將「次數發生」的過程想像成兩個各自不同的階段，在第一個階段中為「事件發生與不發生」的過程（例如有些人有車，但一輩子不會被開罰單，因為這些人有司機）。在第二個階段中，「次數發生」的過程為 Poisson 過程所引導（也就是機率成Poisson 分配）。例如，大多數人有車，也開車，他們被開罰單的次數分配為很正常的一次、

是 Poisson 過程參數簡單的倍數而已。實際上，β 與 γ 參數的不同是相當重要的。因此，以下我們將不再考慮 τ 形式的零增加模式。

將 Poisson 次數模式與 ZIP 模式的二元過程相結合，

$$\Pr(y_i = 0 \mid \mathbf{x}_i) = \psi_i + (1-\psi_i)\exp(-\mu_i) \qquad [\ 8.28\ ]$$

$$\Pr(y_i \mid \mathbf{x}_i) = (1-\psi_i)\frac{\exp(-\mu_i)\,\mu_i^{y_i}}{y_i!} \quad \text{for} \quad y_i>0$$

「零增加負二元名義模式」（zero inflated negative binomial，ZINB）的推導是透過以 NBRM 取代公式 8. 26，並對公式 8. 28 進行相對的調整。

對 ZIP 與 ZINB 兩種模式，Greene（1994）證明

$$E(y_i \mid \mathbf{x}_i, \mathbf{z}_i) = [0 \times \psi_i] + [\mu_i \times (1-\psi_i)] = \mu_i - \mu_i\psi_i$$

當這個模式的條件平均數改變，它的預期次數減小（$\mu . \phi$），條件變異數也發生改變。在 ZIP 模式，

$$\mathrm{Var}(y_i \mid \mathbf{x}_i, \mathbf{z}_i) = \mu_i(1-\psi_i)(1+\mu_i\psi_i)$$

如果 ϕ 為 0，則 ZIP 回歸到標準的 PRM。否則，變異數將比平均數為大。對 ZINB 模式而言，

$$\mathrm{Var}(y_i \mid \mathbf{x}_i, \mathbf{z}_i) = \mu_i(1-\psi_i)[1+\mu_i(\psi_i+\alpha)]$$

如果 ϕ 為 0，ZINB 回歸為標準的 NBRM，但如果 ϕ 大於 0，ZINB 的離散將大於 NBRM 的離散。

兩次、三次、四次...等等。這種人「次數發生」的過程和第一種人大不相同，而我們將第一種人（第一個階段）稱為「二元過程」。

㈠估計

雖然 Lambert（1992）提議使用 EM 演算法，但是 Greene（1994）提供了計算斜度的公式，讓我們可以使用 BHHH 方法來進行最大概似法的估計。LIMDEP（1995）就是採用了這個估計法。對 ZIP 模式而言，

$$L(\boldsymbol{\beta},\boldsymbol{\gamma} \mid \mathbf{y},\mathbf{x},\mathbf{z})=\sum_{i=1}^{N}\Pr(y_i \mid \mathbf{x}_i,\mathbf{z}_i)$$

根據公式 8. 27 與 8. 28，Pr（y | **x, z**）可以被定義為

$$\Pr(y_i=0 \mid \mathbf{x}_i,\mathbf{z}_i)=F(\mathbf{z}_i\boldsymbol{\gamma})+[1-F(\mathbf{z}_i\boldsymbol{\gamma})]\exp(-\exp[\mathbf{x}_i\boldsymbol{\beta}])$$

$$\Pr(y_i \mid \mathbf{x}_i,\mathbf{z}_i)=[1-F(\mathbf{z}_i\boldsymbol{\gamma})]\frac{\exp(-\exp[\mathbf{x}_i\boldsymbol{\beta}])\exp(\mathbf{x}_i\boldsymbol{\beta})^{y_i}}{y_i!} \quad \text{for } y_i>0$$

其他的零增加模式也有類似的公式。

㈡統計結果的解釋

就 ZIP 模式而言，零次數的預測機率來自公式 8. 28：

$$\hat{\Pr}(y=0 \mid \mathbf{x})=\hat{\psi}+(1-\hat{\psi})^{e^{-\hat{\mu}}}$$

其中，$\hat{\mu}=\exp(x\hat{\beta})$ 且 $\hat{\psi}=F(z\hat{\gamma})$。至於正次數的機率則僅適用於 $1-\hat{\psi}$ 部分的事件：

$$\hat{\Pr}(y \mid \mathbf{x})=(1-\hat{\psi})\frac{\exp(-\hat{\mu}_i)\,\hat{\mu}^{y}}{y!}$$

相同的，ZINB 模式的零次數預測機率為

$$\hat{\Pr}(y=0 \mid \mathbf{x})=\hat{\psi}+(1-\hat{\psi})\left(\frac{\hat{\alpha}^{-1}}{\hat{\alpha}^{-1}+\hat{\mu}_i}\right)^{\hat{\alpha}^{-1}}$$

而且其正次數的預測機率為

$$\widehat{\Pr}(y|\mathbf{x})=(1-\hat{\psi})\frac{\Gamma(y+\hat{\alpha}^{-1})}{y!\Gamma(\hat{\alpha}^{-1})}\left(\frac{(\hat{\alpha}^{-1})}{\hat{\alpha}^{-1}+\hat{\mu}}\right)^{\hat{\alpha}^{-1}}\left(\frac{\hat{\mu}}{\hat{\alpha}^{-1}+\hat{\mu}}\right)^{y}$$

其中，$\hat{\mu}$與$\hat{\psi}$ 的定義沒有改變。

β 參數的解釋與 PRM 及 NBRM 的參數相同。此外，γ 參數的解釋則與第三章的二元分對數與機率單位模式相同，依賴變項是 $y = 0$。因此，當一個群體的零次數機率 1 時，如果這個二元過程的係數為正，則會增加在這個群體中的機率。

【零增加模式實例】論文發表篇數

ZIP 與 ZINB 配合二元分對數模式的估計結果列於表 8. 3。雖然在這裡我不討論個別參數的解釋，表 8. 3 還是有幾件事值得說明。首先，雖然 ZIP 模式的參數值比較大而且效果較顯著，但是這兩個模式的估計結果大致相同。其次，模式中二元變項的部份中γ的正負號正好與次數變項的部份中的β相反。模式中二元變項的迴歸部份能夠預測某一個人是否屬於次數必定為 0 的群體。正數的γ代表較低的預期生產力。如果對於預期次數有正向影響的變項，對於在有可能為正次數的群體的機會也有正面的影響，因此β與γ將有相反的符號。對許多實際的狀況而言，這似乎是合理的。

第三，二元過程的參數大小（不管正負號）與它的顯著水準跟次數模式有很大的差異。在區別出版者與無出版者的二元過程中，指導老師的生產力有最大的影響效果。在 ZIP 模式的分對數部分沒有其他變項達到顯著水準，但在 ZINB 模式中，結婚可以增加一個科學家發表文章的能力。

表 8. 3：零增加 Poisson 模式與零增加負二元名義迴歸模式統計係數之比較--科學家學術論文發表研究

Variable		ZIP		ZINB	
		Logit	Poisson	Logit	NB
Constant	γ/β	−0.577	0.641	−0.193	0.417
	z	−1.15	6.83	−0.16	2.82
FEM	γ/β	0.110	−0.209	0.637	−0.195
	z	0.40	−3.93	0.85	−2.48
MAR	γ/β	−0.354	0.104	−1.499	0.098
	z	−1.14	1.81	−1.82	1.14
KID5	γ/β	0.217	−0.143	0.628	−0.152
	γ^{S_x}/β^{S_x}	0.166	−0.110	0.481	−0.116
	Z	1.15	−3.96	1.37	−2.8
PHD	γ/β	0.001	−0.006	−0.038	−0.001
	γ^{S_x}/β^{S_x}	0.001	−0.006	−0.037	−0.001
	z	0.01	−0.27	−0.12	−0.02
MENT	γ/β	−0.134	0.018	−0.882	0.025
	γ^{S_x}/β^{S_x}	−1.272	0.172	−8.367	0.235
	z	−4.29	12.70	−2.33	7.97
	α	—	—	—	0.377
	z	—	—	—	7.46
	Pr (y=0)	0.300			0.312
	−2 ln L	3209.55		3099.98	

第六節　次數模式的比較

我們已經以四種模式來估計取得博士學位者的論文出版：Poisson 迴歸模式、負二元名義迴歸模式、零增加 Poisson 模式、以及零增加負二元名義模式。我們可以利用式 8.7 來比較這些模式：

$$\overline{\Pr}(y=m)=\frac{1}{N}\sum_{i=1}^{N}\hat{\Pr}(y_i=m|\mathbf{x}_i)$$

圖 8.9 顯示這四種模式針對不同次數觀測比例與四個模式的平均機率之間的差別。首先我們發現 PRM 的主要問題在於對 0 的預測，它較正確值低了約 .1 。ZIP 模式對 0 的預測較佳，然而在次數為一至三時，它的表現則不盡理想。NBRM 對 0 的預測也相當不錯，而對一至三的預測也很好。ZINB 則過度預測 0，對一的預測太低，而對其他次數的預測則與 NBRM 相近。整體而言，NBRM 的預測最精確，其次則是 ZINB。

圖 8. 9：四種次數迴歸模式預測值之比較

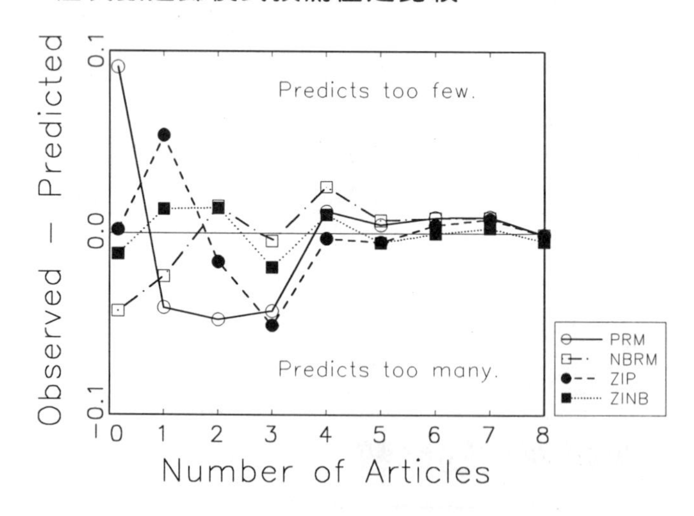

我們也對模式間做配對的測試。8.3.3 節說明我們可以用離散參數 α 來比較 PRM 與 NBRM。因為當 $\alpha=0$ 時，NBRM

等於 PRM，這兩種模式是相互包容的（nested）。在我們的例子中，α 達到顯著水準（Wald test = 8.45， G^2 = 180.2），這充分證明 NBRM 優於 PRM。 ZIP 與 ZINB 也是相互包容的，而我們可以在 ZINB（z = 7.46）中以 z-檢定來檢驗 H_0：$\alpha = 0$；或者是用 LR 測試： 2（$ln\ L_{ZINB} - ln\ L_{ZIP}$）= 109.6 。結果證明 ZINB 優於 ZIP。

Greene（1994）指出， PRM 與 ZIP 並不是相互包容的（NBRM 與 ZINB 的情況類似）。ZIP 模式要簡化為 PRM 的一個必要條件是 $\phi = 0$。為方便說明起見，我們以公式 8. 27 來進一步說明： $\psi = F$（**z0**）＝ . 5。這隱含的意思是，樣本中有一半永遠為零次數。因此，Greene 建議使用 Vuong（1989，p. 319）對於非相互包容模式（nonnested model）的檢定法。為了定義 Vuong 模式，讓我們考慮兩個模式：$\hat{\Pr}_1(y_i \mid x_i)$是基於第一個模式觀測到 y_i 的預測機率； $\hat{\Pr}_2(y_i \mid x_i)$ 是第二個模式的預測機率。我們讓

$$m_i = \ln\left[\frac{\hat{\Pr}_1(y_i \mid \mathbf{x}_i)}{\hat{\Pr}_2(y_i \mid \mathbf{x}_i)}\right]$$

$\overline{m}$ 為 m_i 的平均數，s_m 為 m_i 的標準差。則 Vuong 統計值為

$$V = \frac{\sqrt{N}\ \overline{m}}{S_m}$$

可以用此來測試 E（m）= 0。V 趨近於常態分配。如果 V 大於臨界值，例如 1.96，則我們選擇第一個模式；若 V 小於 -1.96，則選擇第二個模式；至於其他狀況，則我們不會對任一模式有所偏好。在我們的實例中，V（ZIP|PRM）= 5.96，ZIP 模式是我們的選擇；V（ZINB | NBRM）＝ 2.32 則證明了 ZINB

模式較佳。

整體而言，這些測試證明 ZINB 模式對資料的適合度最佳。然而，如果只注意統計結果和資料之間相互一致的程度，而忽略了理論的基礎，則經常會出現過份注重資料和統計模式相互配合的問題，反而偏離研究本身的目的。在我們的例子中，支持我們使用 ZINB 最有力的理由，是它的說明最為合理。在科學的領域中，有的科學家因為工作環境的限制而無法發表。對其他科學家來說，是否在某一段時間內沒有論文發表則是一個機率上的問題。這是零增加模式的基礎。這個模式的 NB 形式似乎較佳，因為某些不可觀察的異質性來源，可能會導致科學家之間的差異。總之，ZINB 有它實質的意義，而且對資料的適合度也相當不錯。此外，NBRM 的資料適合度也非常好。

第七節 結 論

雖然 Poisson 模式對次數迴歸的發展非常重要，但它的資料合適度經常不是很好。因此，統計學家發展了幾種不同的模式來修正 Poisson 模式的條件變異數或條件平均數（或兩者皆修正）。他們的動機是要解決 PRM 資料合適度不良的問題。雖然 PRM 與 NBRM 有相同的平均數結構，但是 NBRM 加入了不可觀測的異質性，所以在這個模式中，條件變異數可以大於條件平均數。修正過的次數模式混合了兩種不同「事件發生次數」的過程。第一個過程只與次數為 0 的觀察值有關，而第二個過程則同時包含了次數為 0 及次數大於 0 的觀察值。在統計式中將兩種過程混合的結果，使得具零模式與零增加模式的條件平均數都與 PRM 及 NBRM 不同。而且它們都不再受限於 Poisson 模式中平均數等於變異數的限制。有關次數的其他統計法還有很多種，其中包括時間數列及跨時間性的資料。此外，對於統計式結構及確定性的統計檢定方法目前也正迅速發展中。Cameron 與 Trivedi（1986，1996）、Gurmu 與 Trivedi（1995）、以及 Winkelmann（1994）都對這個領域有詳細的討論。

第八節　參考書目

次數模式在社會科學的運用有很長的歷史。實際上，Poisson 對於後來被稱為 Poisson 分配的介紹是源自於犯罪行為的研究。Coleman（1964，第十一章）考慮 Poisson 分配的種種運用，並介紹了後來所謂的 Poisson 迴歸模式。但是，一直到 1980 年代之前，社會科學對次數模式的使用仍相當罕見。Hausman 等人（1984）介紹了 Poisson 迴歸模式、負二元名義模式、以及跨時間性資料模式。Gourieroux 等人（1984）針對 Poisson 迴歸模式，介紹了幾種類似最大概似法的統計估計方式，提供了我們進一步思考的方向。Cameron 與 Trivedi（1986）提出了許多與次數相關的模式、估計法、以及檢定。

King（1988，1989a， 1989b）將次數模式引入政治學領域，並將 Poisson 迴歸與負二元名義迴歸模式加以延伸。零次數修正模式是由單一變項分配的研究發展出來的（Johnson et al.，1992， 第四章）。Mullahy（1986）提出了一種具零模式以處理資料中的 0 次數頻率。Gurmu（1991）與 Grogger 及 Carson（1991）修正 Poisson 模式以處理截尾結果。而在另一個研究中，Lambert（1992）將具零模式加以延伸，並發展出一種她稱為「零增加 Poisson」的模式。Greene 將 Lambert 的想法再延伸而成為負二元名義模式，並將這些模式加到 LIMDEP 第七版中。Taylor 與 Karlin（1984）以及 Ross（1972）針對 Poisson 分配提供了不錯而且不是那麼理論的說明。

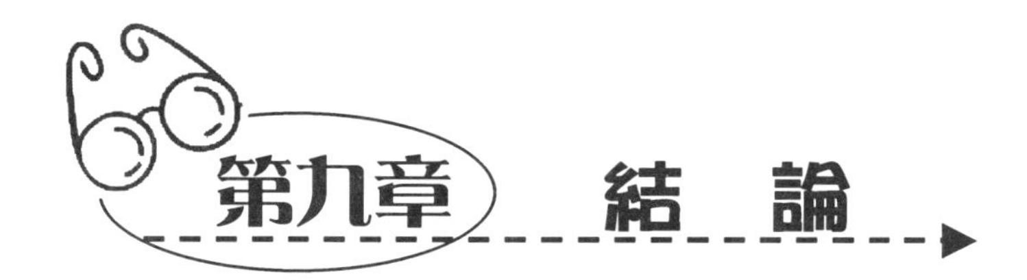

第九章　結論

在之前的八章之中，我們討論了許多不同的統計方法。對第一次接觸這些統計方法的讀者而言，想要馬上記得這些方法的所有細節以及它們之間的同異處，是非常不容易的。然而事實上，除了本書所介紹的統計方法以外，還有許多相關的統計模式。限於篇幅的關係，我們無法將這些統計模式一一詳細討論。在最後這一章中，我將試著就上面所提出來的這兩個問題作一個補充。首先，我用三種相異但彼此互補的方式，試著將本書中所介紹的統計方法作一個概括性的摘要。這三種方法是潛在變項（latent variables）、一般線性迴歸模式（generalized linear model）、以及機率模式（probability models）。這樣，我們可以一方面複習之前所探討過的各種統計方法，另一方面，我們也同時希望能藉由這樣的作法，使讀者們對這些統計方法有新的了解。接下來，我試著將之前所探討過的統計模式和另外兩個重要的統計方法相互銜接，這兩個統計法是對數線性模式（log－linear models）以及存活分析模式（models for survival analysis）。對於已經熟悉對數線性模式及生存分析模式或者希望熟悉這兩種統計模式的讀者，這個簡短的討論是非常有用的。另外，如果讀者有興趣的話，可以在 Clogg 和 Shihadeh

（1994，第七章）中找到其他和次序變項模式有關的統計法。還有，在 Heinen（1996）的書中也討論了潛在變項以及具有間距潛在特質的模式。

第一節 潛在變項模式的聯結

本書所探討的很多模式都是根據潛在變項（y^*）的觀念發展而成：

$$y^* = \mathbf{x}\beta + \varepsilon \qquad [9.1]$$

其中，$\mathbf{x}$ 包含所有的獨立變項，β 是迴歸係數的向量，ε 是誤差值。現在，我們假設誤差值為常態分配。為了估計潛在變項模式，我們必須要將潛在變項 y^* 和可觀察到的 y 相連結。由於這樣的連結，我們可以對個別的統計模式作出清楚的定義。為了說明這個現象，我先從線性迴歸模式開始，然後再討論如何用不同的測量模式來導出不同的統計方法。

㈠線性迴歸模式

最簡單的，我們可以假定潛在變項等於可觀察到的變項：

$$y = y^* \quad \text{for all } y^*$$

如此一來，我們所導出的線性迴歸模式就等於：

$$y = \mathbf{x}\beta + \varepsilon$$

我們可以使用 OLS 或 ML 來估計 β 和 σ^2_ε。因為 y^* 是可觀察

的，所以，我們可以估計出 σ^2_{y*} 的變異數。因此，未標準化的迴歸係數可以解釋成：在其他變項保持不變的情況下，x_k 每改變一個單位所形成的 y^* 的期望值。

㈡多畢模式

多畢模式假設當 y^* 的值在 τ 以下時，我們就無法得知它的值（注意：只有在 τ 以下時）。因此，我們的測量模式為：

$$y=\begin{cases} y^* & \text{if } y^*>\tau \\ 0 & \text{if } y^*\le\tau \end{cases} \quad [\ 9.2\ ]$$

圖 9.1 可以解釋這樣的觀念。讓我們來看看 y^* 在 x_2 時的分配情形。圖中標示 A 的區域代表 y 等於潛在變項 y^*。圖中標示 B 的區域代表 y^* 的估計值，但是我們只知道 $y^* \le \tau$。因為有些 y^* 是可觀察到的，所以，我們可以估計出 σ^2_{y*} 和 σ^2_{ε} 。因此，迴歸係數的解釋就像在 LRM 中的解釋一樣。

圖 9.1：多畢和機率單位模式的相似之處

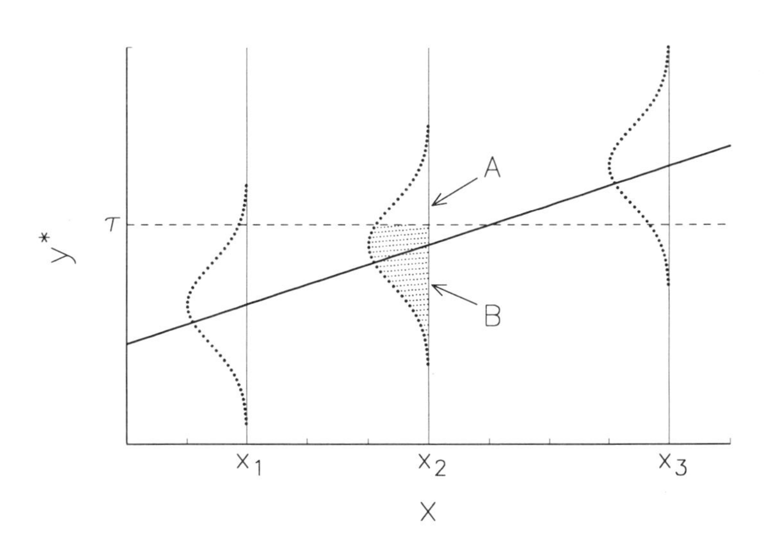

我們也可以計算出任一觀察值落在在圖 9.1 區域 B 中的機率。當 x 值固定時，$y^* \le \tau$ 的機率等於：

$$\Pr(\text{Censored} \mid \mathbf{x}) = \Pr(y^* \le \tau \mid \mathbf{x})$$
$$= \Pr(\varepsilon \le \tau - \mathbf{x}\beta \mid \mathbf{x}) \qquad [9.3]$$

㈢二元機率單位模式

我們也可以將二元機率單位模式想像成是一個多畢模式，在這個多畢模式中，大於 τ 及小於 τ 的值都是無法觀察到的。它的測量模式如下：

$$y = \begin{cases} 1 & \text{if } y^* > \tau = 0 \\ 0 & \text{if } y^* \le \tau = 0 \end{cases}$$

因為所有的 y^* 都是觀察不到的，我們假定 $\tau = 0$。

機率單位模式的解釋通常都集中在 $y = 1$ 的機率（也就是 y^* 大於 τ 的區域）或者 $y = 0$ 的機率（亦即 y^* 在 τ 以下的區域）。由計算 $y = 0$ 的公式中，我們可以很容易的發現二元機率單位模式和多畢模式兩者之間的密切關係。從第三章中，我們可以知道：

$$\Pr(y = 0 \mid \mathbf{x}) = \Pr(\varepsilon \ge \mathbf{x}\beta \mid \mathbf{x})$$

因為常態分配是左右對稱的，所以，上述方程式也等於：

$$\Pr(y = 0 \mid \mathbf{x}) = \Pr(\varepsilon \le 0 - \mathbf{x}\beta \mid \mathbf{x})$$
$$= \Pr(\varepsilon \le \tau - \mathbf{x}\beta \mid \mathbf{x})) \qquad [9.4]$$

其中，我們假定 $\tau = 0$。在多畢模式中，方程式 9.4 和方程式 9.3 是一樣的。這也就是為什麼多畢模式有時候也叫做「 Tobin 的機率單位模式」。

機率單位模式和多畢模式或是 LRM 之間最大的不同在於在機率單位模式中，我們完全無法估計 y^* 或誤差值的變異數。讀者可以回想一下，在機率單位模式中，我們假定 Var（ε |**x**）＝1，因此，y^* 的變異數等於：

$$\hat{Var}(y^*) = \hat{\beta}' \hat{Var}(\mathbf{x}) \hat{\beta} + Var(\varepsilon)$$

不同的誤差變異數的假設會形成不同的 y^* 變異數。因為在機率單位模式中，迴歸係數的大小是受到誤差變異數假設的影響，所以，由多畢及機率單位模式所得到的迴歸係數是不一樣的。不過，在這兩種模式之中，完全標準化的迴歸係數與 y^* 標準化的迴歸係數兩者是十分類似的。

為了進一步探討 LRM、多畢模式、以及機率單位模式之間的關係，讀者們可以試著將這些統計法應用在實際研究所蒐集的資料上（最好是大樣本）。從樣本中選擇一個依賴變項，把它看成是 y^*，另外再選擇一個獨立變項 x。先用線性迴歸模式來估計出 y^* 標準化係數，然後，創造一個新的變項 y_T。在這個變項之中，當 y^* 小於一個特定的 τ 值時，y_T 是無法觀察的。當 $y^* > \tau$ 時，$y_T = y^*$。將 y_T 當成是新的依賴變項，計算多畢模式的 y^* 標準化係數。一般來說，從 LRM 所計算出來的未標準化和 y^* 標準化係數和多畢模式所得到的應該是十分相近。接下來，用 y_T 為參考值，創造另一個新的依賴變項 y_P。當 y_T 大於 τ 時，令 $y_P = 1$；當 $y_T \le \tau$ 時，$y_P = 0$。最後，用 x 為獨立變項，計算機率單位模式的 y^* 標準化係數。將由三種統計模式（LRM、多畢、及機率單位）中所求得的迴歸係數作一比較，讀者們將會發現，雖然從機率單位模式中估計出來的迴歸係數，和從 LRM 或多畢模式中估計出來的迴歸係數有很大的差別（除非在你選擇的例子中，y^* 的變異數正好和機率單位模式所假設的變異數十分接近，不過這樣的例子並不常見），但是由三種模式中所估計出來的完全標準化迴歸係數與 y^* 標準化係數應該是相當接近的。另外一個不同之處是，由 LRM 中所求得的 z 檢定的值會大於多畢中 z 檢定的值。而多畢中 z 檢定的值又大於機率單位模式所估計出來的 z 值。這個差異的主要原因是，當資料所提供的資訊愈完整時（如 LRM 中的 y^*），我們的統計結果也愈有效率，而檢驗的結果也就愈容易到達顯著水準。

㈣雙側多畢模式（The Two－Tobit Model）

雙側多畢模式是介於多畢和機率單位模式之間的一個統計模式。以圖 9.2 中的 x_2 為例。在雙側多畢模式中，在區域 B 中 y^* 是可以觀察到的，當 y^* 落在 A 或 C 時，依賴變項的值是不可觀察的。因此，它的測量模式為：

$$y=\begin{cases}\tau_L & \text{if } y^* \le \tau_U \\ y^* & \text{if } \tau_L < y^* < \tau_U \\ \tau_U & \text{if } y^* \ge \tau_U\end{cases}$$

因為在某些樣本中，y^* 是可觀察的，所以我們可以估計出 y^*。因為這個緣故，我們由雙側多畢中所求得的 β 和實際上 y^* 的單位是一致。

雙側多畢模式和 LRM、多畢、及機率單位模式都有密切的關係。以圖 9.2 為例，當 $\tau_L=\tau_U$ 時，雙側多畢和機率單位模式是完全相同的。當 τ_U 趨近為 ∞ 或 τ_L 趨近為 $-\infty$ 時，則雙側多畢模式和 LRM 就沒有什麼兩樣了。

圖 9.2：一般迴歸、雙側多單模式以及分組迴歸模式間的相似處

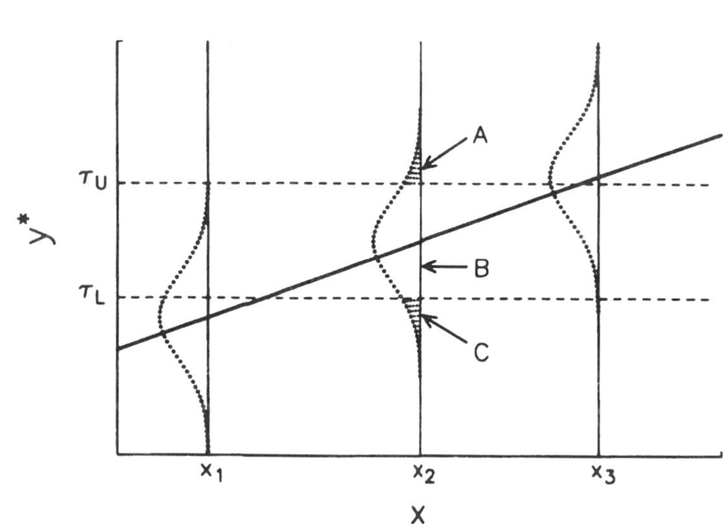

㈤分組迴歸模式

在分組迴歸模式中，所有的臨界值 τ 皆為已知。假設我們有三個結果類別，它的測量模式為：

$$y = \begin{cases} 1 & \text{if } y^* \le \tau_U \\ 2 & \text{if } \tau_L < y^* < \tau_U \\ 3 & \text{if } y^* \ge \tau_U \end{cases}$$

其中（很重要）臨界值 τ 為已知。以圖 9.2 的例子來說，除了 τ_L 和 τ_U 之外，所有 A、B、C 中的觀察值都是不可觀察的。儘管如此，因為我們知道 τ_L 和 τ_U 的值和實際上 y^* 的單位是一樣的，所以我們仍能估計 y^* 的變異數，而由分組迴歸模式中所求得的未標準化係數，在解釋的方法及意義上，也就和 LRM 中的 β 沒有什麼兩樣。

㈥次序機率單位模式（The Ordered Probit Model）

除了臨界值 τ 是未知的以外，次序機率單位模式和分組迴歸模式是完全一樣的。由於臨界值 τ 是未知的，所以，我們無法將 y^* 和可觀察到的資料連結起來估計 y^* 的實際變異數。因此，我們必須假定誤差值的變異數。也因為這樣，在這個統計模式中，我們只能解釋完全標準化以及 y^* 標準化迴歸係數，無法解釋未標準化迴歸係數。

(七)**分對數模式的連結**（Links to Logit Models）：從我們上述所討論的每一個和機率單位模式相關的統計法之中，我們都可以導出一個與其對應的分對數統計模式。其中唯一的不同點是，在所有和機率單位模式相關的統計法中，我們都假設誤差為常態分配，而在分對數統計模式中，我們假設誤差為對數分配。

(八)**多重方程式系統**（Multiple Equation Systems）

在類別限制依賴變項模式中，我們可以利用潛在變項的觀念將多重方程式系統變成單一方程式的統計模式。以 LRM 的聯立方程式模式（simultaneous equation model）為例（詳見 Greene，1993，第二十章）。

$$y_1 = \gamma_{12}y_2 + \gamma_{12}y_3 + \beta_{11}x_1 + \beta_{12}x_2 + \beta_{13}x_3 + \varepsilon_1 \quad [9.5]$$

$$y_2 = \gamma_{21}y_1 + \gamma_{23}y_3 + \beta_{21}x_1 + \beta_{22}x_2 + \beta_{23}x_3 + \varepsilon_2$$

$$y_3 = \gamma_{31}y_1 + \gamma_{32}y_2 + \beta_{31}x_1 + \beta_{32}x_2 + \beta_{33}x_3 + \varepsilon_3$$

其中，所有的迴歸係數都可以限制為 0。假如我們將公式 9.5 中的 y 換成 y^*，那麼，這些方程式就可以代表任何一個我們之前討論過的潛在變項模式：線性迴歸、多畢、機率單位模式、雙側多畢、次序機率單位、以及分組迴歸模式。詳細內容可以參考 Browne 和 Arminger（1995，pp. 220－226）。在分對數模式中，相關的統計法尚未發展出來。主要的原因是因為我們仍無法界定誤差值相關的多重變項對數分配。

第二節　一般線性模式（The Generalized Linear Model，GLM）

另一種理解前面所討論過的統計法之間聯結關係的方法，是透過一般線性模式（McCullagh 和 Nelder，1989）。我們假設 y 為隨機分配，平均數為 μ，如下：

$$E(y)=\mu$$

舉例來說，在 LRM 中，y 為常態分配，平均數為 μ。GLM 假設

$$\eta=\mathbf{x}\beta$$

其中，η 叫做線性預測變項（linear predictor）。透過連結函數（link function）g，期望值 μ 和 η 的關係為：

$$\eta=g(\mu)$$

這個連結函數和我們對誤差值的假設，可以完整地界定特定的統計模式。舉例來說，當連結函數為 $\eta=\mu$ 且誤差值為常態分配時，我們就得到 LRM：

$$\mu=\eta=\mathbf{x}\beta$$

如果 y 是二項分配，那麼我們就得到二元分對數模式：

$$ln(\mu/1-\mu)=\eta=\mathbf{x}\beta$$

或者，如果連結函數為常態分配的反函數，則我們得到機率單位模式：

$$\Phi^{-1}(\mu)=\eta=\mathbf{x}\beta$$

當 y 是 Poisson 分配，而且連結函數為分對數方程式時，則形成 Poisson 模式：

$$ln(\mu)=\eta=\mathbf{x}\beta$$

第一個估計一般線性迴歸模式的統計軟體為 GLIM（Payne，1986）。現在，SAS 的 GENMOD 和 Stata 的 GLM 指令也提供估計一般線性迴歸模式的功能。

第三節　機率模式相關統計法的異同

和潛在變項模式以及一般線性迴歸模式一樣，我們也可以用非線性機率模式的觀念來整合本書所介紹的統計方法。最明顯的是，當多元名義分對數模式和次序分對數模式只有兩個結果類別時，這兩個統計法和二元分對數模式是完全一樣的。又例如說：在 Poisson 模式中，當觀察次數 2 或 2 以上被截尾（truncated），而且 $\mu=\exp(\mathbf{x}\beta)$ 時，

$$\Pr(y|y<2,\mathbf{x})=\frac{\Pr(y|\mathbf{x})}{\Pr(y<2|\mathbf{x})}=\frac{\exp(-\mu)\mu^{y}}{y!\,[\exp(-\mu)+\mu\exp(-\mu)]}$$

因為在樣本中我們只能觀察到 0 和 1，所以，機率的計算公式

只有兩個：

$$\Pr(y=0|y<2,\mathbf{x})=\frac{\exp(-\mu)}{\exp(-\mu)+\mu\exp(-\mu)}=\frac{1}{1+\mu}$$

$$\Pr(y=1|y<2,\mathbf{x})=\frac{\exp(-\mu)}{\exp(-\mu)+\mu\exp(-\mu)}=\frac{\mu}{1+\mu}$$

將 $\mu=\exp(\mathbf{x}\beta)$ 代入，

$$\Pr(y=0|y<2,\mathbf{x})=\frac{1}{1+\exp(\mathbf{x}\boldsymbol{\beta})}$$

$$\Pr(y=0|y<2,\mathbf{x})=\frac{\exp(\mathbf{x}\boldsymbol{\beta})}{1+\exp(\mathbf{x}\boldsymbol{\beta})}$$

這就是所謂的二元分對數模式。

第四節　事件歷史分析（Event History Analysis）

事件歷史分析又叫做存活分析（survival analysis），當我們對研究樣本重複觀察並記錄某一特定事件是否發生時，這個統計模式便能夠讓我們計算這個特定事件在不同時間時發生的機率。其中，它的依賴變項為事件發生所需的時間。有關事件歷史分析的統計法有很多種，雖然有很多事件歷史分析的方法（Allison，1984，1995；Kalbfleisch & Prentice，1980；Lancaster，1990），但是其中的一種和多畢模式非常接近。這種方法叫做 AFT 模式（Allison，1995，第四章）。舉例來說，Daula 等人（1990）用這個模式研究種族（或者，以台灣的觀念來說，就是省藉）對在軍隊中升遷快慢時間的影響，其依賴變項為在軍隊中晉升的平均月數。因為有些士兵在晉升之前就離開了軍隊，所以這個依賴變項可以看成是一個設限變項。但是，因為每個士兵待在軍隊中的時間不同，所以這個模式的依賴變項受限的情形也和一般多畢模式中 y 受限的情況不同。在一般多畢模式中，每一個樣本受限的 τ 值是不一樣的，而在我們的例子中，則是每一個樣本的受限值不同。它的測量模式為：

$$y_i = \begin{cases} y_i^* = \mathbf{x}_i\boldsymbol{\beta} + \varepsilon_i & \text{if } y_i^* < \tau_i \\ \tau_i & \text{if } y_i^* \geq \tau_i \end{cases}$$

其中，每一士兵設限的點不同，而且 τ 和 x 並沒有相關。多畢模式和 AFT 模式的另一個不同點是，在多畢模式中，我們假設誤差是常態分配的；而在 AFT 模式中，誤差值的分配可以假定是一個或兩個參數的極值分配（one－ or two－parameter extreme value distribution）、log－gamma 分配或對數分配（logistic distribution）。一般說來，只要我們將誤差值設定為常態分配，那麼可以估計 AFT 模式的軟體（如：SAS 的 LIFEREG），也同時可以用來估計多畢模式。或者，如果我們知道說我們對特定多畢模式中所假設的誤差常態分配並不合理，則我們可以用估計 AFT 的統計程式來計算具有不同誤差分配的多畢模式。

第五節　對數線性模式（Log－Linear Models）

「對數線性模式」是許多專門用來分析列聯表（contingency table）的重要統計法的統稱（Agresti，1990）。主要的目的是為了分析能否以一個潛在、簡單的結構解釋這些表中各行列之間的次數分配。藉由比較各個具有不同結構（或使用不同獨立變項）的統計模式，研究者可以檢驗他們所提出的各種不同的研究假設。一般說來，這些研究假設代表研究者對這些列聯表中所顯示的現象提供了不同的解釋方式。

我們以表 9.1 為例，說明如何將對數線性模式和本書中所探討的模式加以連結。在表 9.1 所列的資料為 326 個謀殺的案例。Radelet 在 1981 年時將這些案例按照被告的種族（D）、原告的種族（V）、以及被告是否被判為死刑（P）等三個變項來分類，形成一個 2x2x2 的三維列聯表，並加以分析。在 1990 年中，Agresti（頁 135－138，171－174）重新檢驗這些案例。表中各細格所列的觀察值為 y_{ijk}。其中 D＝i、V＝J、P＝k。

我們可以假設表 9.1 所呈現的次數（亦即 y_{ijk}）為 Poisson 分配，平均值為 μ_{ijk}。當各格之中的次數分配互相獨立時，這個次數分配的平均數 μ是由下列的對數線性方程式所決定的：

$$ln\mu^{DVP}{}_{ijk}=\lambda+\lambda^{D}{}_{i}+\lambda^{V}{}_{j}+\lambda^{P}{}_{k}$$

表 9.1：被告與原告的種族對謀殺犯是否被判為死刑的影響

Defendant's Race (D)	Victim's Race (V)	Death Penalty (P)	
		Yes＝1	No＝2
White＝1	White＝1	19	132
	Black＝2	0	9
Black＝2	White＝1	11	52
	Black＝2	6	97

在這個公式中，$\lambda^{D}{}_{1}$ 為 D＝1 時各格的平均數；$\lambda^{D}{}_{2}$ 為 V＝2 中的平均數；依此類推。例如，在方格（1， 1， 1）中，

$$ln\ \mu^{DVP}{}_{111}=\lambda+\lambda^{D}{}_{1}+\lambda^{V}{}_{1}+\lambda^{P}{}_{1}$$

在方格（2， 2， 2）中，

$$ln\ \mu^{DVP}{}_{222}=\lambda+\lambda^{D}{}_{2}+\lambda^{V}{}_{2}+\lambda^{P}{}_{2}$$

為了在統計上清楚的定義這些模式，我們必須在參數中加入限制條件。其限制條件的形式和 LRM 中的虛擬變項一樣。舉例來說，如果參數 λ^{S} 所代表的變項為「性別」，則我們不能同時將參數 λ^{S} 定義為男性及女性。就像在 LRM 中的虛擬變項一樣，我們的對照組為所有變項為 0 的狀態。也就是：

$$\lambda^{D}{}_{1}=0；\lambda^{V}{}_{1}=0；\qquad \lambda^{P}{}_{1}=0$$

根據這些限制條件，我們可以導出下列的方程式，

$$\begin{aligned} &ln\ \mu^{DVP}{}_{111}=\lambda \\ &ln\ \mu^{DVP}{}_{211}=\lambda+\lambda^{D}{}_{2} \qquad [\ 9.6\ ] \\ &ln\ \mu^{DVP}{}_{222}=\lambda+\lambda^{D}{}_{2}+\lambda^{V}{}_{2}+\lambda^{P}{}_{2} \end{aligned}$$

為了連結對數線性模式以及 Poisson 迴歸模式，當表中任一變項的值為 2 時，我們設定一個相關的虛擬變項，並令其值等於 1。如下：

$$x_{ijk}^{D} = \begin{cases} 0 & \text{if } D = 1 \\ 1 & \text{if } D = 2 \end{cases}$$

$$x_{ijk}^{v} = \begin{cases} 0 & \text{if } V = 1 \\ 1 & \text{if } V = 2 \end{cases}$$

$$x_{ijk}^{p} = \begin{cases} 0 & \text{if } P = 1 \\ 1 & \text{if } P = 2 \end{cases}$$

因此，在方格 $D=i=2$ 的地方，x^D 等於 1。舉例來說，$x^D{}_{111}=0$、$x^D{}_{211}=1$、$x^D{}_{121}=0$。其統計式如下，

$$ln\ \mu^{DVP}{}_{111}=\beta_0$$

$$ln\ \mu^{DVP}{}_{211}=\beta_0+\beta_D$$

$$ln\ \mu^{DVP}{}_{222}=\beta_0+\beta_D+\beta_V+\beta_P$$

這個模式的估計值和對數線性模式的估計值是一樣的，其中，

$$\beta_0=\lambda \quad \beta_D=\lambda^D{}_2 \quad \beta_V=\lambda^V{}_2 \quad \beta_P=\lambda^P{}_2$$

這些參數的解釋和在 Poisson 迴歸模式一樣。

當然，我們也可以假設表 9.1 中各方格內的次數分配彼此之間不互相獨立。例如，我們可以假設產生方格內的次數分配的對數線性模式的統計式為：

$$ln\ \mu^{DVP}{}_{ijk}=\lambda+\lambda^D{}_i+\lambda^V{}_j+\lambda^P{}_K+\lambda^{DV}{}_{ij} + \lambda^{DP}{}_{ik}+\lambda^{VP}{}_{jk} \qquad [\ 9.7\ ]$$

為了定義這個統計式，我們假定所有的 i、j 和 k 等於 1 時，$\lambda^{DV}{}_{ij}=\lambda^{DP}{}_{ik}=\lambda^{VP}{}_{jk}=0$。我們可以利用虛擬變項的觀念將公式 9.7 轉換成 Poisson 迴歸模式時，這個虛擬變項的轉換格式為：

$$x^{DV}{}_{ijk}=x^D{}_{ijk}x^V{}_{ijk} \quad x^{DP}{}_{ijk}=x^D{}_{ijk}x^P{}_{ijk} \quad x^{VP}{}_{ijk}=x^V{}_{ijk}x^P{}_{ijk}$$

Poisson 統計式為，

$$ln\ \mu^{DVP}_{ijk} = \beta_0 + \beta_D\, x^D_{ijk} + \beta_V\, x^V_{ijk} + \beta_P\, x^P_{ijk} + \beta_{DV}\, x^{DV}_{ijk} + \beta_{DP}\, x^{DP}_{ijk} + \beta_{VP}\, x^{VP}_{ijk}$$

其中，

$$\beta_{DV} = \lambda^{DV}_{22} \quad \beta_{DP} = \lambda^{DP}_{22} \quad \beta_{VP} = \lambda^{VP}_{22}$$

到這裡為止，我們所使用的依賴變項為表中各方格內的次數分配。如果我們研究的目的是在了解被告和原告的種族對於是否宣判死刑的影響，我們可以用兩種判決（死刑或非死刑）的對數差異值作為我們的依賴變項：

$$ln\ \mu^{DVP}_{ij2} - ln\ \mu^{DVP}_{ij1} = ln\ (\mu^{DVP}_{ij2} / \mu^{DVP}_{ij1})$$

細心的讀者會發現，這個依賴變項和我們在二元分對數模式中所使用的格式是完全一樣的。用二元分對數模式的角度來說，我們的依賴變項為「宣判死刑與非死刑的比率」的對數值。根據公式 9.7，我們可以列出這個依賴變項的對數線性統計式如下：

$$ln\ \mu^{DVP}_{ij2} - ln\ \mu^{DVP}_{ij1} = (\lambda + \lambda^D_i + \lambda^V_j + \lambda^P_2 + \lambda^{DV}_{ij} + \lambda^{DP}_{i2} + \lambda^{VP}_{j2}) - (\lambda + \lambda^D_i + \lambda^V_j + \lambda^P_1 + \lambda^{DV}_{ij} + \lambda^{DP}_{i1} + \lambda^{VP}_{j1})$$

$$= (\lambda^P_2 - \lambda^P_1) + (\lambda^{DP}_{i2} - \lambda^{DP}_{i1}) + (\lambda^{VP}_{j2} - \lambda^{VP}_{j1})$$

由於我們假設所有下標值為 1 的 λ 為 0 ，所以上面的統計式可以被簡化為：

$$ln\ \mu^{DVP}_{ij2} - ln\ \mu^{DVP}_{ij1} = \lambda^P_2 + \lambda^{DP}_{i2} + \lambda^{VP}_{j2} \qquad [\ 9.8\ ]$$

我們可以利用虛擬變項的觀念將公式 9.8 轉換為二元分對數模式。這些虛擬變項為，

$$x_{ij}^{D} = \begin{cases} 0 \text{ if } D=1 \\ 1 \text{ if } D=2 \end{cases}$$

$$x_{ij}^{V} = \begin{cases} 0 \text{ if } V=1 \\ 1 \text{ if } V=2 \end{cases}$$

則二元分對數模式的統計式為：

$$ln\left(\mu^{DVP}{}_{ij2} / \mu^{DVP}{}_{ij1}\right) = \beta_0 + \beta_D x^{D}{}_{ij} + \beta_V x^{V}{}_{ij}$$

其中，

$$\beta_0 = \lambda^{P}{}_{2} \quad \beta_D = \lambda^{DP}{}_{i2} \quad \beta_V = \lambda^{VP}{}_{22}$$

我們可以用第三章所介紹的解釋方法（如差異比率的改變）來解釋這些迴歸係數，也可以用預測機率的方式，來預測在不同的條件下，謀殺犯被宣判死刑的機率。

當然，上述的討論可能過度簡化了許多和對數線性模式有關的重要觀念。但是，其中關於對數線性模式和本書所介紹的統計模式之間的關係應該是很清楚的。對於對數線性模式有興趣的讀者可以參考 Agresti（1990）及 Agresti（1996）。

本附錄所列的解答是配合正文各章節中所提出之問題

第一章　緒論

第 8 頁：如果，

$$y = \frac{\exp\left(\alpha^{*} + \beta^{*}x + \delta^{*}d\right)}{1 + \exp\left(\alpha^{*} + \beta^{*}x\ \delta^{*}d\right)}$$

則

$$1 - y = \frac{\exp\left(\alpha^{*} + \beta^{*}x + \delta^{*}d\right)}{1 + \exp\left(\alpha^{*} + \beta^{*}x + \delta^{*}d\right)}$$

將上列兩式相除，消去分母的值，

$$\frac{y}{1-y} = \exp\left(\alpha^{*} + \beta^{*}x + \delta^{*}d\right)$$

取對數，

$$\ln\left(\frac{y}{1-y}\right) = \alpha^{*} + \beta^{*}x + \delta^{*}d$$

第二章　連續結果變項

第 31 頁：

$$E(\varepsilon^*|\mathbf{x}) = E(\varepsilon - \delta|\mathbf{x}) = E(\varepsilon|\mathbf{x}) - E(\delta|\mathbf{x}) = \delta - \delta = 0$$

第 34 頁：$Cor(x_1, \nu) = Cor(x_1, \beta_2 x_2 + \varepsilon)$。因為我們假 x_1 和 x_2 為相關的，所以 x_1 和 $\nu(= \beta_2 x_2 + \varepsilon)$ 也必然相關。

第三章　二元依賴變項

第 53 頁：令 y 為一個二元變項，且 $E(y) = \mu$。根據定義，$Var(y) = E[(y-\mu)^2] = E(y^2 - y\mu + \mu^2) = E(y^2) - 2\mu E(y) + \mu^2$，因為 $y = 1$ 或 0，$E(y^2) = E(y)$。因此，$Var(y) = E(y) - 2\mu E(y) + \mu^2$，將 $E(y) = \mu$ 代入，$Var(y) = \mu - \mu^2 = \mu(1-\mu)$。

第 53 頁：虛線橢圓形所表達的函數為 $E(y \mid \mathbf{x}) \pm \sqrt{Var(y|x)}$。上下兩條虛線的位置為 $\mathbf{x}\beta = 0$ 及 $\mathbf{x}\beta = 1$。

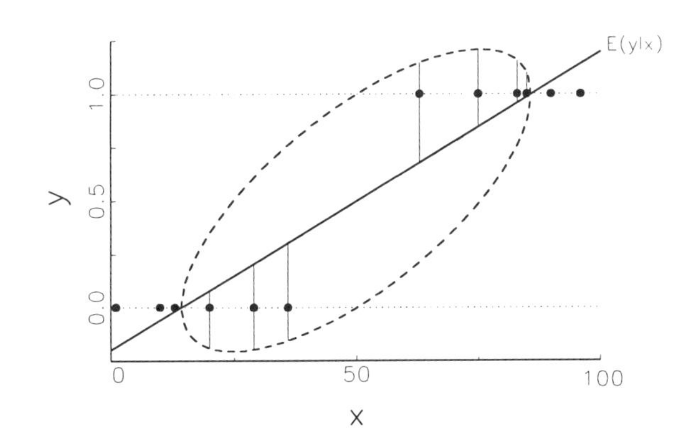

第 55 頁：根據表 3.1 及 3.2，Pr（y = 1）= 1.144 +（−.295 × 4）+（−.011 × 1.35）+（−.013 × 35）+（.164 × 0）+（.019 × 0）+（.123 × 1.10）+（−.007 × 20.13）= −.51（取四捨五入到小數點後面第三位）。如果按照電腦中所記憶的精確值來計算的話，所得的機率為 −.48。這種差異告訴我們，如果可能的話，儘量使用精確值來作運算。

第 60 頁：點的位置為（0 , 0.5）。

第 63 頁：當 $x = x_1$ 時，$\hat{y}_1^* = \alpha + \beta x_1$；當 $x = x_2$時，$\hat{y}_2^* = \alpha + \beta x_2$。所以期望值的改變為 $\hat{y}_2^* - \hat{y}_1^* = (\alpha + \beta x_2) - (\alpha + \beta x_1) = \beta(x_2 - x_1)$。當 $x = x_1$ 時，$\Pr(y = 1 \mid x_1) = F(\alpha + \beta x_1)$；當 $x = x_2$ 時，$\Pr(y = 1 \mid x_2) = F(\alpha + \beta x_2)$。機率的改變爲 $F(\alpha + \beta x_2) - F(\alpha + \beta x_1)$。

第 66 頁：根據假設，$Var(\varepsilon_L) = \pi^2 / 3$, $Var(\varepsilon_P) = 1$。所以，

$$\frac{\pi^2}{3} Var(\varepsilon_P) = \frac{\pi^2}{3} = Var(\varepsilon_L)$$

第 68 頁：我們知道 exp（-a）× exp（a）＝ 1。因此，

$$\frac{\exp(\mathbf{x\beta})}{1+\exp(\mathbf{x\beta})}=\frac{\exp(-\mathbf{x\beta})}{\exp(-\mathbf{x\beta})}\frac{\exp(\mathbf{x\beta})}{1+\exp(\mathbf{x\beta})}=\frac{1}{\exp(-\mathbf{x\beta})+1}$$

第 71 頁：這個問題由後往前推比較容易，

$$\frac{\Pr(y=1|x)}{1-\Pr(y=1|x)}=\frac{\exp(\mathbf{x\beta})/[1+\exp(\mathbf{x\beta})]}{1-[\exp(\mathbf{x\beta})/1+\exp(\mathbf{x\beta})]}$$

$$=\frac{\exp(\mathbf{x\beta})/[1+\exp(\mathbf{x\beta})]}{[1+\exp(\mathbf{x\beta})-\exp(\mathbf{x\beta})]/[1+\exp(\mathbf{x\beta})]}$$

$$=\exp(x\boldsymbol{\beta})$$

兩邊取對數之後，答案就出來了。

第 77 頁：實心曲線改變的速率較大。這表示實心曲線函數的赫賽矩陣（Hessian）也比虛曲線的赫賽矩陣大。在這種情況下，實曲線的極大值也比虛曲線的極大值容易求得。

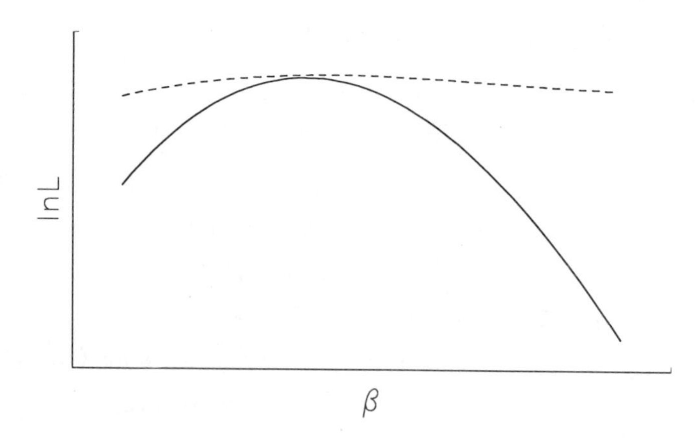

第 78 頁：為了說明容易，我們暫時用 **H** 來表示赫賽（Hessian）矩陣。**H** 越大，ln L 的改變越快，而我們改變猜測值的速度也越慢。進一步說，**H** 越大，$\mathbf{H}^{-1}$ 越

小，而它每次改變的值也就越小。

第 86 頁：參照圖 3.6，如果在 A 圖中的 α 值變大，則在固定的 x 值下，機率函數下所包含的區域有較大的部分超過 τ ，這使得 Pr（y＝1 ｜ $\bar{x}$ ）的值變大，也就是說，B 圖的曲線會向左移動。

第 95 頁：下圖所示為 **K5** 範圍從 –4 到 4 時，婦女是否具有大專學歷對於她們參與就業市場的影響的預測機率。實線所代表的為有大專學歷的婦女，虛線為不具大專學歷的婦女。直線和二條曲線交叉為表3.5所列出的值。當 **K5** = 0 的時候，兩條機率曲線幾乎是平行的。當 **K5** 由 0 到 1 時，兩條曲線之間的距離逐漸變大，然後漸漸變小。

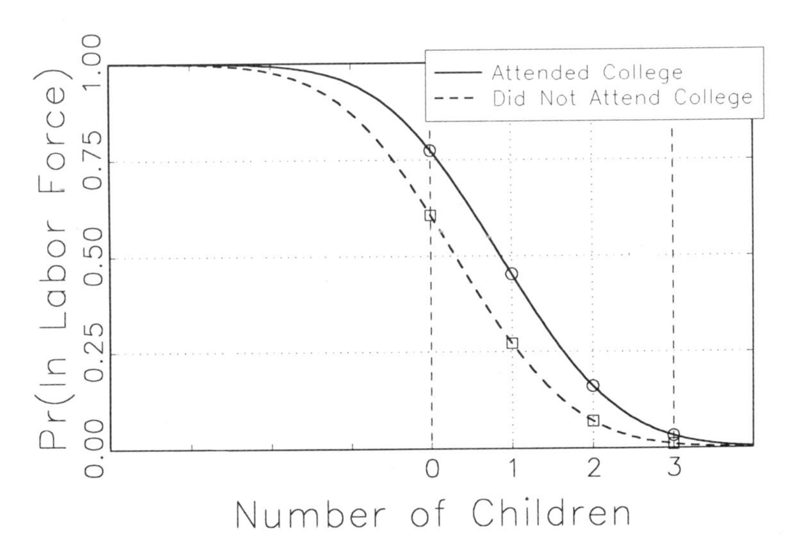

第 96 頁：在 LRM 中，依賴變項為可觀察的。所以它的單位比例不會因為獨立變項的改變而有所變化。

第 99 頁：根據 公式 3.7

$$P=\frac{\exp(\mathbf{x\beta})}{1+\exp(\mathbf{x\beta})} \quad \text{and} \quad 1-P=\frac{1}{1+\exp(\mathbf{x\beta})}$$

我們可以導出我們所要的答案

$$P(1-P)=\frac{\exp(\mathbf{x\beta})}{[1+\exp(\mathbf{x\beta})]^2}$$

第 104 頁：因為在 $\Pr(y=1 \mid \mathbf{x})=0.5$ 時，機率曲線是左右對稱的。

第四章　假設檢定與適合度檢定

第 121 頁：ln L 的斜率不變。

第 122 頁：當樣本數變大時，ln L 的曲率變大，因此二次微分的絕對值也變大。

第 125 頁：當變異數大的時候，我們對估計值的信心水準較低。因此，我們希望在下結論時更加小心。

第 128 頁：令 **0** 為所有值皆為 0 的（7 × 1）向量，令 **I** 為一 7 ×7 的單位矩陣（對角線的值為 1，其餘的值等於 0）。則 $\mathbf{Q}=[\,\mathbf{0}\ \ \mathbf{I}\,]$，而 r = 0。

第 129 頁：M_1, M_2，及 M_3為包含 M_4的統計式。

第 143 頁：$\sum(y_i-\bar{y})^2=\sum y_i^2-2\bar{y}\sum y_i+\sum\bar{y}^2$將所有 y = 0 的樣本代入，則，$\sum_{y=0}(y_i-\bar{y})^2=0-0+n_0\bar{y}^2$

將所有 y = 1 的樣本代入，得出，

$$\sum_{y=1}(y_i-\bar{y})^2=n_1-2\bar{y}n_1+n_1\bar{y}^2$$

上述的二式相加，得到，

$$\sum(y_i-\bar{y})^2=n_1-2\bar{y}n_1+N\bar{y}^2$$

因為 $\bar{y}=n_1/N$，

$$\sum(y_i-\bar{y})^2=n_1-2n_1^2/N+n_1^2N/N^2$$

$$=[n_1N-n_1^2]/N=n_1(N-n_1)/N\ \ =n_1n_0/N$$ 。

第 152 頁：因為 $D(M_s)=0$，且 $df_s=0$。

第五章　次序依賴變項

第 167 頁：當 $x=15$ 時，

$$\Pr(y_i=1|x=15)=\Phi[.75-(-.5)-.052(15)]=0.68$$

$$\Pr(y_i=2|x=15)=\Phi[.35-(-.5)-.052(15)]-\Phi[.75-(-.5)-.052(15)]=0.32$$

$$\Pr(y_i=3|x=15)=\Phi[5.0-(-.5)-.052(15)]-\Phi[3.5-(-.5)-.052(15)]=0.00$$

$$\Pr(y_i=4|x=15)=1-\Phi[5.0-(-.5)-.052(15)]=0.00$$

第 169 頁：我們可以將任何一個臨界值假設在一個固定的常數；或令截距為一個常數。例如說，$\tau_3=-13.9$

或 $\alpha = 33.3$。

第 178 頁：當對數分配及常態分配都被標準化，使它們的變異數相等時，兩個分配的型態大致相同，卻並不完全相等。

第 182 頁：假設 m ＝ 3，則

$$\Pr(y \le 3|\mathbf{x}) = \Pr(y = 1|\mathbf{x}) + \Pr(y = 2|\mathbf{x}) + \Pr(y = 3|\mathbf{x})$$

根據公式 5.6，我們將 $F(\tau_0 - \mathbf{x\beta}) = 0$ 代入，

$$\begin{aligned}\Pr(y \le 3|\mathbf{x}) &= F(\tau_1\mathbf{x\beta}) - F(\tau_0 - \mathbf{x\beta}) + F(\tau_2 - \mathbf{x\beta}) \\ &\quad - F(\tau_1 - \mathbf{x\beta}) + F(\tau_3 - \mathbf{x\beta}) - F(\tau_2\mathbf{x\beta}) \\ &= F(\tau_3 - \mathbf{x\beta}) - F(\tau_0 - \mathbf{x\beta}) = F(\tau_3 - \mathbf{x\beta})\end{aligned}$$

第 191 頁：將公式 5.2 及 5.10 結合起來，得出，

$$\Pr(y \le m|\mathbf{x}) = \frac{\exp(\tau_m - \mathbf{x\beta})}{1 + \exp(\tau_m - \mathbf{x\beta})}$$

則

$$\Pr(y > m|\mathbf{x}) = 1 - \frac{\exp(\tau_m - \mathbf{x\beta})}{1 + \exp(\tau_m - \mathbf{x\beta})} = \frac{1}{1 + \exp(\tau_m - \mathbf{x\beta})}$$

兩者相除，

$$\frac{\Pr(y \le m|\mathbf{x})}{\Pr(y > m|\mathbf{x})} = \frac{\exp(\tau_m - \mathbf{x\beta})/[1 + \exp(\tau_m - \mathbf{x\beta})]}{1 + \exp(\tau_m - \mathbf{x\beta})} = \exp(\tau_m - \mathbf{x\beta})$$

第 197 頁：截距不算，則 J – 1 類別中每組 $\beta_{\mathbf{m}}$ 有 K 個迴歸係數。其所有的迴歸係數的個數為（J – 1）K，因此，我們假設（J – 1）K – K ＝K（J –2）個限制。

第 199 頁：

$$DB^* = \begin{pmatrix} I & -I & 0 & \cdots & 0 \\ I & 0 & -I & \cdots & 0 \\ \vdots & \vdots & \vdots & \ddots & \vdots \\ I & 0 & 0 & \cdots & -I \end{pmatrix} \begin{pmatrix} \boldsymbol{\beta}_1 \\ \boldsymbol{\beta}_2 \\ \vdots \\ \boldsymbol{\beta}_{J-1} \end{pmatrix} = \begin{pmatrix} \boldsymbol{\beta}_1 - \boldsymbol{\beta}_2 \\ \boldsymbol{\beta}_1 - \boldsymbol{\beta}_3 \\ \vdots \\ \boldsymbol{\beta}_1 - \boldsymbol{\beta}_{J-1} \end{pmatrix}$$

第六章　名義依賴變項

第 208 頁：

$$\ln\left[\frac{\Pr(A|\mathbf{x})}{\Pr(B|\mathbf{x})} + \ln\frac{\Pr(B|\mathbf{x})}{\Pr(C|\mathbf{x})}\right] = [\ln \Pr(A|\mathbf{x}) - \ln \Pr(B|\mathbf{x})]$$
$$+ [\ln \Pr(B|\mathbf{x}) - \ln \Pr(C\mathbf{x})]]$$

將 ln Pr（β | **x**）消去後，得出

$$\ln \Pr(A|\mathbf{x}) - \ln \Pr(C|\mathbf{x}) = \ln\left[\frac{\Pr(A|\mathbf{x})}{\Pr(C|\mathbf{x})}\right]$$

第 209 頁：利用本章稍後使用的例子，我們假設三種職業的類別：P ＝ 專業人士，C ＝ 技工，M ＝ 勞力工人。為了簡單起見，我們只在 MNLM 中放一個獨立變項 **ED**（教育程度）。接著，我們用二個二元分對數模式分別來估計這些職業，第一個分對數模式包 P 及 M 兩個職業類別，第二個分對數模式包含 P 及 C 兩種職業類別。經過比較之後，我們可以發現由 MNLM 及二元分對數模式所求得的結果並不相同。

Comparison		ED
P | M	β_{MNL}	0.725
	β_{BRM}	0.607
P | C	β_{MNL}	0.690
	β_{BRM}	0.664

附註：β_{MNL} 是 MNL 的估計值；β_{BRM} 是二元分對數估計值。

第 211 頁：

$$\sum_{m=1}^{J} \Pr(y_i = m|\mathbf{x}_i) = \sum_{m=1}^{J} \frac{\exp(\mathbf{x}_i \boldsymbol{\beta}_m)}{\sum_{j=1}^{J} \exp(\mathbf{x}_i \boldsymbol{\beta}_j)} = \frac{\sum_{m=1}^{J} \exp(\mathbf{x}_i \boldsymbol{\beta}_m)}{\sum_{j=1}^{J} \exp(\mathbf{x}_i \boldsymbol{\beta}_j)} = 1$$

第 218 頁：令 $\beta_{k,\,m|J} = \beta_{km} - \beta_{kJ}$，則 $\beta_{k,\,p|q}$ 可以由下列的數學式求得，

$$\begin{aligned}\beta_{k,p|q} &= \beta_{k,p|J} - \beta_{k,q|J} \\ &= (\beta_{kp} - \beta_{kJ}) - (\beta_{kq} - \beta_{kJ}) \\ &= (\beta_{kp} - \beta_{kq})\end{aligned}$$

第 225 頁：令 $\beta_{xk} = (\beta_{k,\,B|M}, \beta_{k,\,C|M}, \beta_{k,\,W|M}, \beta_{k,\,P|M})'$。則我們可以把有的 β 放在一起而成為一個獨立的向量矩陣 $\beta^* = (\beta'_0, \beta'_{x1}, \beta'_{x2}, \beta'_{x3})'$。令

$$\mathbf{Q} = \left(\begin{array}{cccc|cccc|cccc|cccc} 0 & 0 & 0 & 0 & 0 & 0 & -1 & 1 & 0 & 0 & 0 & 0 & 0 & 0 & 0 & 0 \\ 0 & 0 & 0 & 0 & 0 & 0 & 0 & 0 & 0 & 0 & -1 & 1 & 0 & 0 & 0 & 0 \\ 0 & 0 & 0 & 0 & 0 & 0 & 0 & 0 & 0 & 0 & 0 & 0 & 0 & 0 & 0 & 0 \\ 0 & 0 & 0 & 0 & 0 & 0 & 0 & 0 & 0 & 0 & 0 & 0 & 0 & 0 & -1 & -1 \end{array}\right)$$

Q 矩陣內前四行的數字相當於統計式中的截距，第五到第八行則相當於 **White** 的迴歸係數，依此類推。

第 235 頁：例如說，技工對藍領階級的倍數改變等於 exp

（0.472 − 1.237）＝ 0.466。

第 239 頁：當 C 排列成一直線時，其他類別的相對位置並未改變，如下圖，

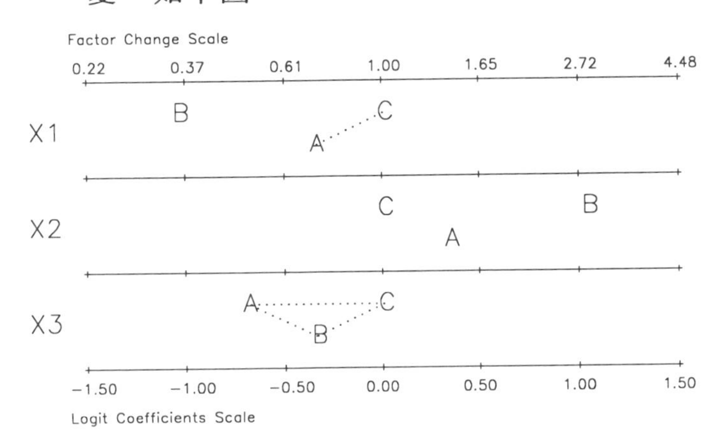

第七章　受限依賴變項

第 274 頁：由於常態分配為左右對稱的，所以 $\phi(\delta)=\phi(-\delta)$，且 $\Phi(-\delta)=1-\Phi(\delta)$。

第 279 頁：如果 $\Phi(\delta)=1$，則 $\phi(\delta)=0$，且 $\Phi(-\delta)=0$。所以 $E(y\mid\mathbf{x})=\mathbf{x}\beta$。也就是說，資料沒有截尾或受限的問題。如果 $\Phi(\delta)=0$，則所有樣本都為受限資料，而且 $E(y\mid\mathbf{x})=\tau_y$。

第 284 頁：試想在一條迴歸線上的兩個 x 值各自擁有條件分配 A 和 B。在這種狀況之下，A 和 B 合在一起形成 y^*

的邊際分配。這個邊際分配有 a 和 b 兩個眾數，如下圖所示。這個新形成的邊際分配的變異數的值大於原先 A 和 B 條件分配的變異數的值。

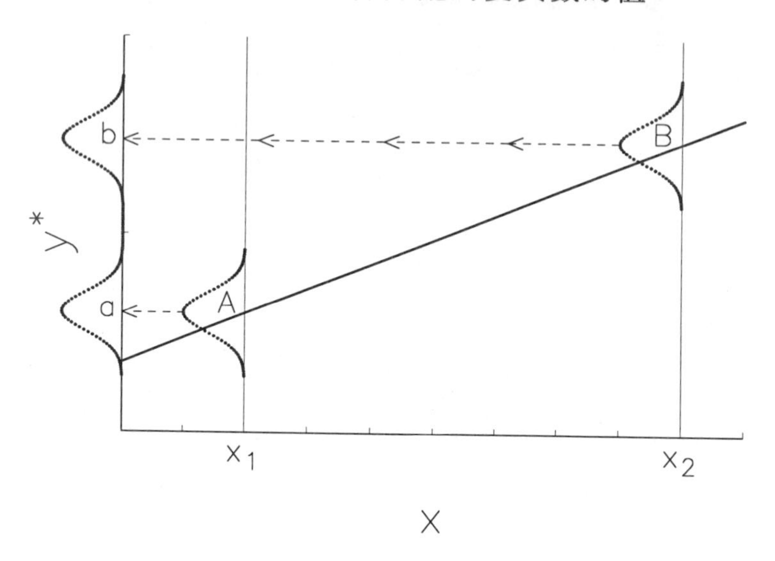

第八章　次數依賴變項

第 304 頁：A 圖中有兩個 Poisson 分配，其中實線的部分為女性，其 μ - δ 的值為 1.5；虛線的部份為男性，其 μ + δ 的值為 4.5。B 圖中的兩個 Poisson 分配不按照性別來分類。實線部分 μ =3.0，虛線的部分則為 A 圖中兩個 Poisson 分配合在一起取平均值所形成的新的分配。由 B 圖中我們可以發現，由男、女性兩個分配曲線所組成之新分配，所具有的離散情形比 $\mu=3$ 的 Poisson 分配的離散情形要嚴重。

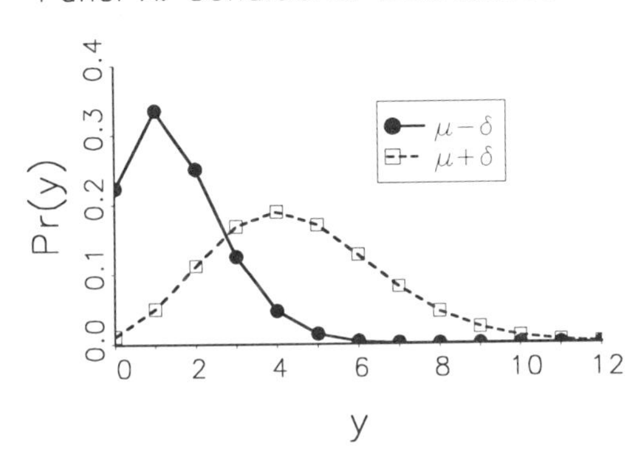

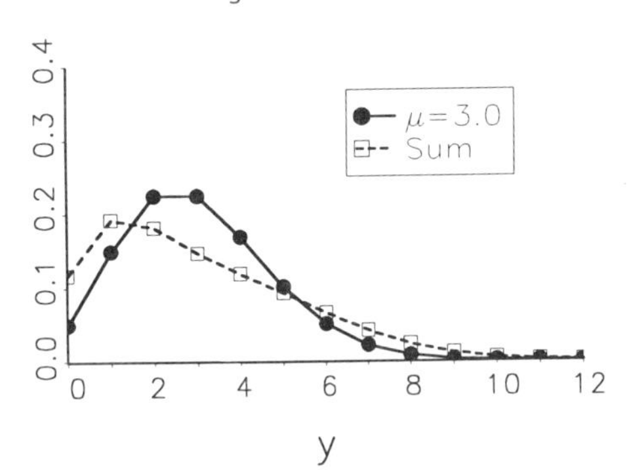

第 305 頁：例如說，當 x = 0 的時候，μ = exp（-.25）= 0.779。我們可以用這個值來計算不同次數出現的機率。

$$\Pr(y=0|\mu)=\frac{\exp(-\mu)\mu^0}{0!}=\exp(-\mu)=.46$$

$$\Pr(y=1|\mu)=\frac{\exp(-\mu)\mu^1}{1!}=\mu\exp(-\mu)=.36$$

$$\Pr(y=2|\mu)=\frac{\exp(-\mu)\mu^2}{2!}=.14 \qquad \Pr(y=3|\mu)=\frac{\exp(-\mu)\mu^3}{3!}=.04$$

第 314 頁：根據表 8.2 所示，MENT 的未標準化係數為 0.026，故其百分比改變為 100 × [exp（0.026）− 1] = 2.6，其 X 標準化係數為 0.242，故其百分比改變為 100 × [exp（0.242）− 1] = 27.3。

第 315 頁：令 $\mathbf{x}$ ＝（1　1　66　50　3.10　8.77）為除了 **FEM** ＝ 1 以外所有變項的平均數。則，

< 插入原文第 272 頁第 2 個數學式 >

所以，E（y | $\mathbf{x}$）＝ exp（$\mathbf{x}\beta$）＝ exp（.36）＝ 1.43。而 **FEM** ＝ 0 的情況可依此類推。

第 320 頁：當 $\nu \to \infty$ 時，Var（y | $\mathbf{x}$）＝ $\mu(1+\mu/\nu) \to \mu$（因為 $\mu/\nu \to 0$）。

第 320 頁：如果 $\alpha = 0$，則為對等離散（equidispersion）。Var（y | $\mathbf{x}$）＝ $\mu + \alpha\mu^2 = \mu$。

第 332 頁：

$$\sum_{m=0}^{\infty} \Pr(y|\mathbf{x}) = [\psi + (1-\psi)\exp(-\mu)] + \sum_{m=0}^{\infty} (1-\psi)\frac{\exp(-\mu)\mu^2}{y!}$$

$$= \psi + (1-\psi)\sum_{m=0}^{\infty} \frac{\exp(-\mu)\mu^y}{y!} = \psi + (1-\psi) = 1$$

類別與受限依變項的迴歸統計模式

原　著／J. Scott Long
譯　者／鄭旭智・張育哲・潘倩玉・林克明
出版者／弘智文化事業有限公司
登記證／局版台業字第 6263 號
地　址／台北縣深坑鄉北深路三段 260 號 8 樓
電　話／（02）8662-6826・8662-6810
傳　真／（02）2664-7633
發行人／馬琦涵
總經銷／揚智文化事業股份有限公司
地　址／台北縣深坑鄉北深路三段 260 號 8 樓
電　話／（02）8662-6826・8662-6810
傳　真／（02）2664-7633
製　版／信利印製有限公司
初版二刷／2009 年 08 月
定　價／400 元
E-mail／service@ycrc.com.tw

ISBN 957-0453-60-5

國家圖書館出版品預行編目資料

類別與受限依變項的迴歸統計模式 / J. Scott Long 著；
鄭旭智・張育哲・潘倩玉・林克明譯.
--初版. --台北市：弘智文化；2002〔民 91〕
冊：　公分
含參考書目
譯自：Regression Models for Categorical and
Limited Dependent Variables
ISBN 957-0453-60-5（平裝）

1. 統計推論

319.5　　91007598